高等教育“十二五”规划教材

Android应用程序开发
项目式教程

主　编　宋三华　魏雪峰
副主编　王娟娟　王　伟
　　　　尹鸿坦　田丽芳

電子工業出版社
Publishing House of Electronics Industry
北京·BEIJING

内容简介

本书是按照教育部应用型科技大学的教学要求进行编写的一个项目式教程。围绕目前 Android 的核心教学内容，全书分为 9 章围绕一个综合项目——推箱子手机游戏进行知识介绍和应用开发。前 8 章主要介绍 Android 项目的环境搭建，项目界面的使用，项目的几大组件的添加，2D、音频、视频等多媒体，Android 项目的几大数据存储方法，网络服务，项目的多环境支持、打包、发布等基础内容，最后一章介绍传感器、百度地图等高级应用。

在知识讲解的基础上，本书注重学生应用能力的培养，每一章节既有小的案例配合知识点的讲解，又有综合项目的应用，使得学生能够把所学知识快速应用到实际项目中去，达到“教、学、做”一体化。

本书可以作为普通高等院校计算机及相关专业“嵌入式系统编程”、“Android 应用开发”、“Android 项目开发”等课程的教材，也可以作为初学者和 Android 项目开发人员的参考书。

图书在版编目（CIP）数据

Android 应用程序开发—项目式教程 / 宋三华，魏雪峰主编. —北京：电子工业出版社，2015.6
ISBN 978-7-121-26055-1

Ⅰ. ①A… Ⅱ. ①宋… ②魏… Ⅲ. ①移动终端－应用程序－程序设计－高等学校－教材 Ⅳ. ①TN929.53

中国版本图书馆 CIP 数据核字（2015）第 099841 号

策划编辑：祁玉芹
责任编辑：鄂卫华
印　　刷：中国电影出版社印刷厂
装　　订：中国电影出版社印刷厂
出版发行：电子工业出版社
北京市海淀区万寿路 173 信箱　邮编　100036
开　　本：787×1092　1/16　印张：20　字数：487 千字
版　　次：2015 年 6 月第 1 版
印　　次：2017 年 1 月第 2 次印刷
定　　价：48.00 元（含光盘 1 张）

凡所购买电子工业出版社图书有缺损问题，请向购买书店调换。若书店售缺，请与本社发行部联系，联系及邮购电话：（010）88254888。

质量投诉请发邮件至 zlts@phei.com.cn，盗版侵权举报请发邮件至 dbqq@phei.com.cn。

服务热线：（010）88258888。

前言

PREFACE

本书是一本以应用型教学为基础的教材，主要讲解 Android 项目开发的相关知识，全书围绕一个综合项目——推箱子手机游戏进行 Android 项目开发介绍，中间穿插讲解一些小的案例和一些知识点。教材旨在通过一个综合案例及若干个小的例子让读者快速理解 Android 项目开发的基本知识、培养读者的动手能力。

全书共有 9 章，每一章节的具体知识点介绍如下。

第 1 章介绍开发 Android 项目的环境搭建，项目的建立及调试方法，章节的最后介绍如何建立推箱子游戏项目，如何运行与调试。

第 2 章首先介绍了几种常用界面布局的使用，并在推箱子游戏中使用线性布局对项目进行改进，随后介绍了人机界面交互的方法，然后讲解可常用的一些布局组件（TextView、EditText、AutoCompleteText、Button、RadioButton、CheckButton、AutoCompleteTextView 等）的属性及使用方法，并举例，接着介绍了 Menu、AlterDialog 等的使用。章节的最后介绍了推箱子游戏界面的一些设计，把推箱子手机游戏界面进行个性化设计。

第 3 章介绍了 Activity、Intent、Service、BroadcastReceiver 等重要组件，并在推箱子游戏中进行应用。

第 4 章主要介绍了 2D 图形、音频、视频等多媒体的应用，章节的最后在推箱子游戏中应用 2D 图形对游戏主界面进行设计，应用音频添加背景音乐。

第 5 章着重介绍了 SharedPreference、SDCard、文件、SQLite、网络存储等几种数据存储方法，并把对应的存储方法应用在推箱子游戏中。

第 6 章讲解了 Android 系统中的网络应用，主要介绍 Socket 编程、获取网络资源、Web 服务等内容。

第 7 章介绍 Android 项目的改进，如何适应多语言、多类型终端等内容。

第 8 章主要介绍项目的签名、打包与发布。

第 9 章主要介绍 Android 项目中的一些高级应用——传感器及地图的使用。

本教材全部由一线教学老师执笔，其中第 6、9 章是由宋三华完成，第 2、8 章由魏雪峰完成，第 5 章由王娟娟完成，第 3 章由王伟完成，第 4 章由尹鸿坦完成，第 1、7 章由田丽芳完成。

本教材的教学课件、案例、教学大纲都在电子工业出版社网站上公布，读者在出版社官网搜索本书并下载案例及推箱子游戏的每一个开发阶段的源代码，配合章节的知识读者可以动手操作、验证。

本书最好是在读完相关知识后再动手做项目，当然如果你没有时间读相关知识而只想快速理解一个 Android 项目的开发过程，那么你只需要读每一个章节的项目任务即可，这样你可以快速完成一个手机推箱子游戏设计（或其他相关章节的项目），并让它能够很好地运行在手机上。

由于编写时间仓促，书中难免有疏漏和不妥之处，欢迎大家批评指正，衷心希望各位读者提出宝贵的意见和建议，以便再版时及时加以修正。

目录

CONTENTS

第 1 章　创建一个 Android 项目

Android 系统自 2007 年问世以来，备受广大用户的青睐。而系统的开源性，使得广大手机生产商及编程爱好者纷纷投入时间和精力进行 Android 项目的学习和开发。这一盛况的出现，给高校学生带来了很大的就业前景，给培训机构、研发机构等带来了商机。许多编程者转向 Android 项目开发的学习。

然而，如何快速领会 Android 开发要领，在短时间内获得帮助，是初学者面临的一个问题。本教材以一个实际的 Android 游戏——推箱子手机游戏为例，进行项目式教学。全书分为 9 章，每章先学习相关理论知识，然后用这些知识解决游戏中的一部分内容，使得学习者可通过具体的项目开发来学习 Android 知识。

1.1　开发前的准备

Android 学习如此风靡！我该从何下手？项目开发，如果借助一些开发工具，可以起到事半功倍的效果。Android 开发也不例外，在进行开发前，我们首先应该了解一些开发基础知识。

1.1.1　学习目标

通过本节学习以下内容。

（1） Android 框架。

（2） Android 开发环境构成。

（3） 开发环境的搭建方法。

1.1.2　相关知识

1. Android 框架

在我们准备脚踏实地做事情的时候，一定要先抬头看世界。看清问题，才不至于走弯路。在动手前，我们先了解 Android 框架，如图 1-1 所示，这可以帮助我们认清一个 Android 系统的工作机制，在后续开发时，知道我们在做什么，不至于茫然。

Android 并不是传统的 Linux 风格的一个规范或分发版本，也不是一系列可重用的组件集成，Android 是一个用于连接设备的软件块，主要由 Linux Kernel、Libraries、Application Framework、Application 四大部分组成。

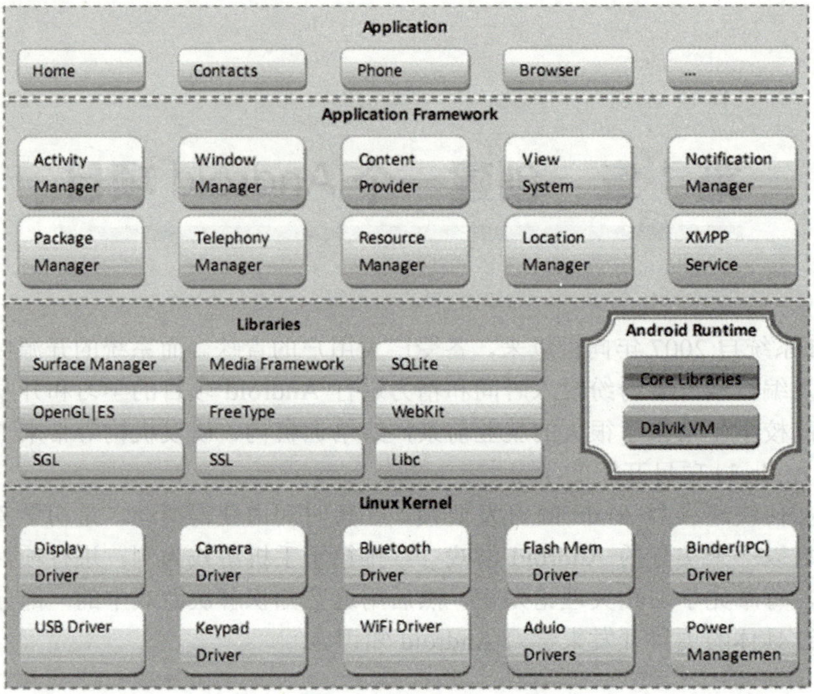

图 1-1

（1） Linux Kernel。

所有东西的底层是一个稳定的保持更新的 Linux 内核（笔者现在用的 Nexus 手机所用的就是 Linux2.6.32 版的内核），以及我们精心打造的能源管理组件；当然还有将它们整合至上层 Linux 代码的扩展和公共组件。

（2） Libraries。

类库内部包含：多媒体库、SGL-2D 图形引擎库、SSL-TCP/IP 协议为数据通信提供支持、OpenGL ES-3D 效果支持、SQLite 关系数据库、WebKit 浏览器、FreeType-位图、矢量等，如图 1-2 所示。

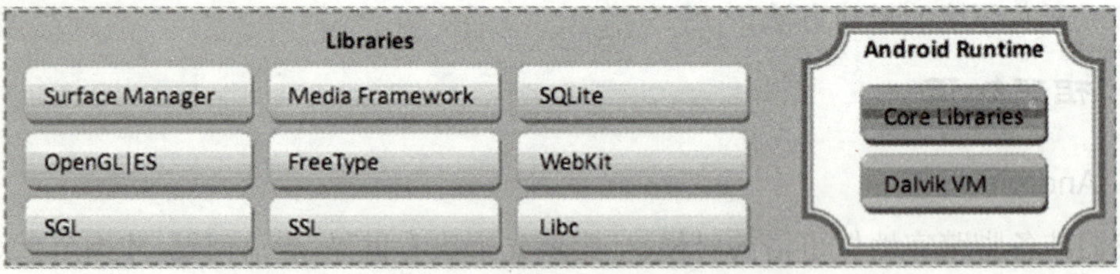

图 1-2　Libraries 层

在 Libraries 层中 Dalvik Runtime 是 Android 另一个重要的部分，包括虚拟机和一组重要的运行环境。它的设计非常巧妙，是个很好的一个手机终端的底层应用。

Dalvik 虚拟机只执行.dex 的可执行文件。当 Java 程序通过编译，最后还需要通过 SDK 中的工具转化成.dex 格式才能在虚拟机上执行。

（3） Application Framework。

Application Framework 层（应用程序框架层），如图 1-3 所示，是开源的，用户可以根据这一层进行自己的应用程序开发。比如用户可以利用活动管理器（Activity manager）来管理自己应用程序的活动的生命周期。在 Android 官网有足够多的文档来介绍它们，详情可以登录 https://developer.android.com，在该网站的搜索栏输入你要了解的内容即可。

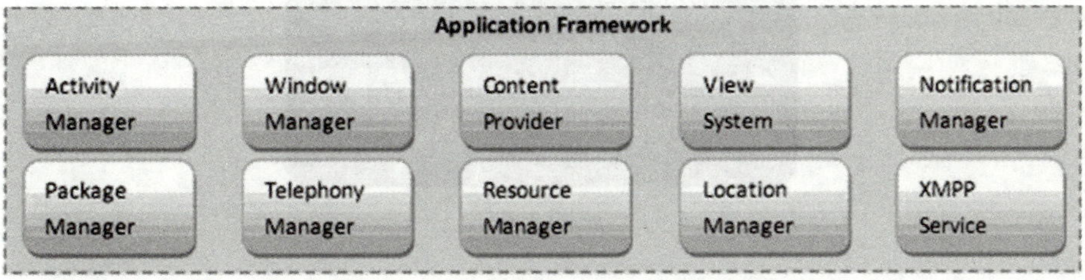

图 1-3 Application Framework 层

（4） Application

应用程序层如图 1-4 所示，这一层主要是一些系统提供的程序包，及第三方应用开发。

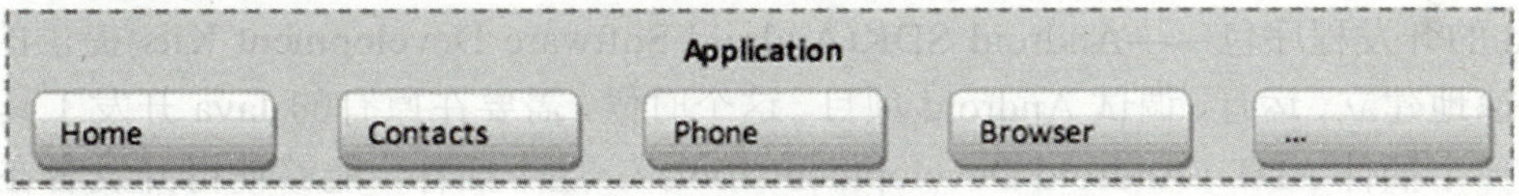

图 1-4 Application 层

一个 Android App 包含在一个我们称之为 APK 的压缩文件夹中。需要注意的是 Android Manifest——介于 App 和 Android System 的接口（应用程序中必不可少，利用它可以使用系统服务、注册组件等）。

在 SDK 的应用程序中包含，AndroidManifest.xml 文件、Dalvik 可执行的文件和其他一些资源文件（比如图片、音乐等无需编译、压缩的文件）。图 1-5 是一个使用 WinRAR 打开的 APK 文件包。

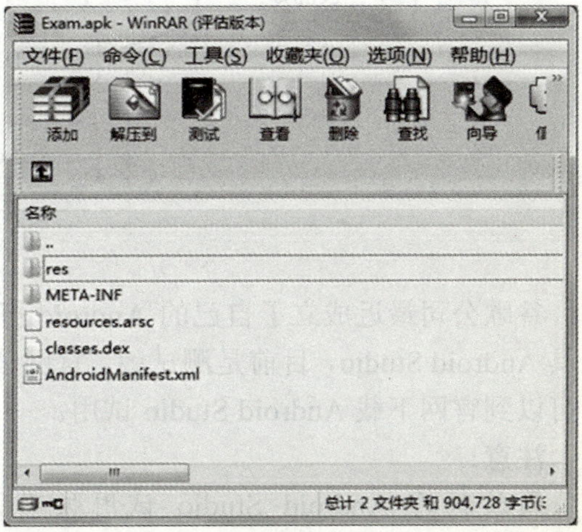

图 1-5

从图 1-5 中可以看到一些资源文件，如项目的资源文件（在 res 文件夹内，主要是一些项目资源文件）、二进制资源文件（resources.arsc 文件，用来描述那些具有 ID 值的资源的配置信息，它的内容就相当于一个资源索引表）、Davilk 可执行文件（后缀为 dex 的文件）、AndroidManifest.xml（项目的配置文件，主要说明应用程序的包名、版本号、SDK 的版本、组件类型、启动策略、使用的服务等内容，对于 Android 应用程序非常重要）。

在一些 Android 项目中，可能会使用第三方语言开发，比如在设计 3D 游戏时，可能使用 C++语言来进行游戏加速处理（OpenGL

处理 3D 游戏)，这个时候我们可以使用 Andriod NDK 来开发，借用 JNI(Java Native Interface，如图 1-6 所示）来完成在 Java 中使用 C/C++。

图 1-6

2. Android 开发环境构成

目前开发 Android 是使用 Java 语言进行的，所以 Android 开发环境是建立在 Java 开发环境基础之上的。

如图 1-7 所示，开发 Java 需要的环境是，Eclipse+JDK。在 Java 的开发环境上，使用 Android 的开发程序包——Android SDK(Android Software Development Kits)提供的开源资源来快速地建立、运行、调试 Android 项目。这个时候，需要在原有的 Java 开发工具 Eclipse 上安装一个插件 ADT（Android Development Tools），这个插件，能够使得开发者在 Eclipse 环境中可视化地调用 Android SDK 中的资源及开发工具。也可以说在 Eclipse 中安装 ADT 插件后，可以让开发者在 Ecplise 中，通过可视化的操作来完成 Android SDK 资源的调用（比如可视化的建立测试用的虚拟机，可视化的建立、运行、调试 Android 项目等）。

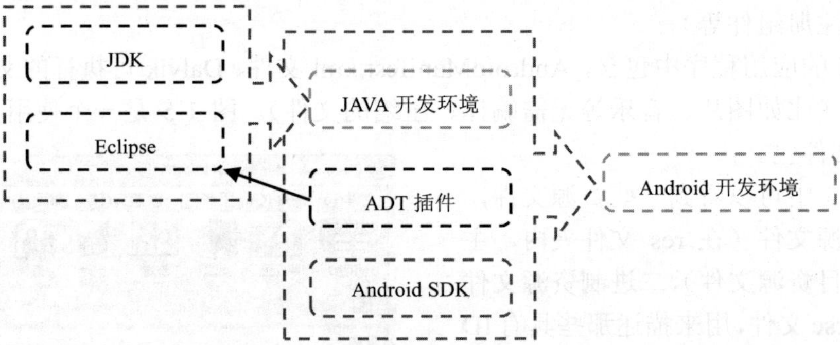

图 1-7

谷歌公司最近成立了自己的 Android 开发环境研发小组，设计了自己的 Android 开发工具 Android Studio，目前是测试版，官网公告说随后将替代现有的开发环境。有兴趣的读者可以到官网下载 Android Studio 试用。

注意：

因最新的 Android Studio 试用版不稳定问题，本教材继续沿用传统的开发环境（JDK+Eclipse+ADT+Android SDK）。

1.1.3　项目任务——项目环境搭建

整个开发环境搭建过程比较轻松，但是需要按照要求仔细操作，否则，可能引起问题，导致安装失败。

1. 步骤 1：下载并安装开发工具

如果计算机没有安装 java 开发环境，那么搭建 Android 开发环境是最容易的。

（1） 打开 Android 官网 http://developer.android.com/sdk/index.html，如图 1-8 所示。

图 1-8

在浏览器左侧选择 Download 选项，然后选择 Download Eclipse ADT（图 1-8 右下方）。紧接着弹出如图 1-9 所示的提示。

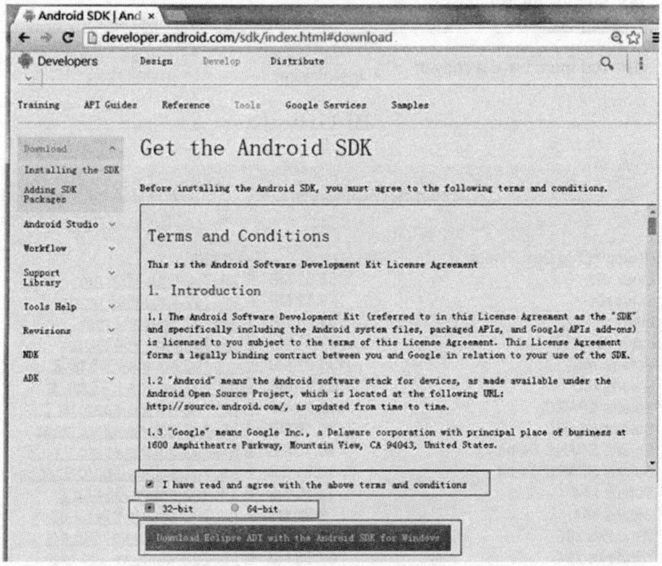

图 1-9

注意图 1-9 中的圈选部分，首先应同意谷歌条件，然后选择对应的系统版本，单击 Download Eclipse ADT with the Android SDK for Windows 选项。接下来的事情就是等待下载。

这个版本包含 Android SDK ，并且 Eclipse 中已经自动集成了 ADT 插件，免去了很多麻烦，我们只需要下载并设置。

下载完后，将压缩包解压到某一个盘的根目录下，例如解压到本地磁盘（D:）中，如图 1-10 所示。

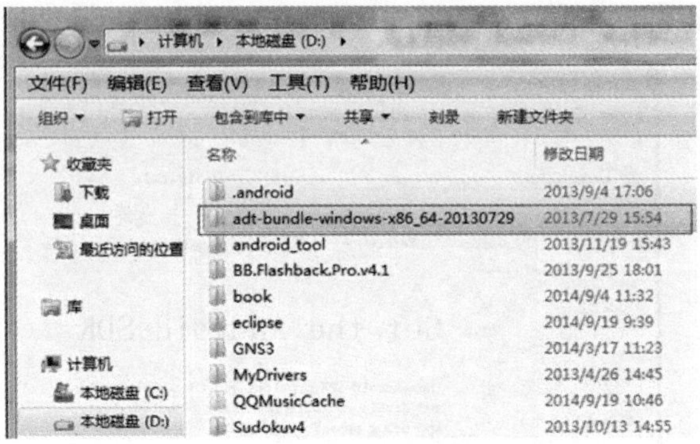

图 1-10

（2） 下载 JDK，可以到官网下载（官网地址：http://www.oracle.com/technetwork/java/javase/downloads/index.html），也可以自己搜索下载。

选择如图 1-11 所示的 JDK download，出现如图 1-12 所示页面。

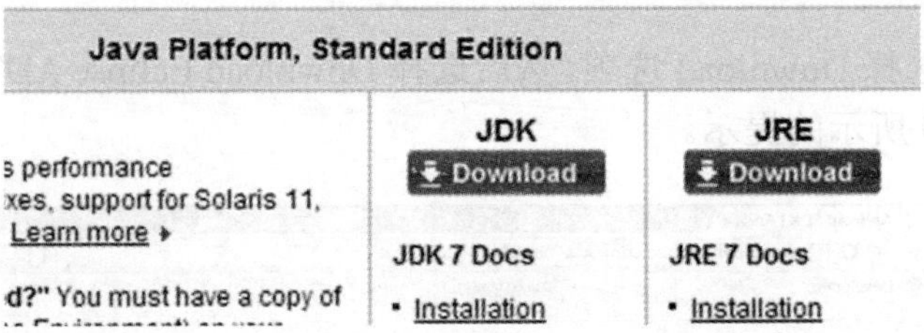

图 1-11

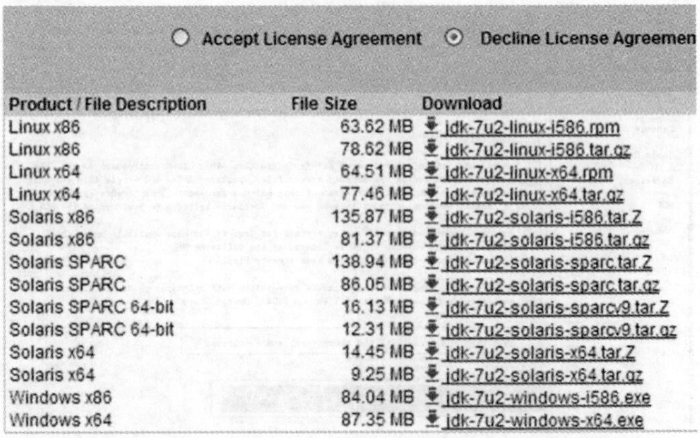

○ Accept License Agreement ⊙ Decline License Agreemen

Product / File Description	File Size	Download
Linux x86	63.62 MB	jdk-7u2-linux-i586.rpm
Linux x86	78.62 MB	jdk-7u2-linux-i586.tar.gz
Linux x64	64.51 MB	jdk-7u2-linux-x64.rpm
Linux x64	77.46 MB	jdk-7u2-linux-x64.tar.gz
Solaris x86	135.87 MB	jdk-7u2-solaris-i586.tar.Z
Solaris x86	81.37 MB	jdk-7u2-solaris-i586.tar.gz
Solaris SPARC	138.94 MB	jdk-7u2-solaris-sparc.tar.Z
Solaris SPARC	86.05 MB	jdk-7u2-solaris-sparc.tar.gz
Solaris SPARC 64-bit	16.13 MB	jdk-7u2-solaris-sparcv9.tar.Z
Solaris SPARC 64-bit	12.31 MB	jdk-7u2-solaris-sparcv9.tar.gz
Solaris x64	14.45 MB	jdk-7u2-solaris-x64.tar.Z
Solaris x64	9.25 MB	jdk-7u2-solaris-x64.tar.gz
Windows x86	84.04 MB	jdk-7u2-windows-i586.exe
Windows x64	87.35 MB	jdk-7u2-windows-x64.exe

图 1-12

单击 Accept License Agreement（接受协议），选择对应的系统版本号并下载。

2. 步骤 2：安装开发环境

在这个情况下（下载的是集成环境），只需要安装 JDK 并设置环境变量即可，步骤如下：

（1） 双击下载的 JDK 安装文件，并选择安装目录，然后一直单击“下一步”，直至完成。笔者安装目录如图 1-13 所示。

（2） 在桌面右击“我的电脑”（Win7 系统中的“计算机”），如图 1-14 所示。

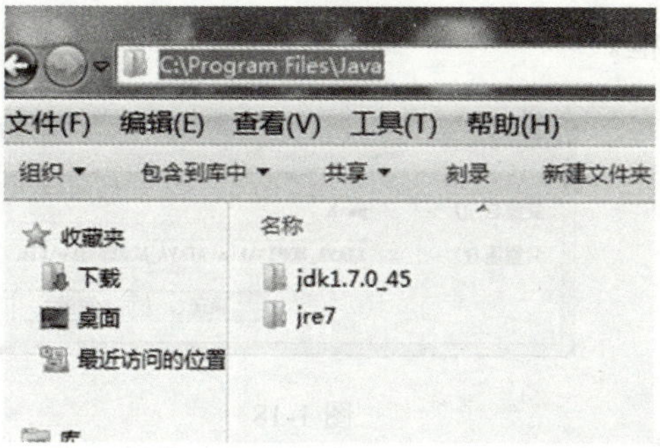

图 1-13

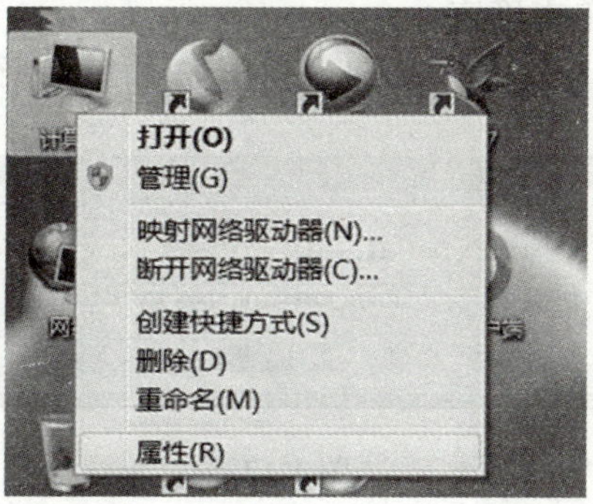

图 1-14

（3） 选择属性后，在随后弹出的对话框中选择“高级系统设置”，弹出如图 1-15 所示的对话框。

（4） 选择环境变量，弹出环境变量对话框，选择系统环境变量中的新建，在弹出的编辑系统变量对话框中书写以下内容（如图 1-16 所示）。

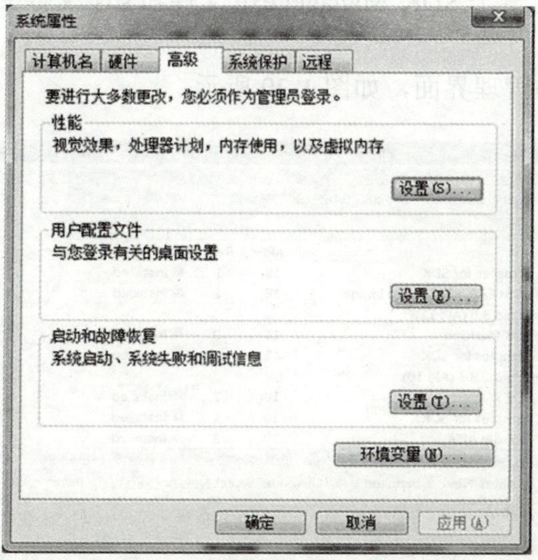

图 1-15

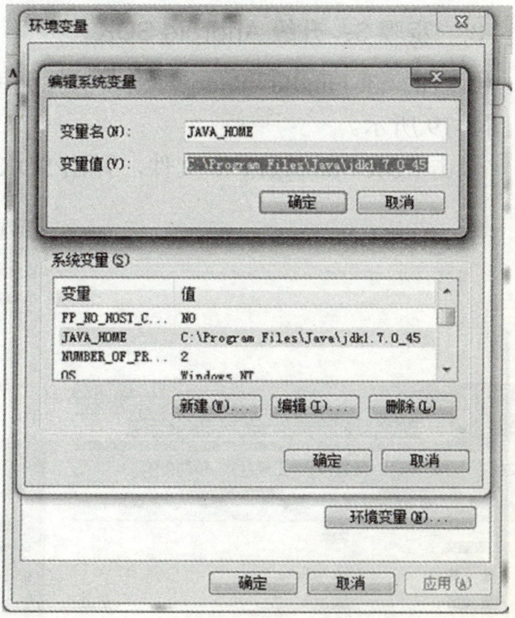

图 1-16

变量名："JAVA_HOME"。

变量值："C:\Program Files\Java\jdk1.7.0_45（查看你的 JDK 安装在哪个目录下，输入你正确的安装路径）"。

最后单击确定。

（5） 再次单击新建，在弹出的对话框中输入如图 1-17 所示的内容。

变量名："classpath"。

变量值："%JAVA_HOME%\lib;%JAVA_HOME%\lib\tools.jar"。

单击确定。

（6） 单击新建，弹出如图 1-18 所示对话框。

图 1-17

图 1-18

变量名："path"。

变量值："%JAVA_HOME%\bin;%JAVA_HOME%\jre\bin"。

注意：

如果，系统变量里有 path 变量，双击它，在变量值的最后加如引号里的内容";%JAVA_HOME%\bin;%JAVA_HOME%\jre\bin"，切记其他已经存在的值不要删除，否则可能引起其他软件的不可用！

3. 步骤 3：升级 Android SDK

解压的 adt-bundle-windows-x86 文件夹里有一个 SDK Manager.exe 文件和 sdk 文件夹，如图 1-19 所示。

双击 SDK Manager.exe 文件，弹出 SDK 的管理界面，如图 1-20 所示。

图 1-19

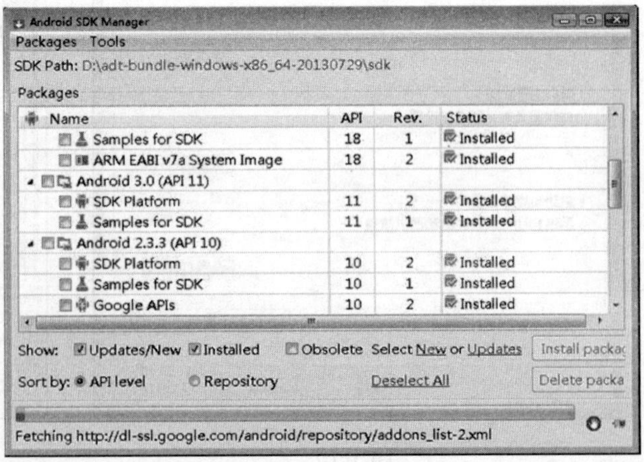

图 1-20

勾选需要升级的 SDK 包，单击 Install package 按钮，安装包里需要升级的文件包即可。

注意：

（1） 下载版本里，一般有一个最新的 SDK platform（运行、测试用），初学者可以直接使用。

（2） 勾选包，如果升级不了，原因有多种，一般原因是目前的防火墙阻止了国外网站，导致下载失败。如果下载失败，用户可以直接在光盘下找到对应的 adt-bundle-windows 文件夹，替换原有的即可。

（3） 读者可能有疑问：ADT 怎么没有谈到呢？（如果你还没出现这个疑问，现在不妨想想。有这个疑问的读者可以参看图 1-7，Android 官方已经把 ADT 集成在 Eclipse 中了。

（4） 如果升级不了 SDK，或者某个旧版本下载不了，我们可以使用自己的 Android 手机进行测试，详细方法在后续课程介绍。

1.2 创建一个项目

项目环境搭建完毕，我们可以通过一个简单的项目，验证和测试环境是否能够正常运行。

1.2.1 学习目标

通过本节学习以下内容。

Android 项目建立步骤及方法。

1.2.2 项目任务——创建推箱子游戏

步骤 1：打开 eclipse.exe 文件，该文件位于 D:\adt-bundle-windows-xxx\eclipse 文件夹下。双击 eclipse.exe，等待启动，出现如图 1-21 所示界面。

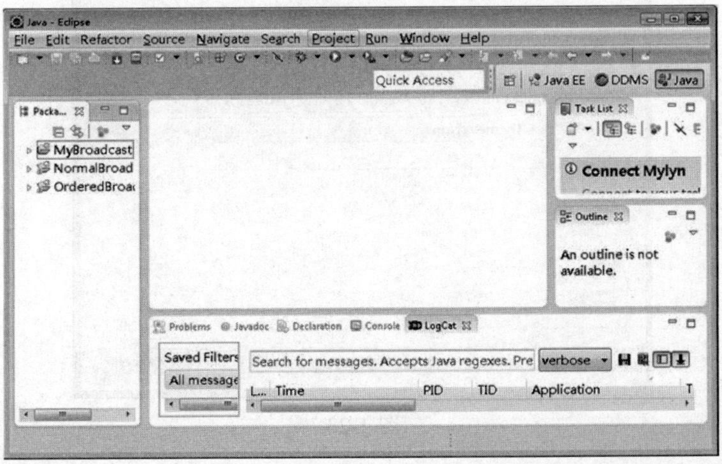

图 1-21

步骤 2：新建项目。

（1） 在 eclipse 中选择 File->New->Android Appilcation Project 项，如图 1-22 所示。

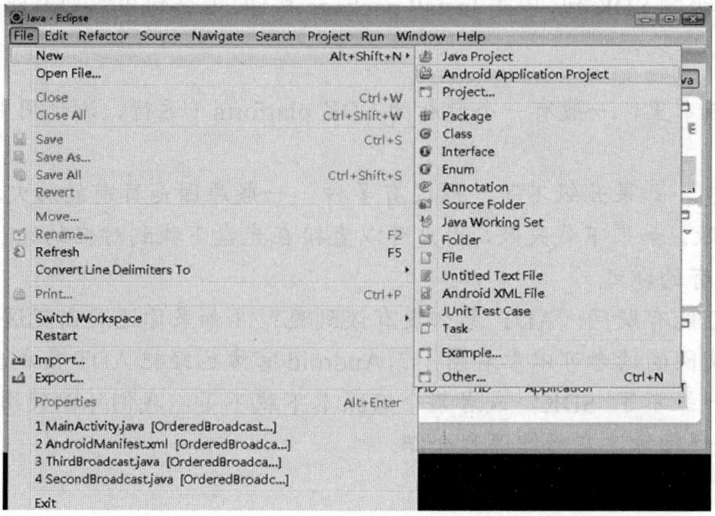

图 1-22

注意：

如果你的在 new 菜单里没有直接找到 Android Appilcation Project，可以按照下面路径查找：File->New-> Project->Android->Android Appilcation Project。

（2） 在出现的对话框中填写如图 1-23 所示的内容。

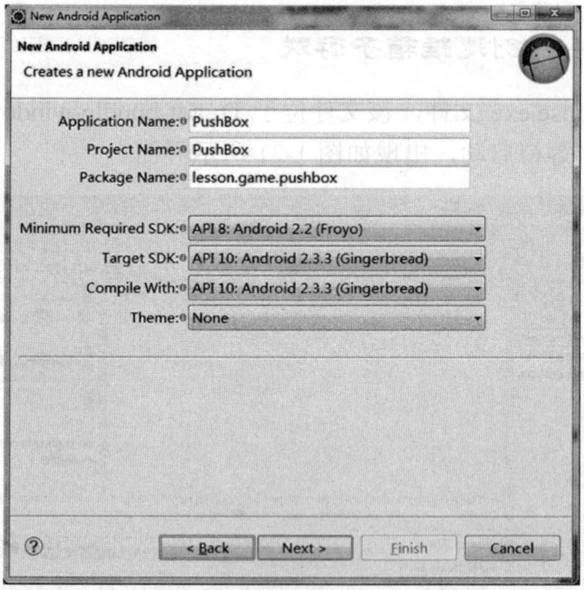

图 1-23

说明：

Application Name：应用程序显示给用户的名称。在这个项目中，使用“PushBox”。

Project Name：项目目录，并在 Eclipse 中可见的名称。

Package Name：应用程序包的命名空间（遵循 Java 中相同的规则）。包的名称必须是唯一的，建议使用与组织的反向域名开头的名称。

Minimum Required SDK：应用程序支持的 Android SDK 的最低版本。为了支持尽可能多的设备，应该设置可以为应用程序提供其核心功能集的最低版本。如果有只在新版本下才支持的功能，并且和核心功能不冲突，可以只在新版本中提供。

Target SDK：代表已经测试过的最高的版本，随着新版本的 Android 出现，你应该在新版本中测试应用程序并更新，以符合最新的 API 并利用新的平台功能。

Compile With：表示在编译时的应用程序的平台版本。默认情况下，设置为最新版本 SDK。

Theme：指定适用于该应用程序的 Android UI 风格。该项可以选择 none。

说明：

本次设置时为了测试的方便，全部选择了版本 2.3.3（当然，选择高版本的，获得的外观及性能更优，本书的项目中使用 2.3.3 足够，低版本运行起来占用计算机资源相对较少，运行、调试时较快一些，后续的章节都将沿用这一做法）。

单击“Next”进行下一步，剩下的选择默认，直至出现如图 1-24 所示的界面。

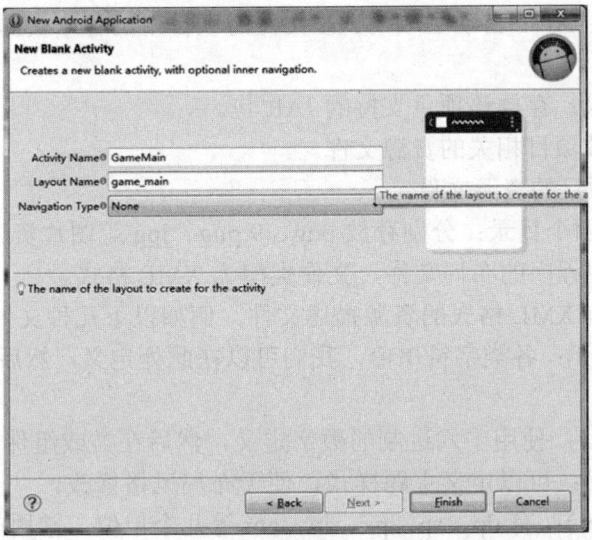

图 1-24

Activity Name：这里填写的名称是 Android 项目的主活动，每个活动类有一个活动界面对应。项目可能有多个活动类（对应多个活动界面），当用户单击 Android 项目时，系统调用哪个活动类的界面呈现在用户面前呢？这需要把这些活动类分个主次，主活动在程序启动时首先调用。我们填写的 GameMain 就是主活动（默认是 MainActivity），当打开应用程序时，系统首先加载它的活动界面 game_main（这是一个 XML 类型的布局文件）。为什么会这样，答案在后续章节中揭晓，如果同学们需要急切地了解，可以直接去查阅意图（Intent）的相关介绍。

单击 Finish，项目就创建完了，将出现如图 1-25 所示的界面。

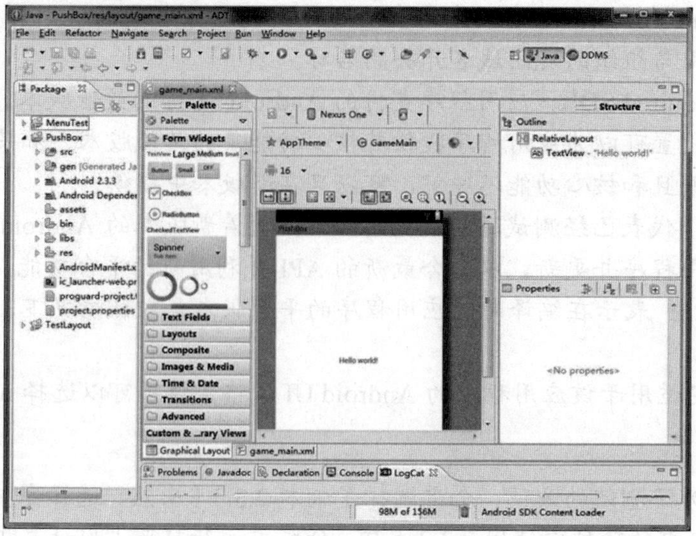

图 1-25

下面我们认识一下项目下的文件及文件夹，这将有助于以后项目资源的存放。

src 目录：存放 Android 应用程序中所有 Java 源代码。

gen 目录：内容由 ADT 自动生成的。该文件为项目中的各个资源在该类中创建其唯一的 ID，方便引用资源。

Android2.3.3 目录：存放该项目支持的 JAR 包。

assets 目录：存放项目相关的资源文件。

res 目录：存放项目的资源文件。

drawable 开头的四个目录：分别存放 png、9.png、jpg 等图片资源。

layout：存放应用程序的布局文件，文件类型为 XML 格式。

values：存放所有 XML 格式的资源描述文件，例如以下几种文件。

字符串(strings.xml)：各类字符串值，我们可以在此处定义，然后在类中或布局组件中引用。

颜色（colors.xml）：使用十六进制的数字定义，然后在类或组件中引用。

样式（styles.xml）：可以定义主题样式，便于布局风格修改。

尺寸（dimens.xml）：有 dp、sp、px、in、cm 等几个单位，常用的是 dp 和 sp。

数组（arrays.xml）：定义数组资源，便于类中引用。

以上几种资源文件在使用时将介绍。

AndroidManifest.xml 文件：该文件为项目的系统控制文件，是每个 Android 项目必须的文件，位于项目的根目录。

1.3　项目的运行与调试

项目的建立，如同盖楼的地基完成，后续我们将在这个基础上进行一系列的编程及调试，最终达到要求。那么如何进行调试呢？调试需要注意什么呢？学完本节，答案将揭晓。

1.3.1　学习目标

通过本节学习以下内容。

（1）　Android　项目在虚拟机上的运行。

（2）　Android 项目在真机上的运行。

（3）　Android 项目的调试环境 DDMS 的使用。

1.3.2　相关知识

1.　Android 虚拟机

Android 虚拟机（Android Virtual Device AVD）这款软件是 Google 官方出品，方便开发者使用 Android 环境运行、测试 Android 项目。可以让你在 PC 端（电脑上）安装运行模拟 Android 系统，并可以在电脑端进行几乎任何手机上可以进行的操作，可以模拟所有官方版本的安卓系统，并且有多款皮肤和屏幕样式可供选择。

要想使用虚拟机来模拟 Android 项目，首先需要升级你的 SDK 版本，这个打开 SDK manager.exe 可以看到结果。我们可以在 Eclipse 中选择 Windows 菜单，如图 1-26 所示。然后选择 Android SDK Manager，打开如图 1-27 所示的画面。

图 1-26

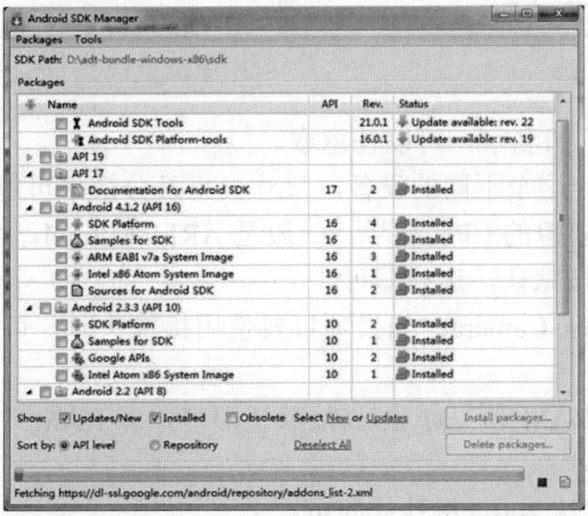

图 1-27

在图 1-27 中，我们可以看到已经升级并安装了 Android4.1.2、Android2.3.3、Android2.2 几个版本，那么测试的时候，我们就可以建立这三个版本的虚拟机进行测试。其中 Android4.1.2 是下载 SDK 时自带的，这个版本是当时最新的版本，如果读者在使用时你的版本可能要高于这个版本，比如 4.4 或更高的版本。如果一个也没有，那么可以升级，升级方法在 1.1 小节中已经介绍。如果升级不了，那么也不必惊慌，我们可以使用手机测试，方法在后面将介绍。

创建虚拟机有 2 种办法，一种是可视化操作，另一种是命令行。本文基于浅显易懂的原则，使用第一种方法，读者如对第二种方法感兴趣，可以到官网查找命令行模式创建 AVD。

使用可视化操作创建虚拟机，步骤如下：

Eclipse 中选择 windows->Android Virtual Device Manager，接着将出现如图 1-28 所示的界面。

在图 1-28 的界面中选择 New，将出现如图 1-29 所示的界面。

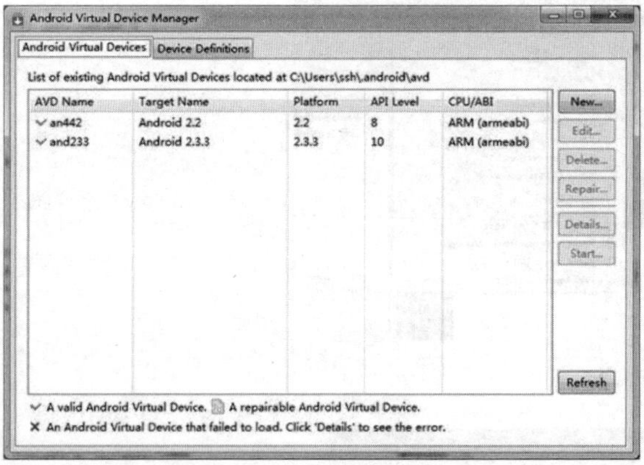

图 1-28

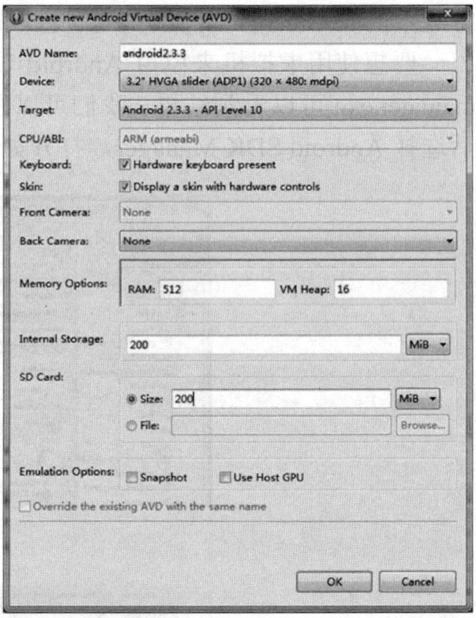

图 1-29

AVD Name：虚拟机的名字，可以任意取。

Device：设备名称，这个不同的设备，尺寸大小及分辨率可能不同。

CPU/ABI：虚拟机模拟的 CPU 型号，一般是 ARM 和 Intel，ARM 居多。

KeyBord 和 Skin：按默认，选择即可。

Front Camera 和 Back Camera：如果项目要使用摄像头时，可以选择，否则选择 None 即可。

Memory Options：RAM 和 VM heap 按默认即可，即 RAM 中填 512，VM Heap 中填 16。

Internal Storage：默认 200，按默认即可。

SD Card：SD 卡存储模拟，可有、可无，如果项目需要模拟 SD 卡存储，本处最好给设置大小。

Snapshot：快照，如果此处勾选，在第二次启动时，启动的是上一次的快照，启动速度较快。

Use Host GPU：使用 GPU 来进行加速。

如果读者不清楚，全部按图 1-29 所示即可。

2. Android 真机测试

我们现行的 Android 手机，也支持 Android 项目的运行调试。下面介绍如何用真机测试 Android 项目。

（1） 首先将手机设置为调试模式。

方法：设置->应用程序->开发->USB 调试，打上√即可。

（2） 在电脑上安装手机的驱动程序。将手机 USB 插入主机 USB 接口，如果没有自动下载成功，可以利用手机连接软件来下载手机驱动程序（豌豆荚、金山手机助手、360 手机助手、百度手机助手，各类助手会帮你自动安装手机驱动）。

（3） 打开 Eclipse，在需要运行的项目上，右击选择该项目，然后选择 run as，如图 1-30 所示。

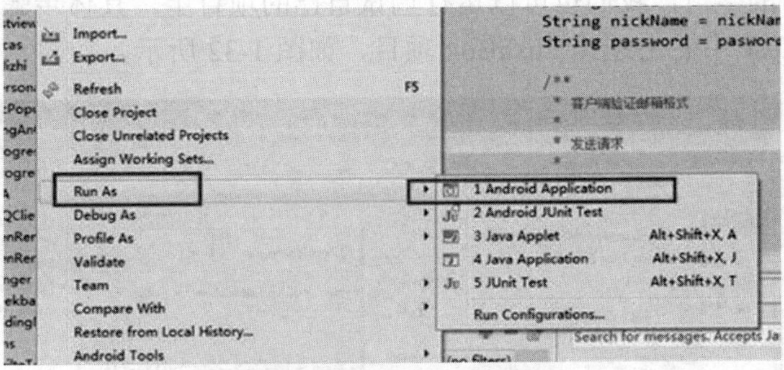

图 1-30

（4） 之后弹出对话框，如果真机连接成功，State 显示 Online，如图 1-31 所示。如果看不到真机设备，可能是驱动器没有安装成活，如果显示 Offline。可以重新再插一次，或者 USB 调试重新打开！

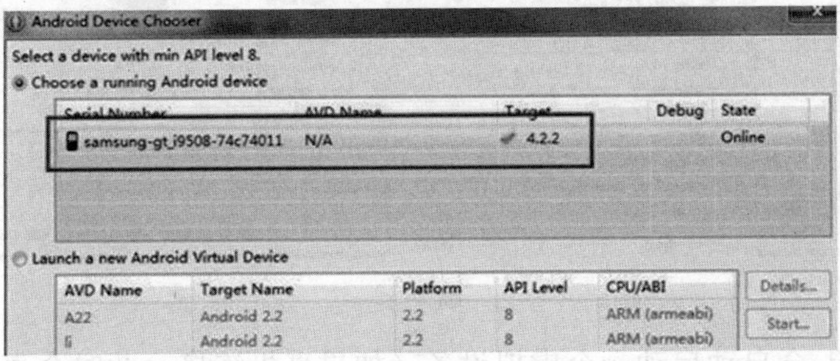

图 1-31

单击 OK，即可在真机上看到运行的项目。

3. DDMS

DDMS 的全称是 Dalvik Debug Monitor Service，是 Android 开发环境中的 Dalvik 虚拟机调试监控服务。它为我们提供例如：为测试设备截屏，针对特定的进程查看正在运行的线程以及堆信息、Logcat、广播状态信息、模拟电话呼叫、接收 SMS、虚拟地理坐标，等等。

DDMS 将搭建起 IDE 与测试终端（Emulator 或者 connected device）的链接，它们应用各自独立的端口监听调试信息，DDMS 可以实时监测到测试终端的连接情况。当有新的测试终端连接后，DDMS 将捕捉到终端的 ID，并通过 adb 建立调试器，从而实现发送指令到测试终端的目的。

这个工具存放在 SDK 文件夹的 SDK-tools 路径下，启动方法如下。

直接双击 ddms.bat 运行。

也可以在 Eclipse 调试程序的过程中启动 DDMS，在 Eclipse Window 菜单下，查找 Open Perspective->DDMS，单击启动就可以了。

1.3.3 项目任务——游戏的运行与调试

经过 1.3.2 节的学习，我们也可以运行调试自己的项目了。具体步骤如下：

（1） 在 Eclipse 中右击选择 PushBox 项目，如图 1-32 所示。

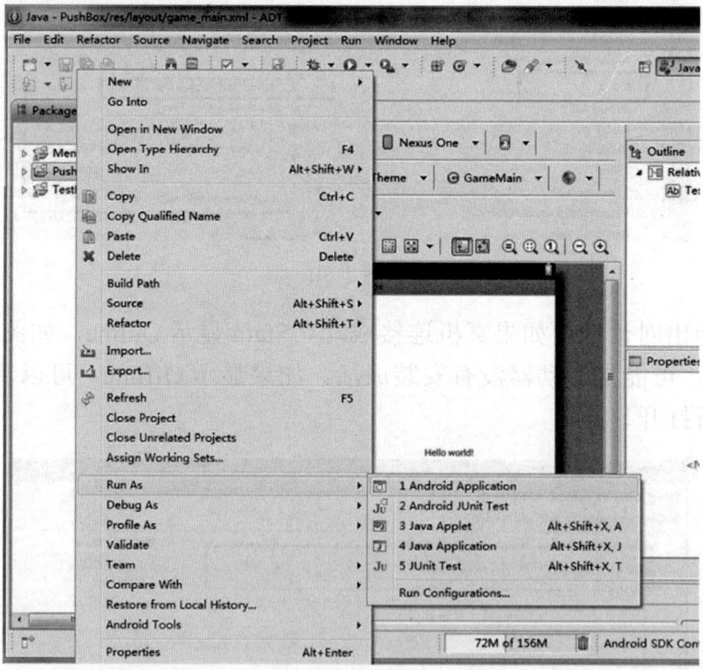

图 1-32

（2） Android 会自动启动一个虚拟设备（如果真机连接，此时会直接在真机上运行，本教材将使用虚拟机来运行、调试 Android 项目，真机测试不再进行），如图 1-33 所示。

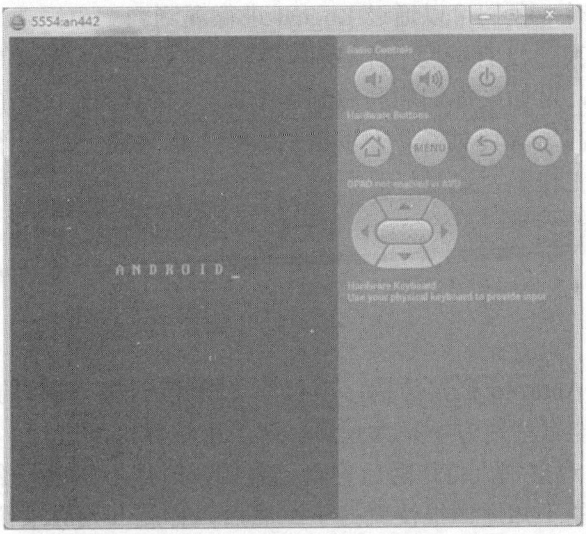

图 1-33

（3） 等待模拟器开启，然后用鼠标解去锁屏，将会看到项目的运行，如图 1-34 所示。

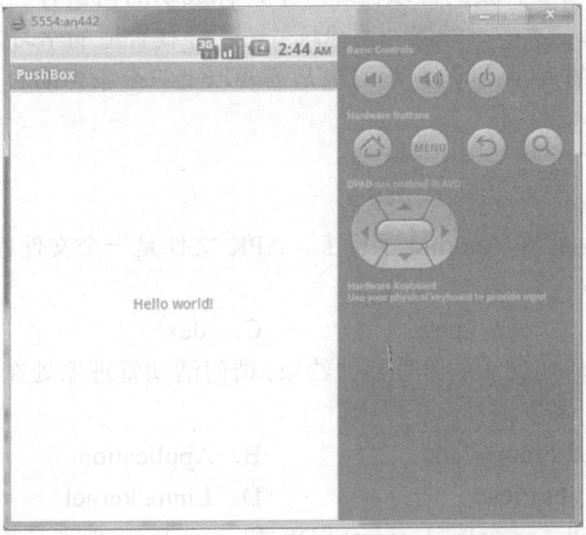

图 1-34

在 DDMS 的 logcat 中可以观察到项目运行的一些信息，如图 1-35 所示。

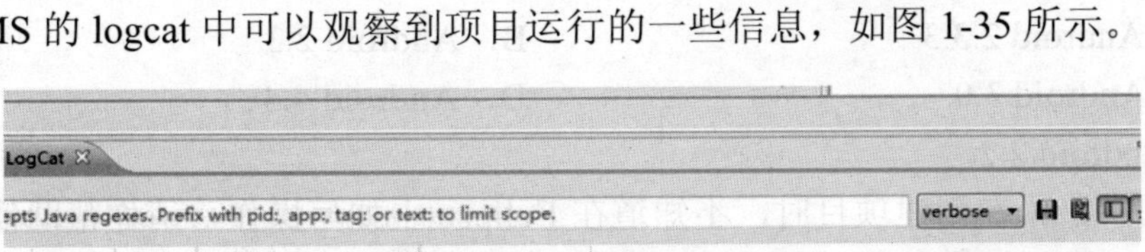

图 1-35

以后项目有问题时，我们可以通过 Logcat 进行观测。

至此，本章将结束，没有编写一个代码，我们建立了一个简单的项目，并运行起来，或许你认为太简单了，可如果你们顺利做到这个部分，已经很不错了！真的！前面有很多繁琐的操作，每一步都需认真对待，一步错了后续工作可能无法工作。或许你已经迫不及待地想进行下一章的工作了，这最好！不过，建议你还是回顾一下本章知识，并做一做练习题，这有助于知识的积累。

小结

本章主要学习了 Android 框架结构，项目环境搭建方法，项目的运行、调试及发布。

学习的时候，可能有些地方不是太理解。这不影响你往下进行，就如打 CS（一款电脑游戏），刚开始，你是观察别人打。随后你自己开始，但是不知道怎么换枪，不知道如何跳跃，不知道……太多的不知道，很快就挂了。然后，你就开始寻求帮助、网上发帖、询问身边高手……再来第二次、第三次……一段时间后，你也可以用狙击枪了，AK 也可以穿墙了。

成绩为何提高这么多？我们可以梳理一下，你成功的秘诀有三点：一、有兴趣；二、坚持学习（第二次、第三次……一遍一遍地玩）；三、寻找合适的学习方法（网上寻求帮助、看游戏帮助、和身边的人讨论等）。学习也是需要以上三个条件的。

习题

（1） APK 文件运行在 Android 手机上，APK 文件是一个文件包，里面不包含（　）类型的文件。

A．.java　　B．.png　　C．.dex　　D．.xml

（2）活动的生命周期受活动管理器的约束，请问活动管理器处在 Android 框架的（　）层。

A．Application Framework　　B．Application

C．Standard Libraries　　D．Linux kernel

（3）同学小王创建了一个项目，target SDK 和 complie with 两项都选择了 Android2.3.3，请问他能够在以下哪些测试机上测试？（　）

A．Android 2.3.3　　B．Android 2.3

C．Android 3.0　　D．Android 4.4

E. Android 2.2

（4） 同学小张在创建项目时，不知道在 Eclipse 中如何操作，请你帮助他简单地完成一个项目的构建，简单说明操作步骤。

（5） 同学小李的项目不能运行，初步判断有错，但是又不知道如何查找这些错误，请你帮助他快速定位错误位置，请问如何在 Eclipse 中快速定位 Android 项目的错误？使用什么获得错误定位？

第 2 章　为项目添加界面

在上一章里，我们不费一行代码，就建立了一个项目的雏形，并能够正常运行起来，很棒！笔者第一次做 Android 项目时遇到不少挫折（如 SDK 升级出问题、ADT 安装失败不能卸载、运行项目出现 ANR 错误等）。当时国内资料也少，仅靠着蹩脚的英语去阅读 Android 官网上的文献，费了不少劲，而你能够顺利来到第二章，不得不说你很棒了。

游戏项目已经完成，但是与我们理想中的推箱子游戏还有差距，首先界面与推箱子游戏大相径庭，其次功能一个也没有。不要紧，我们慢慢来，本章就开始添加界面。在学习完本章后，基本的 Android 项目界面搭建，你也能够顺利完成，并且还能够完成人与界面的互动。

2.1　界面布局方式的使用

界面布局就像一个大的容器，而这个容器是个无形的，用户看不到界面布局（我们见到的界面只是在布局内的一系列组件，比如文本框、按钮、输入文本框等），但是它决定了布局里的组件的关系，比如按钮和文本之间的先后顺序、对齐方式等。下面我们就来认识一下布局，学习如何使用布局。

2.1.1　学习目标

通过本节学习以下内容。

（1）线性布局的使用。

（2）表格布局的使用。

（3）相对布局的使用。

（4）帧布局的使用。

（5）ListView 的使用。

2.1.2　相关知识

1．线性布局的使用

LinearLayout（线性布局）是最常用的布局方式之一。线性布局需要定义一个方向，横向(android:orientation="horizontal")或纵向(android:orientation="vertical")。也就是说，控件要么就并排横向的排列，要么就纵向的笔直排列，超出边界的控件不再显示。如图 2-1、图 2-2 所示，分别是垂直方向布局组件和水平方向布局组件的效果。

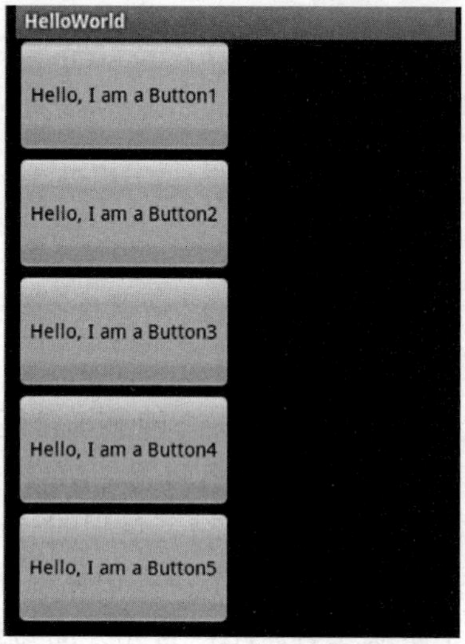

图 2-1

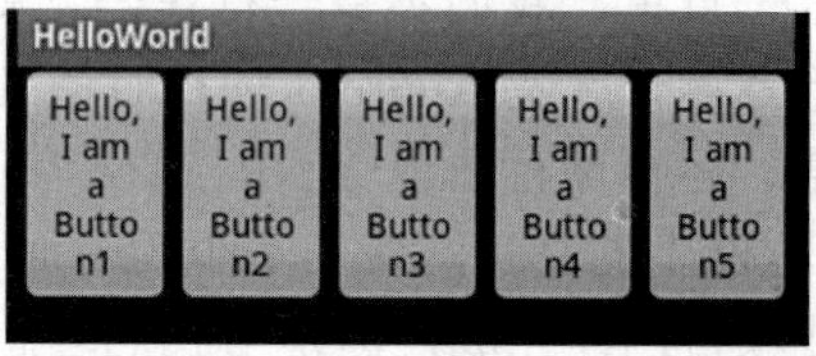

图 2-2

线性布局文件在项目的resy文件夹下的layout文件夹下，后缀名为.xml，文档格式如下。

```
<LinearLayout xmlns:android="http://schemas.android.com/apk/res/android"
    android:layout_width="match_parent"
    android:layout_height="match_parent"
    android:orientation="vertical"
>
    //其他组件
</LinearLayout>
```

其中：

“<LinearLayout”为线性布局的开始标签。

xmlns:android="http://schemas.android.com/apk/res/android"是固定格式。

android:layout_width="match_parent"设置布局的宽度，默认match_parent，意思是与父控件同，布局的上一级是屏幕的大小，所以直接与屏幕同宽了。

android:layout_height="match_parent"，设置布局的高度。牵涉到高度和宽度，可以使用具体的尺寸资源代替。

尺寸资源也是进行Android应用开发时比较常用的资源。它通常用于设置文字的大小、组件的间距等。下面对尺寸资源进行详细介绍。

在Android中，支持的常用尺寸单位如下：

（1） px（Pixels，像素）：每个px对应屏幕上的一个点。例如，320×480的屏幕在横向有320个像素，在纵向有480个像素。

（2） in（Inches，英寸）：标准长度单位。每英寸等于2.54厘米。例如，形容手机屏幕大小。经常说3.2（英）寸、3.5（英）寸、4（英）寸就是指这个单位。这些尺寸是屏幕对角线的长度。

（3） pt（points，磅）：屏幕物理长度单位，1磅为1/72英寸。

（4） dip或px（设置独立像素）：一种基于屏幕密度的抽象单位。在每英寸160点的显示器上，ldip=lpx.但随着屏幕密度的改变，dip 与 px 的换算也会发生改变。

（5） SP（比例像素）：主要处理字体的大小，可以根据用户字体大小首选项进行缩放。

（6）　mm（Millimeters.毫米）：屏幕物理长度单位。

在实际应用中，牵涉控件尺寸时，使用 dp 的较多，字体大小时使用 SP 居多。

android:orientation="vertical"垂直线性布局，垂直布局下，没一个控件表示一行，如图 2-1 所示，每一个按钮占据一行。当取值为"horizontal"时，表示水平线性布局，水平布局每一列表示一个组件，如图 2-2 所示。

其他常用属性如下：

android:background="#RRGGBB"，用十六进制的数值表示背景颜色，或者用 #AARRGGBB 表示 AA 表示透明度，此处也可用背景图片来设置。

比如：android:background="@drawable/bg"，使用图片名为 bg 的图片来铺满整个背景。bg 保存在 res/drawable 文件夹下，如果项目的 res 没有该文件夹，在 res 上右击，选择 new folder，然后命名为 drawable（切记一定是这个名字），然后把你的 bg 图片复制到该文件夹。切记 Android 系统支持的图片格式有 jpg、png 和 gif（单帧画面，不支持 gif 动画）。

android:gravity="top"(buttom、left、right、center_vertical、fill_vertical、center_horizontal、fill_horizontal、center、fill、clip_vertical、clip_horizontal)控制布局中子控件的对齐方式。如果某个子控件设置此属性，表示其内容的对齐方式，如 TextView 里面文字的对齐方式。gravity 如果需要设置多个属性值，需要使用“|”进行组合，如 android:gravity="top|right" 表示顶端右对齐。

android:layout_weight="int"通过设置控件的 layout_weight 属性以控制各个控件在布局中的相对大小，线性布局会根据该控件 layout_weight 值与其所处布局中所有控件 layout_weight 值之和的比值为该控件分配占用的区域。

为了验证属性设置，我们建立一个布局文件，具体步骤如下。

（1）　在项目的 res/layout 文件夹下，右击选择 New->Other，在弹出的对话框中选择 "Android XML Layout File"，单击 Next，如图 2-3 所示。

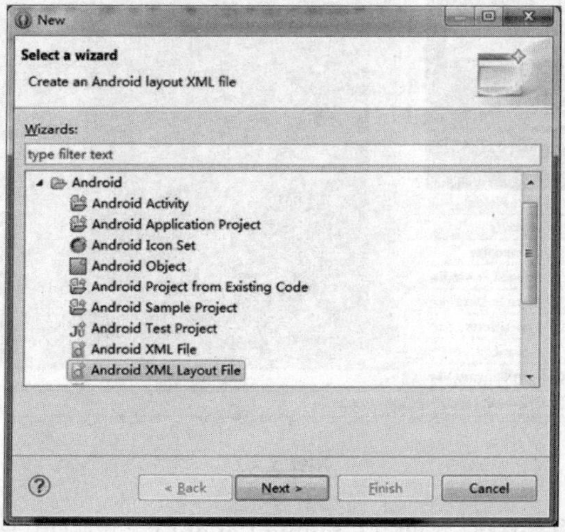

图 2-3

在弹出的对话框中输入文件名“mylayput”，选择 Root Element 为 LlinearLayout，如图 2-4 所示。

图 2-4

单击 Finish 完成，弹出如图 2-5 的界面。

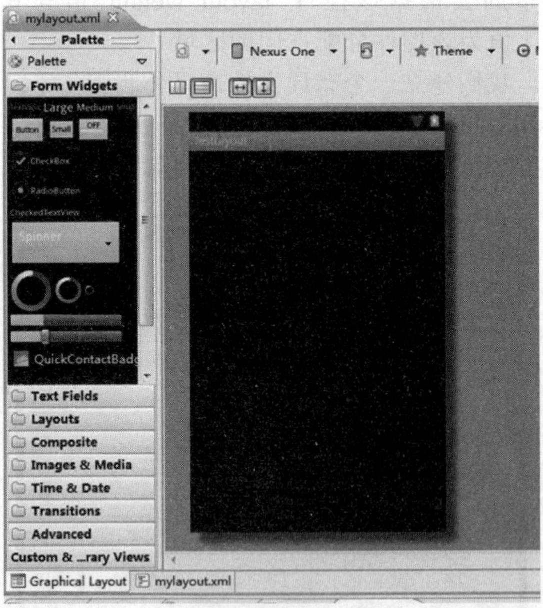

图 2-5

在图 2-5 中，显示的是图形界面（Graphic Layout），我们单击 mylayout.xml（如图 2-5 的最下侧）标签切换到代码行，直接修改其代码，修改后的内容如图 2-6 所示。

```
<?xml version="1.0" encoding="utf-8"?>
<LinearLayout xmlns:android="http://schemas.android.com/apk/res/android"
    android:layout_width="match_parent"
    android:layout_height="match_parent"
    android:orientation="vertical" >
    <LinearLayout
        android:layout_width="match_parent"
        android:layout_height="wrap_content"
        android:orientation="vertical"
        android:layout_weight="1"
        android:background="#7B68EE" >
    </LinearLayout>
    <LinearLayout
        android:layout_width="match_parent"
        android:layout_height="wrap_content"
        android:layout_weight="3"
        android:orientation="horizontal"
        android:background="#008B8B"
        android:gravity="center" >

        <Button
            android:id="@+id/button3"
            android:layout_width="wrap_content"
            android:layout_height="wrap_content"
            android:layout_weight="2" />
        <Button
            android:id="@+id/button4"
            android:layout_width="wrap_content"
            android:layout_height="wrap_content"
            android:layout_weight="3"   />
    </LinearLayout>
</LinearLayout>
```

图 2-6

在图 2-6 中，我们可以看到在一个线性布局中嵌套了两个线性布局（线性布局是可以嵌套的），第一个子线性布局有一个属性为 android:layout_weight="1"，而第二个子线性布局相应的属性为 android:layout_weight="3"，则第一个线性布局占据权重为 1/(1+3)。

第二个线性布局是水平布局，布局中有两个 Button，应该水平排列一行。第一个 Button 的属性为 android:layout_weight="2"，第二个 Button 的属性 android:layout_weight="3"，则第一个占据该行的 2/(3+2)，第二个 Button 占据改行的 3/(2+3)。

是不是这样呢？我们再次切换到图形界面（Graphic Layout，单击图 2-5 中的最下侧的 Graphic Layout 标签）看一下显示结果，可以发现和我们预测的一样，如图 2-7 所示。

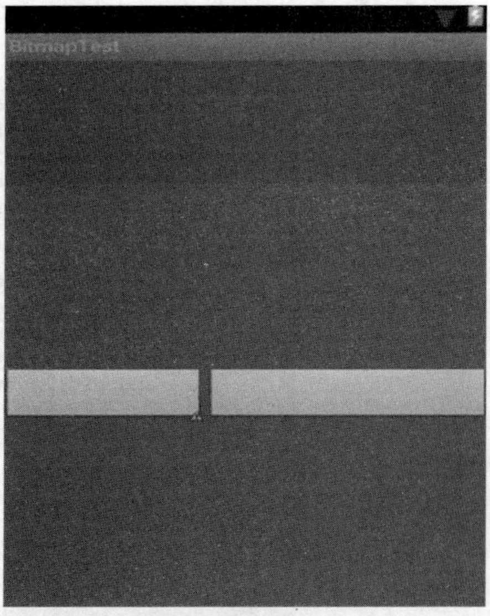

图 2-7

注意:

（1） 视图布局是可以图形化操作的。比如，我们要在线性布局中布置一个按钮，我们只需要在 palette 窗口中拖曳 Button 到布局中合适的位置，即可添加一个 Button。选中 Button，在 Properties 窗口可以设置 Button 属性。如果需要设置线性布局属性，在布局中单击，则 Properties 窗口自动显示布局属性窗口，如图 2-8 所示。

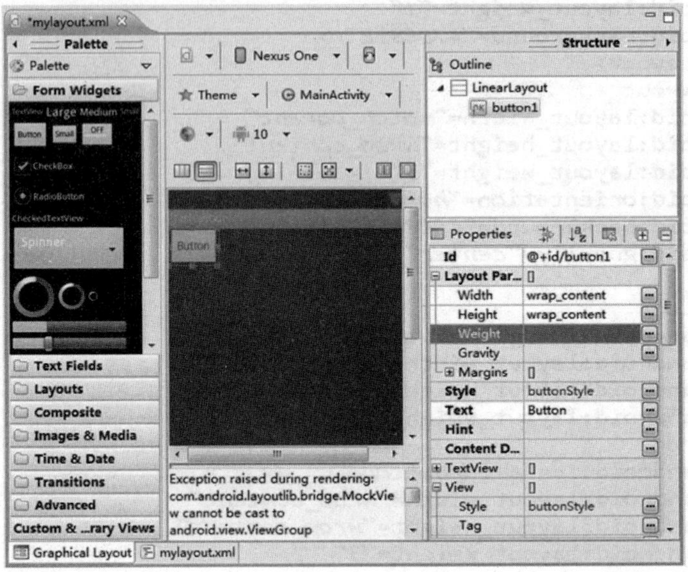

图 2-8

（2） 代码视图下，编写代码时，我们可以使用 Alt+/组合键，可以获得快速帮助。

如图 2-9 所示，在 android:orientation=""的双引号内使用组合键，则会提示可以输入的值，我们可以用鼠标或光标选择而不用手动输入。

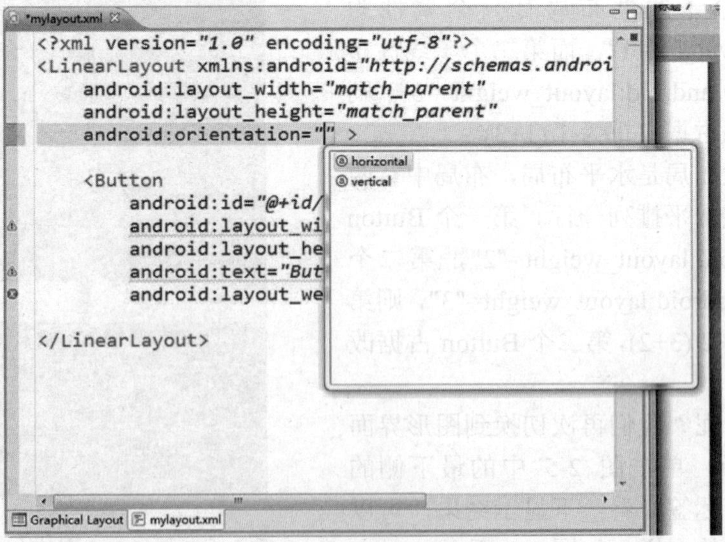

图 2-9

2. 表格布局的使用

TableLayout 是表格布局，以多行多列的方式显示子对象。每一行为一个 TableRow 标签，每一行可以拥有 0 个或多个的单元格（cell），每个单元格内是一个 View 对象。

要把子组件放在指定的列中，可以在子组件中加入属性 android:layout_columns="i"，其中，若 i=0 则表示第一列，i=1 表示第二列，以此类推。

如图 2-10 所示是一个表格布局的 XML 文件。

```xml
<?xml version="1.0" encoding="utf-8"?>
<TableLayout xmlns:android="http://schemas.android.com/apk/res/android"
    android:layout_width="match_parent"
    android:layout_height="match_parent"
    >
    <TableRow
        android:id="@+id/tableRow1"
        android:layout_width="wrap_content"
        android:layout_height="wrap_content" >
        <ImageView
            android:id="@+id/imageView1"
            android:layout_width="wrap_content"
            android:layout_height="wrap_content"
            android:src="@drawable/red"
            android:layout_column="0" />
    </TableRow>
    <TableRow
        android:id="@+id/tableRow2"
        android:layout_width="wrap_content"
        android:layout_height="wrap_content" >
        <ImageView
            android:id="@+id/imageView2"
            android:layout_width="wrap_content"
            android:layout_height="wrap_content"
            android:src="@drawable/red"
            android:layout_column="1" />
    </TableRow>
    <TableRow
        android:id="@+id/tableRow3"
        android:layout_width="wrap_content"
        android:layout_height="wrap_content" >
        <ImageView
            android:id="@+id/imageView3"
            android:layout_width="wrap_content"
            android:layout_height="wrap_content"
            android:src="@drawable/red"
            android:layout_column="2" />
    </TableRow>
</TableLayout>
```

图 2-10

显示效果如图 2-11 所示。

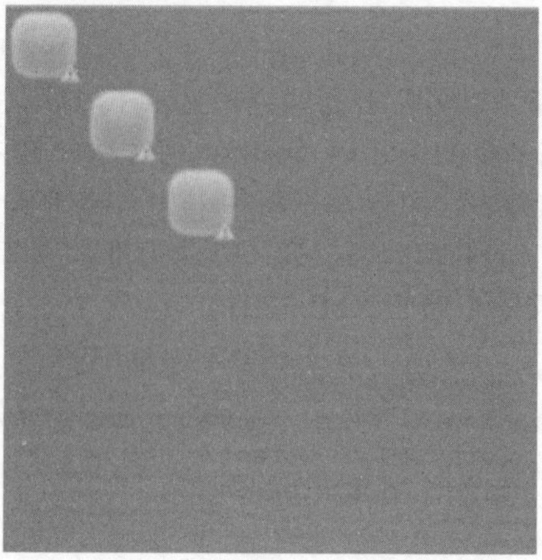

图 2-11

TableLayout 属性：

android:collapseColumns 的功能是将 TableLayout 里面指定的列隐藏，若有多列需要隐藏，则需要逗号将需要隐藏的列序号隔开。

android:stretchColumns:设置指定的列为可伸展的列，以填满剩下的多余空白空间，若有多列需要设置为可伸展，请用逗号将需要伸展的列序号隔开。

android:shrinkColumns:设置指定的列为可收缩的列。当可收缩的列太宽(内容过多)不会被挤出屏幕。当需要设置多列为可收缩时，将列序号用逗号隔开。

列元素(Button)属性：

android:layout_colum:设置该控件在 TableRow 中指定的列。

android:layout_span:设置该控件所跨越的列数。

例：

要做出的效果如图 2-12 所示。

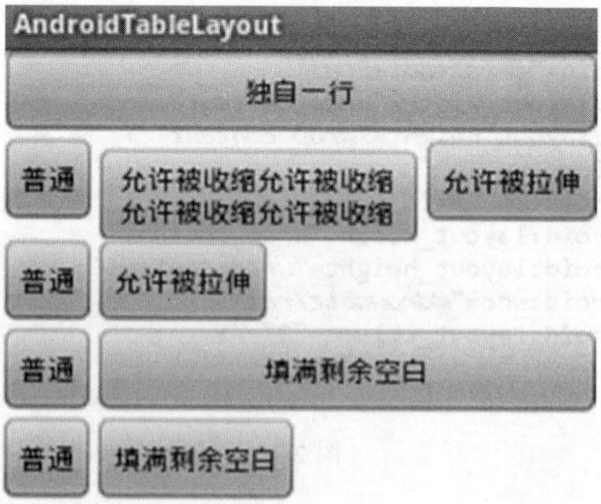

图 2-12

相应代码如下。

```
    <LinearLayout
xmlns:android="http://schemas.android.com/apk/res/android"
        xmlns:tools="http://schemas.android.com/tools"
        android:layout_width="match_parent"
        android:layout_height="match_parent"
        android:orientation="vertical"
        tools:context=".AndroidTableLayoutActivity" >
    <!-- 定义第一个表格，指定第 2 列允许收缩，第 3 列允许拉伸 -->
    <TableLayout
            android:id="@+id/tablelayout01"
            android:layout_width="match_parent"
            android:layout_height="wrap_content"
            android:shrinkColumns="1"
            android:stretchColumns="2" >
    <!-- 直接添加按钮，自己占用一行 -->
    <Button
                android:id="@+id/btn01"
                android:layout_width="wrap_content"
                android:layout_height="wrap_content"
                android:text="独自一行" >
    </Button>
    <TableRow>
    <Button
                    android:id="@+id/btn02"
                    android:layout_width="wrap_content"
                    android:layout_height="wrap_content"
                    android:text="普通" >
    </Button>
    <Button
                    android:id="@+id/btn03"
                    android:layout_width="wrap_content"
                    android:layout_height="wrap_content"
                    android:text="允许被收缩允许被收缩允许被收缩允许被收缩" >
    </Button>
    <Button
                    android:id="@+id/btn04"
                    android:layout_width="wrap_content"
                    android:layout_height="wrap_content"
                    android:text="允许被拉伸" >
    </Button>
    </TableRow>
    </TableLayout>
    <!-- 定义第 2 个表格，指定第 2 列隐藏 -->
    <TableLayout
            android:id="@+id/tablelayout02"
            android:layout_width="match_parent"
            android:layout_height="wrap_content"
            android:collapseColumns="1" >
    <TableRow>
    <Button
```

```
            android:id="@+id/btn05"
            android:layout_width="wrap_content"
            android:layout_height="wrap_content"
            android:text="普通" >
</Button>
<Button
            android:id="@+id/btn06"
            android:layout_width="wrap_content"
            android:layout_height="wrap_content"
            android:text="被隐藏列" >
</Button>
<Button
            android:id="@+id/btn07"
            android:layout_width="wrap_content"
            android:layout_height="wrap_content"
            android:text="允许被拉伸" >
</Button>
</TableRow>
</TableLayout>
<!-- 定义第 3 个表格，指定第 2 列填满空白-->
<TableLayout
      android:id="@+id/tablelayout03"
      android:layout_width="match_parent"
      android:layout_height="wrap_content"
      android:stretchColumns="1"
>
<TableRow>
<Button
            android:id="@+id/btn08"
            android:layout_width="wrap_content"
            android:layout_height="wrap_content"
            android:text="普通" >
</Button>
<Button
            android:id="@+id/btn09"
            android:layout_width="wrap_content"
            android:layout_height="wrap_content"
            android:text="填满剩余空白" >
</Button>
</TableRow>
</TableLayout>
<!-- 定义第 3 个表格，指定第 2 列横跨 2 列-->
<TableLayout
      android:id="@+id/tablelayout04"
      android:layout_width="match_parent"
      android:layout_height="wrap_content"
>
<TableRow>
<Button
            android:id="@+id/btn10"
```

```
                android:layout_width="wrap_content"
                android:layout_height="wrap_content"
                android:text="普通" >
    </Button>
    <Button
                android:id="@+id/btn11"
                android:layout_column="2"
                android:layout_width="wrap_content"
                android:layout_height="wrap_content"
                android:text="填满剩余空白" >
    </Button>
    </TableRow>
    </TableLayout>
    </LinearLayout>
```

3. 帧布局的使用

帧布局是最简单的布局形式。所有添加到这个布局中的视图都以层叠的方式显示。第一个添加的控件被放在最底层，最后一个添加到帧布局中的视图显示在最顶层，上一层的控件会覆盖下一层的控件。常用属性与前两者类似。

例：

要得到的效果如图 2-13 所示。

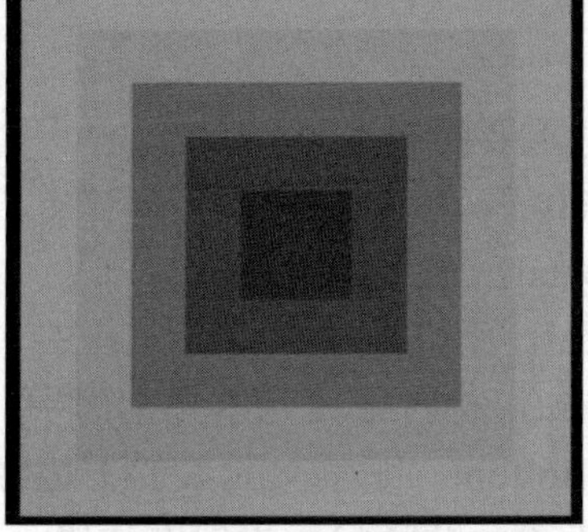

图 2-13

相应的代码如下。

```
<FrameLayout xmlns:android="http://schemas.android.com/apk/res/android"
    android:layout_width="fill_parent"
    android:layout_height="fill_parent">
<TextView android:id="@+id/textview1"
        android:layout_width="300dp"
        android:layout_height="300dp"
        android:layout_gravity="center"
        android:background="#FF33ffff" />
<TextView android:id="@+id/textview2"
        android:layout_width="240dp"
        android:layout_height="240dp"
        android:layout_gravity="center"
```

```
        android:background="#FF33ccff" />
    <TextView android:id="@+id/textview3"
        android:layout_width="180dp"
        android:layout_height="180dp"
        android:layout_gravity="center"
        android:background="#FF3399ff" />
    <TextView android:id="@+id/textview4"
        android:layout_width="120dp"
        android:layout_height="120dp"
        android:layout_gravity="center"
        android:background="#FF3366ff" />
    <TextView android:id="@+id/textview5"
        android:layout_width="60dp"
        android:layout_height="60dp"
        android:layout_gravity="center"
        android:background="#FF3300ff" />
</FrameLayout>
```

4. 相对布局的使用

相对布局 RelativeLayout 允许子元素指定它们相对于其父元素或兄弟元素的位置，这是实际布局中最常用的布局方式之一。它灵活性大很多，当然属性也多，操作难度也大，属性之间产生冲突的可能性也大，使用相对布局时要多做些测试。是设计 UI 的有力工具，通常用于比较复杂的布局。

下面是常用的一些属性。

RelativeLayout 用到的一些重要的属性。

第一类:属性值为 true 或 false

android:layout_centerHrizontal，水平居中。

android:layout_centerVertical，垂直居中。

android:layout_centerInparent，相对于父元素完全居中。

android:layout_alignParentBottom，贴紧父元素的下边缘。

android:layout_alignParentLeft，贴紧父元素的左边缘。

android:layout_alignParentRight，贴紧父元素的右边缘。

android:layout_alignParentTop，贴紧父元素的上边缘。

android:layout_alignWithParentIfMissing，如果对应的兄弟元素找不到的话就以父元素做参照物。

第二类：属性值必须为 id 的引用名“@id/id-name”。

android:layout_below，在某元素的下方。

android:layout_above，在某元素的上方。

android:layout_toLeftOf，在某元素的左边。

android:layout_toRightOf，在某元素的右边。

android:layout_alignTop，本元素的上边缘和某元素的上边缘对齐。

android:layout_alignLeft，本元素的左边缘和某元素的左边缘对齐。

android:layout_alignBottom，本元素的下边缘和某元素的下边缘对齐。

android:layout_alignRight，本元素的右边缘和某元素的右边缘对齐。

第三类：属性值为具体的像素值，如 30dp，40px。

android:layout_marginBottom，离某元素底边缘的距离。

android:layout_marginLeft，离某元素左边缘的距离。

android:layout_marginRight，离某元素右边缘的距离。

android:layout_marginTop，离某元素上边缘的距离。

例：

把原有的线性布局改为相对布局。

操作步骤：

（1）　选中原有的线性布局代码并删除，如图 2-14 所示。

```
<?xml version="1.0" encoding="utf-8"?>
<LinearLayout xmlns:android="http://schemas.android.com/ap
    android:layout_width="match_parent"
    android:layout_height="match_parent"
    android:orientation="horizontal" >

    <Button
        android:id="@+id/button1"
        android:layout_width="wrap_content"
        android:layout_height="wrap_content"
        android:text="Button"
        android:layout_weight="" />

</LinearLayout>
```

图 2-14

（2）　切换到 Graphical Layout 模式，并在 Palette 的 Layouts 下拖曳 RelativeLayout 到灰色空白区域，如图 2-15 所示。

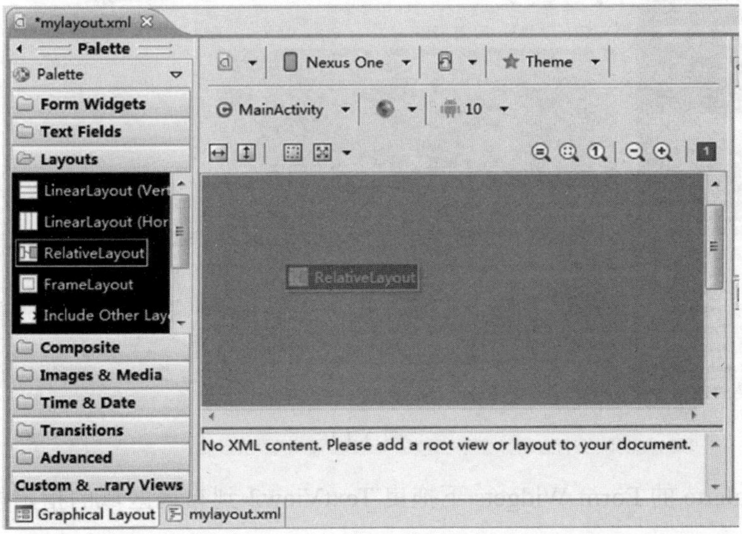

图 2-15

（3） 在 Palette 的 Form Widgets 下拖曳 TextView 到布局区域的指定位置，如图 2-16 所示。

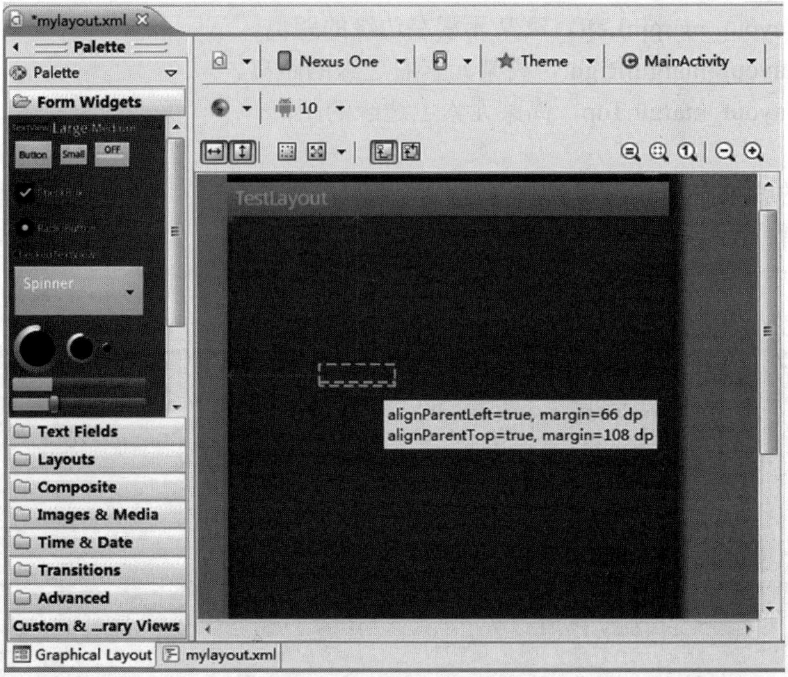

图 2-16

（4） 选中 TextView 控件，在 Properties 里修改 text 的值为 name，如图 2-17 所示。

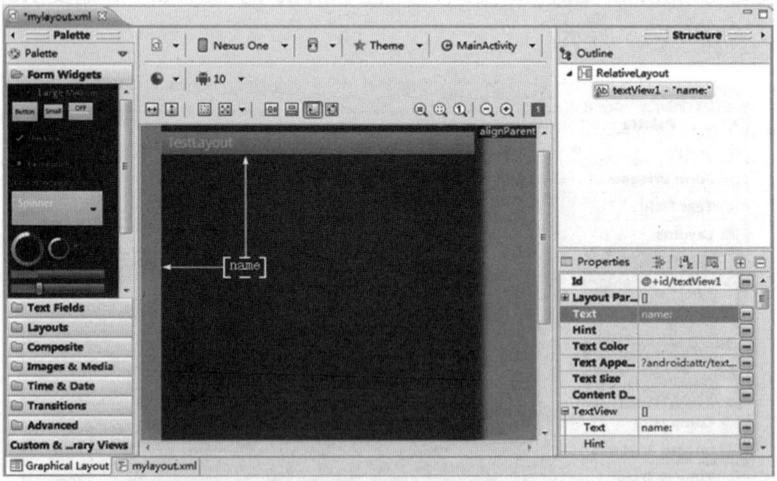

图 2-17

（5） 在 Palette 的 Form Widgets 下拖曳 TextView2 到布局区域的指定位置，如图 2-18 所示。

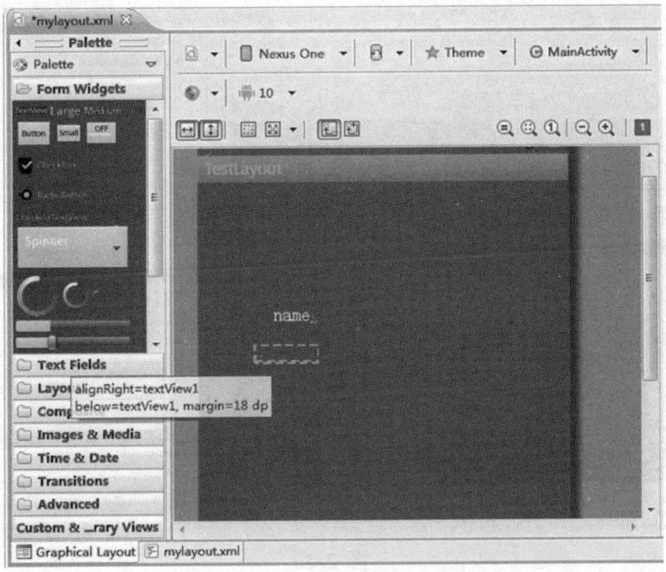

图 2-18

注意图 2-18 中的信息：alignRight=textView1，below=textView1，margin=18 dp。

选中新拖曳进来的文本（textView2），在 Properties 里修改 text 的值为 password:。

（6）在 Palette 的 Text Field 下拖曳 EditView 到布局区域的指定位置，如图 2-19 所示。

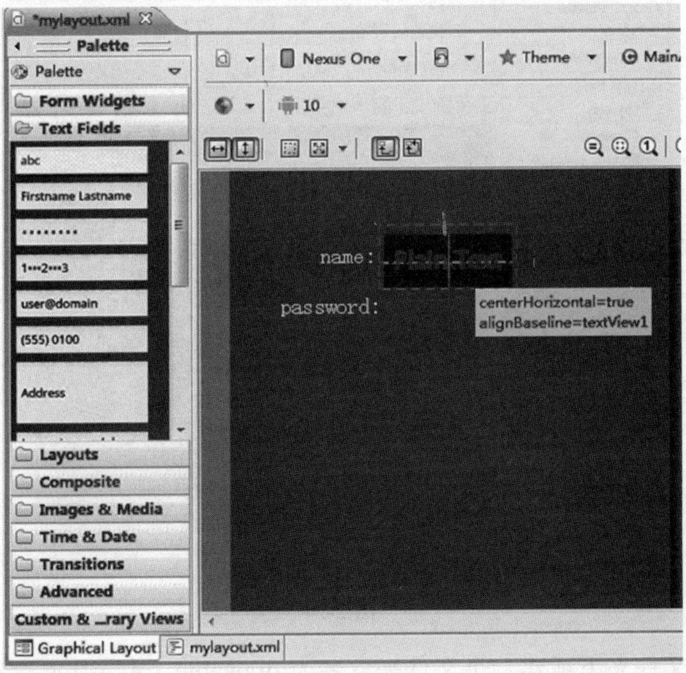

图 2-19

注意图中的信息，centerHorizontal=true,alignBaseline=textView1。

（7）　选中 editView1，在 Properties 里修改 Ems 的值为 5，如图 2-20 所示。

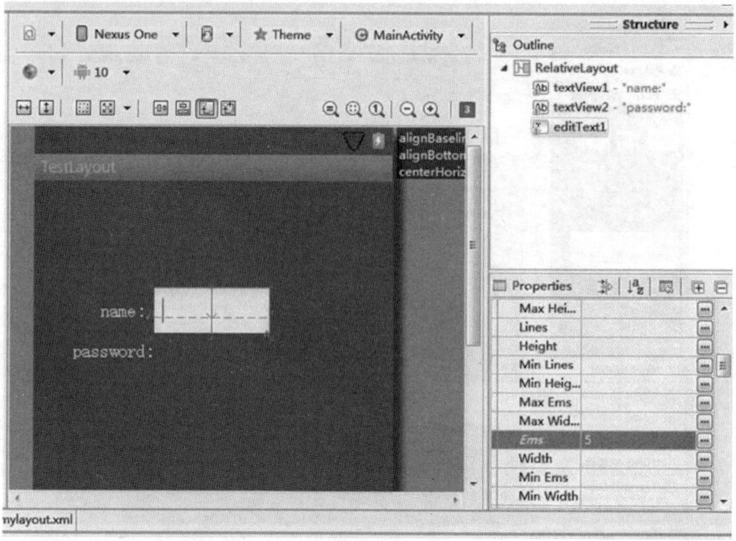

图 2-20

按照步骤（7），再拖曳一个 editText（拖曳时，在 Text Field 面板里找 password 类型，这样输入密码时，显示的是实心圆点，隐藏了输入文字），并在 Properties 里修改 Ems 的值为 5。这样出现如图 2-21 的效果。

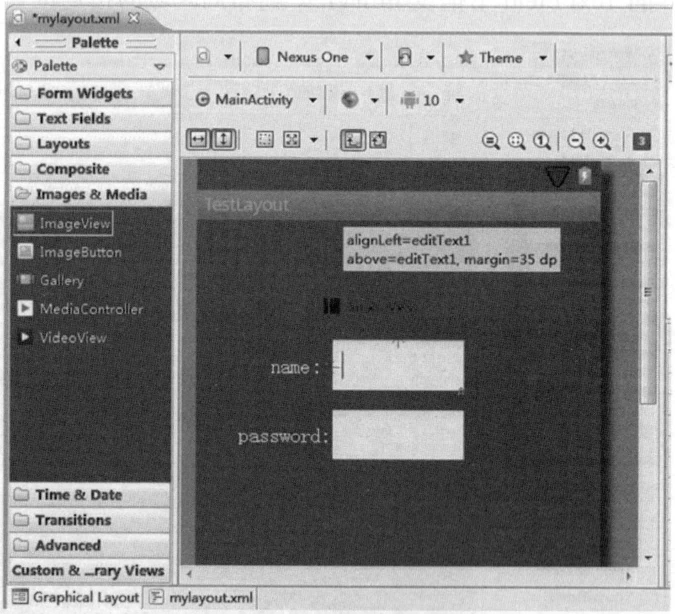

图 2-21

（8） 在 res 文件夹下新建一个文件夹取名为 drawable（右击 res，选择 new->folder），复制一个名为 user.jpg 的图片到该文件夹下。

（9） 在 Palette 的 Images&Media 下拖曳 ImageView 到布局区域的指定位置，如图 2-21 所示。松开鼠标，会弹出图 2-22 所示的对话框，在该对话框中选择 user 图片。

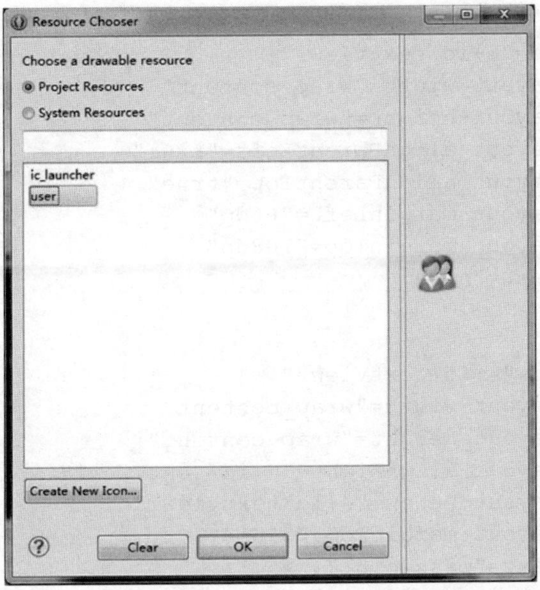

图 2-22

单击 OK 确定，再拖曳一个 textView，并修改其属性，最终会得到如图 2-23 所示的登录窗口效果。

图 2-23

这个例子，我们貌似没有写一行代码，就做出了如图 2-23 的效果，是不是很高兴？这要归功于 Eclipse 及其插件强大的功能，它会根据你的操作自动生成代码。当然实际编程中，建议读者多动手编写代码，这有助于理解每一个属性的含义。在此，作者给出以上操作生成的全部源码。

```
<?xml version="1.0" encoding="utf-8"?>
<RelativeLayout
xmlns:android="http://schemas.android.com/apk/res/android"
    android:layout_width="fill_parent"
    android:layout_height="fill_parent" >
```

```
<TextView
        android:id="@+id/textView1"
        android:layout_width="wrap_content"
        android:layout_height="wrap_content"
        android:layout_alignParentLeft="true"
        android:layout_alignParentTop="true"
        android:layout_marginLeft="66dp"
        android:layout_marginTop="108dp"
        android:text="name:" />

<TextView
        android:id="@+id/textView2"
        android:layout_width="wrap_content"
        android:layout_height="wrap_content"
        android:layout_alignRight="@+id/textView1"
        android:layout_below="@+id/textView1"
        android:layout_marginTop="39dp"
        android:text="password:" />

<EditText
        android:id="@+id/editText1"
        android:layout_width="wrap_content"
        android:layout_height="wrap_content"
        android:layout_alignBaseline="@+id/textView1"
        android:layout_alignBottom="@+id/textView1"
        android:layout_centerHorizontal="true"
        android:ems="5" >

<requestFocus />
</EditText>

<EditText
        android:id="@+id/editText2"
        android:layout_width="wrap_content"
        android:layout_height="wrap_content"
        android:layout_alignBaseline="@+id/textView2"
        android:layout_alignBottom="@+id/textView2"
        android:layout_alignRight="@+id/editText1"
        android:ems="5"
        android:inputType="textPassword" />

<ImageView
        android:id="@+id/imageView1"
        android:layout_width="wrap_content"
        android:layout_height="wrap_content"
        android:layout_above="@+id/editText1"
        android:layout_alignLeft="@+id/editText1"
        android:src="@drawable/user" />

<TextView
```

```
        android:id="@+id/textView3"
        android:layout_width="wrap_content"
        android:layout_height="wrap_content"
        android:layout_alignBottom="@+id/imageView1"
        android:layout_marginLeft="14dp"
        android:layout_toRightOf="@+id/imageView1"
        android:text="Login" />

</RelativeLayout>
```

5. 列表布局的使用

Android 开发中 ListView 是比较常用的组件（通讯录里，用 listView 来显示每个联系人信息，语言设置里用 listView 来显示每一个国家语言），它以列表的形式展示具体内容，并且能够根据数据的长度自适应显示。ListView 继承 View 类，可以使用 view 类的一些属性。

listView 要显示数据，数据一般有以下几个来源。

（1） 自定义的 array，需要预先定义 array，在 listview 的 XML 布局文件中使用 android:entries="@array/xxx“来引用，后面有例子，待会儿可见。

（2） 在类中自定义的数组，直接使用 adapter 即可。

（3） 数据库，需要先查询数据库，再操作（这个需要先有一个数据存储表来存储数据，稍显复杂，在后面的章节中讲解 SQLite 时将介绍）。

下面举例说明如何用 listView 显示数据。

先建一个项目，具体信息如图 2-24 所示。

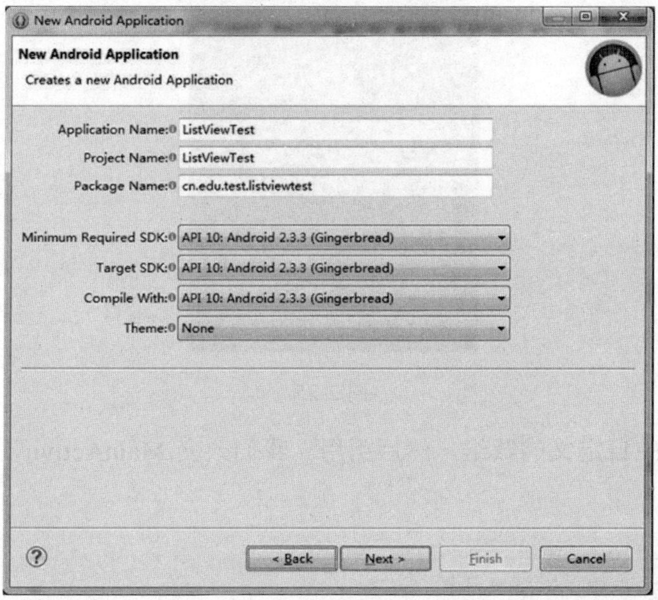

图 2-24

剩下的步骤需要一直单击“Next”，直到“Finish”。

情况一：数据来自自定义 array。

（1） 双击打开 string.xml，文件在<resources>和</resources>之间添加如下代码。

```
<string-array name="listData">
<item >Chile</item>
<item >China</item>
<item >Congo</item>
<item >Cyprus</item>
<item >Cook.IS</item>
</string-array>
```

（2） 在 activity_main.xml 中删除原有布局，并编写如下的内容。

```
<ListView xmlns:android="http://schemas.android.com/apk/res/android"
    android:id="@+id/listView1"
    android:layout_width="fill_parent"
    android:layout_height="fill_parent"
    android:entries="@array/ListData" >
</ListView>
```

注意删除原有布局后，在 Graphic Layout 视图下拖曳一个 ListView（该控件在 palette 的 composite 下）控件到视图区也可以，这样免去了编写代码之苦，但不要忘记在 ListView 里添加一条属性 android:entries="@array/ListData"。

（3） 运行，即可得到如图 2-25 所示的效果。

图 2-25

情况二，在类中自定义的数组，然后引用。我们改变 MainActivity 的代码，具体代码如下。

```
import android.os.Bundle;
import android.app.Activity;
import android.view.Menu;
import android.widget.ArrayAdapter;
import android.widget.ListView;

public class MainActivity extends Activity {
```

```
//定义一个数组
    public String[] listData = { "Chile", "China", "Congo", "Cyprus",
"Cook.IS" };

    @Override
    protected void onCreate(Bundle savedInstanceState) {
      super.onCreate(savedInstanceState);
      // setContentView(R.layout.activity_main);
      ArrayAdapter<String> adapter = new ArrayAdapter<String>(this,
              android.R.layout.simple_list_item_1, listData);
      ListView lv=new ListView(this);
      lv.setAdapter(adapter);
      setContentView(lv);
    }

  }
```

ArrayAdapter 构造方法里有三个参数（this、android.R.layout.simple_list_item_1 和 listData）。第一个参数（this）是上下文，就是当前的类，第二个参数（android.R.layout.simple_list_item_1）是 Android sdk 中自己内置的一个布局，它里面只有一个 TextView，这个参数是表明我们数组中每一条数据的布局是这个 view，就是将每一条数据都显示在这个 view 上面；第三个参数（listData）就是我们要显示的数据。listView 会根据这三个参数，遍历 adapterData 里面的每一条数据，读出一条，显示到第二个参数对应的布局中，这样就形成了我们看到的 listView。

对于 ListView 的学习远没有完全，篇幅原因在这里只介绍到这，有兴趣的读者可以自行网上搜索“自定义 ListView 视图”，可以创建个性化的 ListView 布局。

2.1.3 项目任务——构建游戏界面布局

游戏的基本需求信息：在本游戏中，用户一开机，就可以看到如图 2-26 所示的信息。

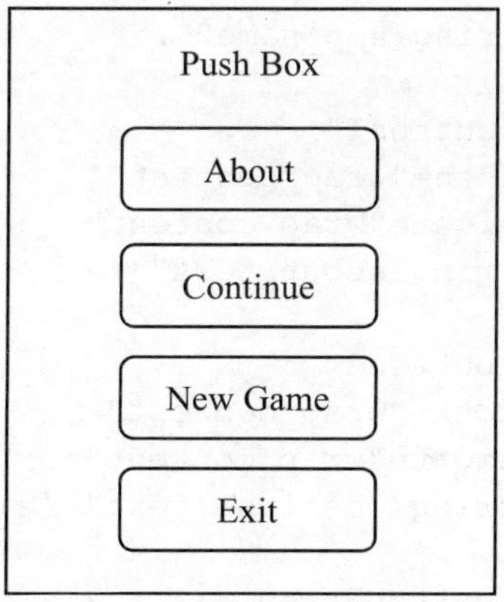

图 2-26

当用户单击 About 时，弹出新界面，显示游戏的有关介绍。

当用户单击 Continue 时，如果用户原来保存游戏进度，则接着上次的游戏玩；如果没有保存，则从第一关开始。

当用户单击 New Game 时，游戏从第一关开始。

当用户单击 Exit 时，直接退出本应用程序。

当用户单击 Android 手机的 Menu 菜单时，能够弹出设置选项，进行附加信息设置，比如背景音乐等。

根据前面所学布局知识，主界面使用线性布局较为合适，具体操作如下。

（1） 打开 PushBox 项目，在 res/values 文件夹中找到 string.xml 文件，将其内容改为以下代码。

```
<?xml version="1.0" encoding="utf-8"?>
<resources>
<string name="app_name">PushBox</string>
<string name="menu_settings">Settings</string>
<string name="about_text">About</string>
<string name="continue_text">Continue</string>
<string name="new_game_text">New Game</string>
<string name="exit_text">Exit</string>
</resources>
```

在该文件中我们定义了几个字符串，以备后面引用，资源文件一般都是先建立再引用。

（2） 在 res/layout 文件夹中找到 game_main.xml 文件，将其内容改写为以下代码。

```
<LinearLayout xmlns:android="http://schemas.android.com/apk/res/android"
   android:layout_width="fill_parent"
   android:layout_height="fill_parent"
   android:gravity="center"
   android:orientation="vertical" >
<TextView
      android:id="@+id/textView1"
      android:layout_width="wrap_content"
      android:layout_height="wrap_content"
      android:text="@string/app_name" />
<Button
      android:id="@+id/button1"
      android:layout_width="wrap_content"
      android:layout_height="wrap_content"
      android:text="@string/about_text" />
<Button
      android:id="@+id/button2"
      android:layout_width="wrap_content"
      android:layout_height="wrap_content"
      android:text="@string/continue_text" />
<Button
      android:id="@+id/button3"
      android:layout_width="wrap_content"
      android:layout_height="wrap_content"
      android:text="@string/new_game_text" />
<Button
```

```
        android:id="@+id/button4"
        android:layout_width="wrap_content"
        android:layout_height="wrap_content"
        android:text="@string/exit_text" />
</LinearLayout>
```

文中一个属性 android:text="@string/xxx"，是引用 string.xml 定义的字符串，最好不要直接用代码 android:text="About"，这样会有一个黄色三角⚠提示，将鼠标放在黄色三角上，会出现如图 2-27 所示的提示信息。

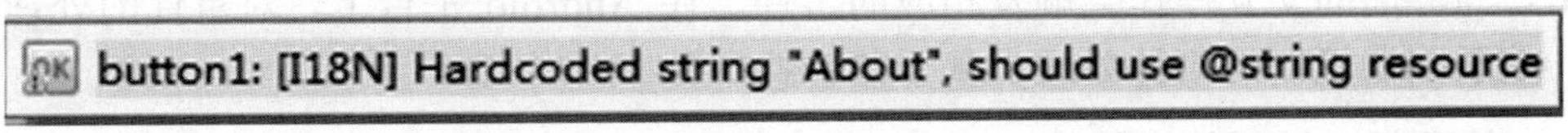

图 2-27

（3） 在项目根目录的 AndroidManifest.xml 文件里找到下面这行代码，并删除。

```
android:theme="@style/AppTheme"
```

（4） 保存程序并运行，效果如图 2-28 所示。

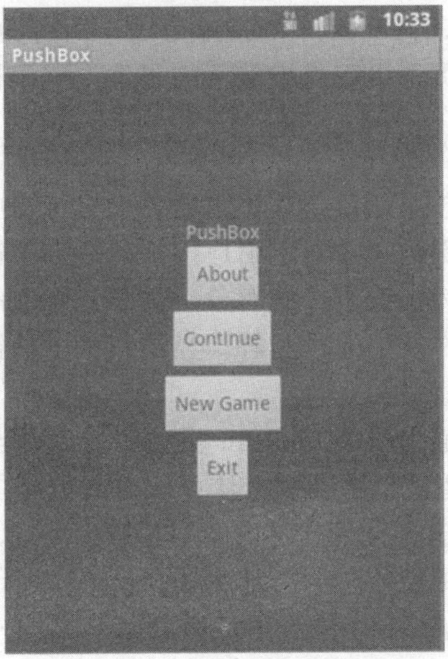

图 2-28

这显然与实际效果有差距，不要紧，在后面我们介绍完 TextView、Button 后，我们会改进界面，使之好看。

2.2 界面交互处理

在界面设计时，我们有了布局之后就像有了容器，容器可以让我们如何布局组件，有哪些组件可以布局呢？最终形成个性化的界面。怎么控制这些界面，完成人机交互呢？怎样让 Android 系统响应用户的点触、按键（Menu 键、home 键）等。

2.2.1 学习目标

通过本节学习以下内容。

（1） 基于监听接口的事件处理方法。

（2） 基于回调的事件处理方法。

2.2.2 相关知识

用户与界面的交互操作会触发相应的事件。在 Android 平台上，对事件的处理机制有两种：基于回调机制的事件处理；基于监听接口的事件处理。

1. 基于回调机制的事件处理

对于 Android 基于回调的事件处理，主要做法就是重写 Android 组件特定的回调方法，或者重写 Activity 的回调方法。Android 为绝大部分界面组件都提供了事件响应的回调方法，开发者只要重写它们即可。

下面介绍几个常用的回调方法。

（1） onKeyDown。

该方法是接口 KeyEvent.Callback 中的抽象方法，所有的 View 全部实现了该接口并重写了该方法，该方法用来捕捉手机键盘被按下的事件。代码格式如下。

```
public boolean onKeyDown (int keyCode, KeyEvent event)
```

参数 int keyCode，为被按下的键值即键盘码，手机键盘中每个按钮都会有其单独的键盘码，在应用程序都是通过键盘码才知道用户按下的是哪个键。

参数 KeyEvent event，为按键事件的对象，其中包含了触发事件的详细信息，例如事件的状态、事件的类型、事件发生的时间等。当用户按下按键时，系统会自动将事件封装成 KeyEvent 对象供应用程序使用。

返回值。该方法的返回值为一个 boolean 类型的变量，当返回 true 时，表示已经完整地处理了这个事件，并不希望其他的回调方法再次进行处理；而当返回 false 时，表示并没有完全处理完该事件，并希望其他回调方法继续对其进行处理，例如 Activity 中的回调方法。

下面通过一个例子来介绍该方法的全部用法。

① 新建一个项目 OnKeyDownTest，项目信息如下。

```
Application Name: OnKeyDownTest
Project Name: OnKeyDownTest
Package Name: lesson.ssh.onkeydowntest
Activity Name: MainActivity
Layout Name: activity_main.xml
```

② activity_main.xml（在 res/layout 文件夹下）中的代码如下。

```
<LinearLayout xmlns:android="http://schemas.android.com/apk/res/android"
    android:layout_width="fill_parent"
    android:layout_height="fill_parent"
    android:orientation="vertical" >
```

```
<TextView
        android:id="@+id/textView1"
        android:layout_width="wrap_content"
        android:layout_height="wrap_content"
        android:text="TextView" />
</LinearLayout>
```

③ MainActivity.java（在 src/lesson.ssh.onkeydowntest 下）中的代码如下。

```
package lesson.ssh.onkeydowntest;
import android.app.Activity;
import android.os.Bundle;
import android.view.KeyEvent;
import android.widget.TextView;
public class MainActivity extends Activity {
  TextView tv=null;
   @Override
   protected void onCreate(Bundle savedInstanceState) {
      super.onCreate(savedInstanceState);
      setContentView(R.layout.activity_main);
    //实例化 TextView
      tv=(TextView)findViewById(R.id.textView1);
   }
  @Override
  public boolean onKeyDown(int keyCode, KeyEvent event) {
    // 当单击虚拟机上的按键后，给 TextView 设置显示内容
    tv.setText("hello!");
    return super.onKeyDown(keyCode, event);
  }
}
```

当我们单击虚拟机上的 DPAD 中的任意一个按键时，TextView 中的内容将变为“hello！”，如图 2-29 所示。

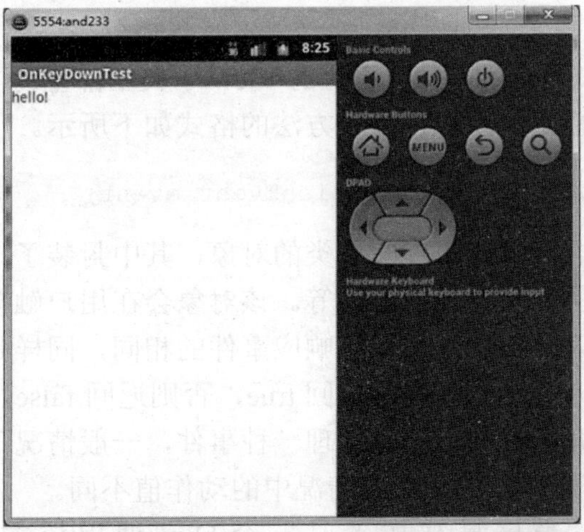

图 2-29

提示：

如果你的虚拟机的 DPAD 显示“DPAD not enabled”时，注意按以下步骤修改虚拟机：

① 找到虚拟机所在的位置（如果你不知道你的虚拟机位置，在 Eclipse 的 Windows 菜单下找到 Android Virtual Device Manager 并打开，然后可以看到虚拟机列表及存储位置，笔者虚拟机的位置为 C:\Users\ssh\.android\avd）。

② 打开 avd 文件夹，找到以你虚拟机名称命名的文件夹（笔者的是 and233.avd 文件夹）中的 config.ini 文件，用记事本打开，找到下面这行代码。

```
hw.dPad=no
```

修改为以下代码。

```
hw.dPad=yes
```

（2） onKeyUp。

该方法同样是接口 KeyEvent.Callback 中的一个抽象方法，并且所有的 View 同样全部实现了该接口并重写了该方法，onKeyUp 方法用来捕捉手机键盘按键抬起的事件，方法的格式如下所示。

```
public boolean onKeyUp (int keyCode, KeyEvent event)
```

参数 keyCode 同样为触发事件的按键码，需要注意的是，同一个按键在不同型号的手机中的按键码可能不同。

参数 event：参数 event 同样为事件封装类的对象，其含义与其在 onKeyDown 方法中的完全相同，在此不再赘述。

返回值：该方法返回值表示的含义与 onKeyDown 方法相同，同样用来通知系统是否希望其他回调方法再次对该事件进行处理。

该方法的使用与 onKeyDown 基本相同，只是该方法会在按键抬起时被调用。如果用户需要对按键抬起事件进行处理，通过重写该方法可以实现。例子不再列举，读者可自行将刚才的项目进行简单的修改即可。

（3） onTouchEvent。

该方法在 View 类中的定义，并且所有的 View 子类全部重写了该方法，应用程序可以通过该方法处理手机屏幕的触摸事件。该方法的格式如下所示。

```
public boolean onTouchEvent (MotionEvent event)
```

参数 event 为手机屏幕触摸事件封装类的对象，其中封装了该事件的所有信息，例如触摸的位置、触摸的类型以及触摸的时间等。该对象会在用户触摸手机屏幕时被创建。

返回值：该方法的返回值机理与键盘响应事件的相同，同样是当已经完整地处理了该事件且不希望其他回调方法再次处理时返回 true，否则返回 false。

该方法并不像之前介绍过的方法只处理一种事件，一般情况下以下三种情况的事件全部由 onTouchEvent 方法处理，只是三种情况中的动作值不同。

① 屏幕被按下。当屏幕被按下时，会自动调用该方法来处理事件，此时 MotionEvent.getAction()的值为 MotionEvent.ACTION_DOWN，如果在应用程序中需要处理

屏幕被按下的事件，只需重新该回调方法，然后在方法中进行动作的判断即可。

② 屏幕被抬起。当触控笔离开屏幕时触发的事件，该事件同样需要 onTouchEvent 方法来捕捉，然后在方法中进行动作判断。当 MotionEvent.getAction() 的值为 MotionEvent.ACTION_UP 时，表示屏幕被抬起的事件。

③ 在屏幕中拖动。该方法还负责处理触控笔在屏幕上滑动的事件，同样是调用 MotionEvent.getAction()方法来判断动作值是否为 MotionEvent.ACTION_MOVE 再进行处理。

接下来通过一个简单的案例介绍该方法的使用。在该案例中，会在用户单击的位置绘制一个矩形，然后监测用户触控笔的状态，当用户在屏幕上移动触控笔时，使矩形随之移动，而当用户触控笔离开手机屏幕时，停止绘制矩形。该案例的开发步骤如下。

打开 onkeydowntest 项目中的 MainActivity，修改其中代码如下。

```
import android.app.Activity;
import android.content.Context;
import android.graphics.Canvas;
import android.graphics.Color;
import android.graphics.Paint;
import android.os.Bundle;
import android.view.MotionEvent;
import android.view.View;

public class MainActivity extends Activity {
  MyView myView = null;

  @Override
  protected void onCreate(Bundle savedInstanceState) {
    super.onCreate(savedInstanceState);
    myView = new MyView(this);
    setContentView(myView);
  }

  @Override
  public boolean onTouchEvent(MotionEvent event) {
    switch (event.getAction()) {
    case MotionEvent.ACTION_DOWN:
        myView.x = (int) event.getX();
        myView.y = (int) event.getY() - 52;
        myView.postInvalidate();
        break;
    case MotionEvent.ACTION_MOVE:
        myView.x = (int) event.getX();
        myView.y = (int) event.getY() - 52;
        //刷新屏幕，使得屏幕重新绘制图形
        myView.postInvalidate();
        break;
    case MotionEvent.ACTION_UP:
        myView.x = -100;
```

```
            myView.y = -100;
            myView.postInvalidate();
            break;
        }
        return super.onTouchEvent(event);
    }

    class MyView extends View {
        Paint paint;
        int x = 50;
        int y = 50;
        int w = 50;

        public MyView(Context context) {
            super(context);
            paint = new Paint();
        }
    //此处 onDraw(Canvas canvas)方法是绘制 2D 图形时使用，在多媒体中将详细介绍
        @Override
        protected void onDraw(Canvas canvas) {
            canvas.drawColor(Color.GRAY);
            canvas.drawRect(x, y, x + w, y + w, paint);
            super.onDraw(canvas);
        }
    }
}
```

自定义的 View 并不会自动刷新，所以每次改变数据模型时都需要调用 postInvalidate 方法进行屏幕的刷新操作。关于自定义 View 的使用方法，将会在后面的章节中进行详细介绍，此处只是简单的使用方法。

（4） onTrackBallEvent。

轨迹球的处理方法 onTrackBallEvent，所有的 View 同样全部实现了该方法。该方法如下。

```
public boolean onTrgackballEvent (MotionEvent event)
```

参数 event 为手机轨迹球事件封装类的对象，其中封装了触发事件的详细信息，同样包括事件的类型、触发时间等，一般情况下，该对象会在用户操控轨迹球时被创建。

返回值：该方法的返回值与前面介绍的各个回调方法的返回值机制完全相同，因本书篇幅有限，不再赘述。

轨迹球与手机键盘的区别如下。

某些型号的手机设计出的轨迹球会比只有手机键盘时更美观，可增添用户对手机的整体印象。

轨迹球的使用更为简单，在某些游戏中使用轨迹球进行控制会更为合理。

使用轨迹球会比键盘更为细化，即滚动轨迹球时，后台的表示状态的数值会变化得更细微、更精准。

该方法的使用与前面介绍过的各个回调方法基本相同，可以在 Activity 中重写该方法，也可以在各个 View 的实现类中重写。

提示：在模拟器运行状态下，可以通过 F6 键打开模拟器的轨迹球，然后可以通过鼠标的移动来模拟轨迹球事件。

（5） onFocusChanged。

该方法是焦点改变的回调方法，当某个控件重写了该方法后，当焦点发生变化时，会自动调用该方法来处理焦点改变的事件。该方法如下所示：

```
protected void onFocusChanged (boolean gainFocus, int direction, Rect previously FocusedRect)
```

参数 gainFocus 表示触发该事件的 View 是否获得了焦点，当该控件获得焦点时，gainFocus 等于 true，否则等于 false。

参数 direction 表示焦点移动的方向，用数值表示，有兴趣的读者可以重写 View 中的该方法打印该参数进行观察。

参数 previouslyFocusedRect：表示在触发事件的 View 的坐标系中，前一个获得焦点的矩形区域，即表示焦点是从哪里来的。如果不可用则其值为 null。

接下来同样通过一个简单的案例来介绍该方法的使用，该案例是向窗口中依次添加四个按钮，然后观察各个按钮获得焦点或失去焦点时 DDMS 中打印的日志信息。

修改 OnKeyDownTest 项目中的 MainActivity 内容，代码如下。

```
public class MainActivity extends Activity {
  //定义四个按钮
  MyButton myButton01;
  MyButton myButton02;
  MyButton myButton03;
  MyButton myButton04;

  public void onCreate(Bundle savedInstanceState) {
    super.onCreate(savedInstanceState);
    //实例化四个按钮
    myButton01 = new MyButton(this);
    myButton02 = new MyButton(this);
    myButton03 = new MyButton(this);
    myButton04 = new MyButton(this);
    //给四个按钮设置显示文本
    myButton01.setText("myButton01");
    myButton02.setText("myButton02");
    myButton03.setText("myButton03");
    myButton04.setText("myButton04");
    //实例化一个线性布局
    LinearLayout LinearLayout1 = new LinearLayout(this);
    //设置线性布局的布局方向为垂直布局
    LinearLayout1.setOrientation(LinearLayout.VERTICAL);
    //添加四个按钮到线性布局中
    LinearLayout1.addView(myButton01);
```

```
        LinearLayout1.addView(myButton02);
        LinearLayout1.addView(myButton03);
        LinearLayout1.addView(myButton04);
        setContentView(LinearLayout1);
    }
  //定义内部类，并使用 onFocusChanged 方法来处理焦点事件
    class MyButton extends Button {
        public MyButton(Context context) {
            super(context);
        }

        protected void onFocusChanged(boolean focused, int direction,
                Rect previouslyFocusedRect) {
            Log.d("Button", this.getText() + ",focused = " + focused
                    + ",direction = "+direction + ",previouslyFocusedRect="
                    + previouslyFocusedRect);
            super.onFocusChanged(focused, direction, previouslyFocusedRect);
        }
    }
  }
```

运行该案例，在模拟器中可看到如图 2-30 所示的效果。

Tag	Text
dalvikvm	GC_EXPLICIT freed 6K, 54% free 2544K/5511K, external 716K/1038K, paused 51ms
Button	myButton01,focused = false,direction = 0,previouslyFocusedRect = null
Button	myButton02,focused = true,direction = 130,previouslyFocusedRect = Rect(0, -48 □ - 320, 0)
Button	myButton02,focused = false,direction = 0,previouslyFocusedRect = null
Button	myButton03,focused = true,direction = 130,previouslyFocusedRect = Rect(0, -48 □ - 320, 0)

图 2-30

在上面介绍 onFocusChanged 方法时，提到了焦点的概念。焦点描述了按键事件（或者是屏幕事件等）的承受者，每次按键事件都发生在拥有焦点的 View 上。在应用程序中，我们可以对焦点进行控制，例如从一个 View 移动另一个 View。下面列出一些与焦点有关的常用方法，读者可以进一步进行学习。

setFocusable 方法：设置 View 是否可以拥有焦点。

isFocusable 方法：监测此 View 是否可以拥有焦点。

setNextFocusDownId 方法：设置 View 的焦点向下移动后，获得焦点 View 的 ID。

hasFocus 方法：返回 View 的父控件是否获得了焦点。

requestFocus 方法：尝试让 View 获得焦点。

isFocusableTouchMode 方法：设置 View 是否可以在触摸模式下获得焦点，在默认情况下是不可获得的。

2. 基于监听接口的事件处理

监听接口的机制处理事件，该模式更类似于 Java SE 中控件的事件处理模型。在 Android

程序的开发中，应用该方式处理事件也是非常常见的。

对于一个 Android 应用程序来说，事件处理是必不可少的，用户与应用程序之间的交互便是通过事件处理来完成的。关于 Android 事件处理模型应该注意事件源与事件监听器。当用户与应用程序交互时，一定是通过触发某些事件来完成的，让事件来通知程序应该执行哪些操作，在这个繁杂的过程中主要涉及两个对象，即事件源与事件监听器。

（1） 事件源指的是事件所发生的控件，各个控件在不同情况下触发的事件不尽相同，而且产生的事件对象也可能不同。

（2） 监听器则是用来处理事件的对象，实现了特定的接口，根据事件的不同重写不同的事件处理方法来处理事件。

将事件源与事件监听器联系到一起，就需要为事件源注册监听，当事件发生时，系统才会自动通知事件监听器来处理相应的事件。

在 Android 中为相应接口设置监听器对象方法是使用一系列的 set***Listenser()，为指定的 View 对象设置为***事件接口的监听器。例如，为 Button 对象的 OnClick 事件接口设置监听器使用 setOnClickListenser()方法；为在触屏区域的某个 View 对象的 OnTouch 事件接口设置监听器使用 setOnTouchListenser()等。

3. 基于监听的事件处理过程

（1） 为事件源对象添加监听器对象，例如 setXxxListener();

（2） 当事件发生时，系统会将事件封装成相应类型的事件对象，发送给注册到事件源的监听器对象；

（3） 当监听器对象接收事件对象后，系统会调用监听器中相应的事件处理方法来处理事件并给出响应。例如，下面程序段是在一个按钮上做了一个单击的监听，单用户单击后，在 onClick(View arg0)方法中实现单击时的响应，具体代码如下。

```
//实例化按钮（Button）
Button btn=(Button)findViewById(R.id.button1);
//为事件源（按钮）添加监听对象，setOnClickListener(l)
btn.setOnClickListener(l);
//监听对象及其处理方法 onClick ()
OnClickListener l=new OnClickListener(){
        @Override
        public void onClick(View arg0)  {
            //当用户单击事件源时，系统会调用监听器中相应的事件处理方法来处理事件并给
出响应
        }
    };
```

常用的监听接口有 OnClickListener 接口、OnLongClickListener 接口、OnFocusChangeListener 接口、OnKeyListener 接口和 OnTouchListener 接口 5 种。

（1） OnClickListener 接口。

功能：该接口处理的是单击事件。在触控模式下，是在某个 View 上按下并抬起的组合动作，而在键盘模式下，是某个 View 获得焦点后单击确定键或者按下轨迹球事件。

对应的回调方法：public void onClick(View v)。

说明：

需要实现 onClick 方法，参数 v 为事件发生的事件源。

举例如下。

① 新建一个项目，信息如下。

Application Name：ListenerTest

Project Name：ListenerTest

Package Name：lesson.ssh.listenertest

Activity Name：MainActivity

Layout Name：activity_main.xml

② 变 activity_main.xml 中相对布局为线性布局，并在线性布局中拖曳一个 Button，布局文件代码如下。

```
<LinearLayout xmlns:android="http://schemas.android.com/apk/res/android"
    android:layout_width="fill_parent"
    android:layout_height="fill_parent"
    android:orientation="vertical" >

<Button
        android:id="@+id/button1"
        android:layout_width="wrap_content"
        android:layout_height="wrap_content"
        android:text="Button" />

</LinearLayout>
```

③ 在 MainActivity.java 中进行事件源与监听器的绑定，实现事件处理方法。具体代码如下。

```
package lesson.ssh.listenertest;

import android.os.Bundle;
import android.app.Activity;
import android.view.View;
import android.view.View.OnClickListener;
import android.widget.Button;
import android.widget.Toast;

public class MainActivity extends Activity {

   @Override
   protected void onCreate(Bundle savedInstanceState) {
     super.onCreate(savedInstanceState);
     setContentView(R.layout.activity_main);
     //实例化事件源
     Button btn = (Button) findViewById(R.id.button1);
     //为事件源注册监听接口
```

```
        btn.setOnClickListener(new OnClickListener() {
            //实现监听接口内的事件处理方法
            @Override
            public void onClick(View v) {
                //在 MainActivity 活动中给出一个提示
                //提示内容为"You clicked the button"
                //提示事件 1000 毫秒
                //使用 Toast 中的 show () 方法显示提示
                Toast.makeText(MainActivity.this, "You clicked the button",
                        1000).show();
            }

        });
    }

}
```

Toast 是关于提示的一个类，本文只介绍简单的使用，不做深入探讨，有兴趣的读者可以登录官网 http://developer.android.com 查询相关资料进行学习。

④ 显示结果如图 2-31 所示。

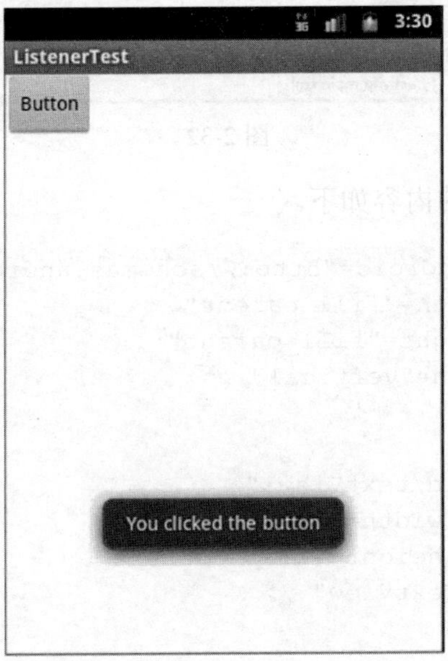

图 2-31

我们可以看到在 MainActivity 的活动界面中有一句提示“You clicked the button”。

（2） OnLongClickListener 接口。

功能：OnLongClickListener 接口与之前介绍的 OnClickListener 接口原理基本相同，只是该接口为 View 长按事件的捕捉接口，即当长时间按下某个 View 时触发的事件。

对应的回调方法：public boolean onLongClick(View v)。

说明：需要实现 onLongClick 方法。

参数 v：参数 v 为事件源控件，当长时间按下此控件时才会触发该方法。

返回值：该方法的返回值为一个 boolean 类型的变量，当返回 true 时，表示已经完整地处理了这个事件，并不希望其他的回调方法再次进行处理；当返回 false 时，表示并没有完全处理完该事件，并希望其他方法继续对其进行处理。

举例如下（我们仅对上一个例子 ListenerTest 进行改变，不再新建项目）。

（a）拖曳一个 TextView 到 activity_layout.xml 视图下，如图 2-32 所示。

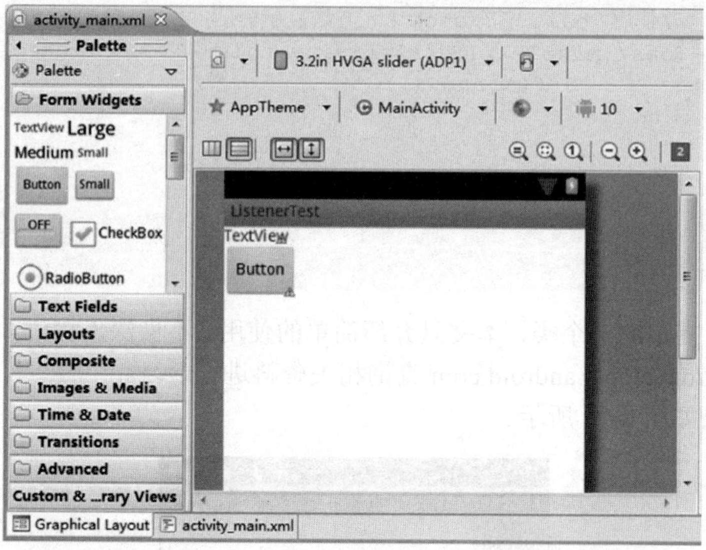

图 2-32

activity_layout.xml 文件的内容如下。

```
<LinearLayout xmlns:android="http://schemas.android.com/apk/res/android"
    android:layout_width="fill_parent"
    android:layout_height="fill_parent"
    android:orientation="vertical" >

<TextView
        android:id="@+id/textView1"
        android:layout_width="wrap_content"
        android:layout_height="wrap_content"
        android:text="TextView" />

<Button
        android:id="@+id/button1"
        android:layout_width="wrap_content"
        android:layout_height="wrap_content"
        android:text="LongClick" />

</LinearLayout>
```

（b）改写 MainActivity，详细代码如下。

```
package lesson.ssh.listenertest;
import android.app.Activity;
```

```
import android.graphics.Color;
import android.os.Bundle;
import android.view.View;
import android.view.View.OnLongClickListener;
import android.widget.Button;
import android.widget.TextView;

public class MainActivity extends Activity {
   @Override
   protected void onCreate(Bundle savedInstanceState) {
     super.onCreate(savedInstanceState);
     setContentView(R.layout.activity_main);
     /**
      * findViewById(int)的返回值是 View 类的实例
      * */
     final TextView tv=(TextView)findViewById(R.id.textView1);
     //实例化事件源
     Button btn = (Button) findViewById(R.id.button1);
     //为事件源注册监听接口
     btn.setOnLongClickListener(new OnLongClickListener(){
         @Override
         public boolean onLongClick(View v) {
              // TODO Auto-generated method stub
              /**
               * 设置文本显示内容为"You clicked me!"
               * 设置字体大小为 30f
               * 设置字体颜色为绿色
               */
              tv.setText("You clicked me!");
              tv.setTextSize(30f);
              tv.setTextColor(Color.GREEN);
              return false;
         }
     });
   }
}
```

（c）运行，在没有长时间单击时，显示效果如图 2-33 所示；当长时间单击屏幕（在模拟器上按住按钮一段时间不丢）时，显示效果如图 2-34 所示。

图 2-33

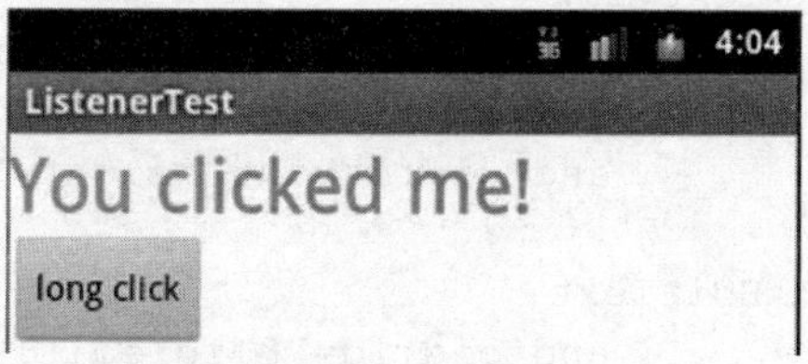

图 2-34

如果你仅仅单击，会发现效果如图 2-33 一直没有变化，这说明事件源（Button）上已经不再响应 OnClickListener 事件，因为我们给按钮注册了 OnLongClickListener 事件监听器。

（3） OnFocusChangeListener 接口。

功能：OnFocusChangeListener 接口用来处理控件焦点发生改变的事件。如果注册了该接口，当某个控件失去焦点或者获得焦点时都会触发该接口中的回调方法。

对应的回调方法：public void onFocusChange(View v, Boolean hasFocus)。

说明：需要实现 onFocusChange 方法。

参数 v：参数 v 便为触发该事件的事件源。

参数 hasFocus：参数 hasFocus 表示 v 的新状态，即 v 是否是获得焦点。

举例如下（我们仅对上一个例子 ListenerTest 进行改变，不再新建项目）。

① 在 activity_layout.xml 中拖曳一个 TextView 和两个 EditText，如图 2-35 所示。

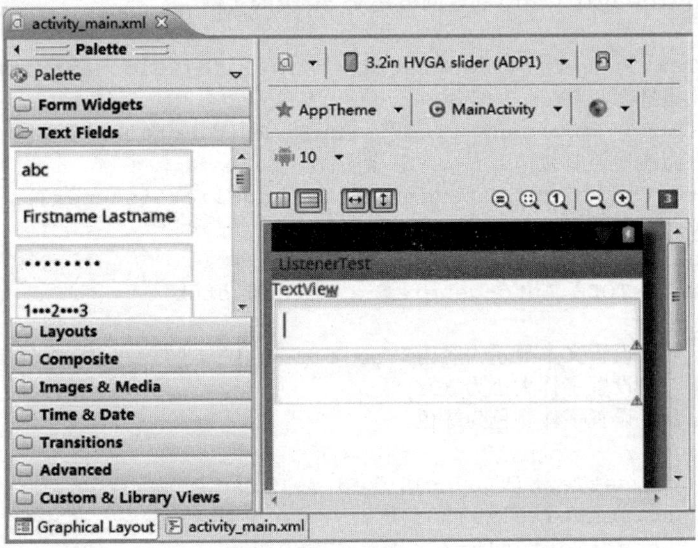

图 2-35

activity_layout.xml 文件的详细代码如下。

```
<LinearLayout xmlns:android="http://schemas.android.com/apk/res/android"
   android:layout_width="fill_parent"
   android:layout_height="fill_parent"
   android:orientation="vertical" >

<TextView
      android:id="@+id/textView1"
      android:layout_width="wrap_content"
      android:layout_height="wrap_content"/>

<EditText
      android:id="@+id/editText1"
      android:layout_width="match_parent"
      android:layout_height="wrap_content" >
</EditText>
```

```
<EditText
        android:id="@+id/editText2"
        android:layout_width="match_parent"
        android:layout_height="wrap_content" />

</LinearLayout>
```

② 改写 MainActivity，详细代码如下。

```
package lesson.ssh.listenertest;

import android.app.Activity;
import android.graphics.Color;
import android.os.Bundle;
import android.view.View;
import android.view.View.OnFocusChangeListener;
import android.widget.EditText;
import android.widget.TextView;
/**
 * 本次注册监听接口和原来有别，原来是在事件源上注册监听器，而本次是在活动上使用
implements 来继承监听接口
 * 然后使用某个视图组件的实例，进行注册，注册方法 xxx.setOnFocusChangeListener
(this)，xxx 是视图组件
 * 然后在你活动中重构并完成该接口的抽象方法 onFocusChange
 * */
public class MainActivity extends Activity implements OnFocusChangeListener{
   TextView tv=null;
   EditText et1=null;
   EditText et2=null;
   @Override
   protected void onCreate(Bundle savedInstanceState) {
     super.onCreate(savedInstanceState);
     setContentView(R.layout.activity_main);
     /**
      * findViewById(int)的返回值是 View 类的实例
      * 使用该方法实例化 tv，et1，et2
      * */
     tv=(TextView)findViewById(R.id.textView1);
     tv.setTextSize(30f);
     tv.setTextColor(Color.GREEN);
     et1=(EditText)findViewById(R.id.editText1);
     et2=(EditText)findViewById(R.id.editText2);
     /**
      * 在事件源上注册监听接口
      * */
     et1.setOnFocusChangeListener(this);
     et2.setOnFocusChangeListener(this);
   }
   /**
    * 重构并完成监听接口 OnFocusChangeListener 的抽象方法 onFocusChange(View
arg0, boolean arg1)
```

```
        * 参数 View arg0 指的是与焦点有关的视图组件，boolean arg1 的值有 true 和 false 之
分，true 代表获得焦点，false
        * 表示失去焦点
        * */
      @Override
      public void onFocusChange(View arg0, boolean arg1) {
        // TODO Auto-generated method stub
        switch(arg0.getId())
        {case R.id.editText1:
            if(arg1==true)
            {
                tv.setText("EditText1 has focused");
            }
            break;
        case R.id.editText2:
            if(arg1==true)
            {
                tv.setText("EditText2 has focused");
            }
            break;
        }
      }
    }
```

③ 运行，选择 EditText1 时，TextView 中显示内容“EditText1 has focused”，如图 2-36 所示。当选择 EditText2 时，TextView 中显示内容“EditText2 has focused”，如图 2-37 所示。

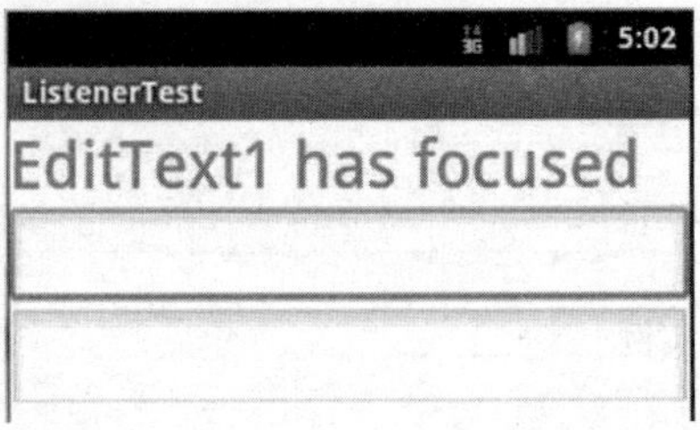

图 2-36

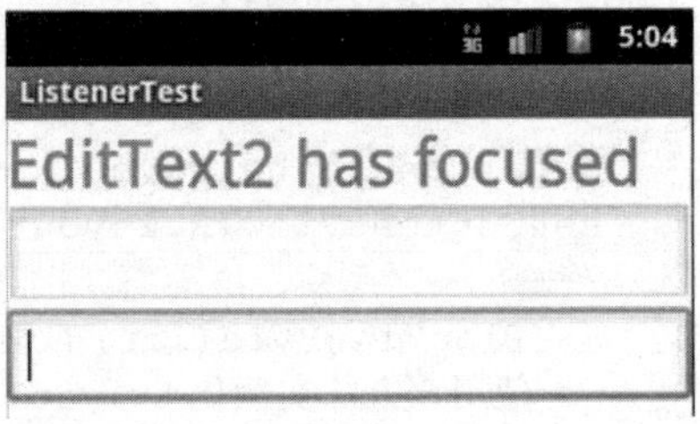

图 2-37

（4） OnKeyListener 接口。

功能：OnKeyListener 是对手机键盘进行监听的接口，通过对某个 View 注册该监听，当 View 获得焦点并有键盘事件时，便会触发该接口中的回调方法。

对应的回调方法：public boolean onKey(View v, int keyCode, KeyEvent event)。

说明：需要实现 onKey 方法。

参数 v：参数 v 为事件的事件源控件。

参数 keyCode：参数 keyCode 为手机键盘的键盘码。

参数 event：参数 event 便为键盘事件封装类的对象，其中包含了事件的详细信息，例如发生的事件、事件的类型等。

（5） OnTouchListener 接口。

功能：OnTouchListener 接口是用来处理手机屏幕事件的监听接口的，当为 View 的范围内触摸按下、抬起或滑动等动作时都会触发该事件。

对应的回调方法：public boolean onTouch(View v, MotionEvent event)。

说明：需要实现 onTouch 方法。

参数 v：参数 v 同样为事件源对象。

参数 event：参数 event 为事件封装类的对象，其中封装了触发事件的详细信息，同样包括事件的类型、触发时间等信息。

2.2.3　项目任务——实现游戏界面交互

目前为止，我们还没有学到活动等相应的组件使用。故在此仅给出项目的一个简单实用，利用监听接口实现游戏的退出，达到交互的目的，其他按钮的功能，会在后面的章节中讲解。本节是在 2.1.3 节的项目基础上进行的。

（1） 修改 game_main.xml 的内容如下。

```
<LinearLayout xmlns:android="http://schemas.android.com/apk/res/android"
    android:layout_width="fill_parent"
    android:layout_height="fill_parent"
    android:gravity="center"
    android:orientation="vertical"
    android:background="@color/bg_color" >

<TextView
        android:id="@+id/textView1"
        android:layout_width="wrap_content"
        android:layout_height="@dimen/title_height"
        android:text="@string/app_name"
        android:textSize="@dimen/title_text_size"
        android:textColor="@color/title_text_color" />

<Button
        android:id="@+id/btn_about"
        android:layout_width="200dp"
        android:layout_height="wrap_content"
        android:text="@string/about_text"
        android:textSize="@dimen/btn_text_size"
        android:textColor="@color/btn_text_color"
        android:onClick="onClick" />

<Button
        android:id="@+id/btn_continue"
        android:layout_width="@dimen/btn_width"
        android:layout_height="wrap_content"
        android:text="@string/continue_text"
        android:textSize="@dimen/btn_text_size"
        android:textColor="@color/btn_text_color"
```

```
        android:onClick="onClick" />

    <Button
        android:id="@+id/btn_new_game"
        android:layout_width="@dimen/btn_width"
        android:layout_height="wrap_content"
        android:text="@string/new_game_text"
        android:textSize="@dimen/btn_text_size"
        android:textColor="@color/btn_text_color"
        android:onClick="onClick" />

    <Button
        android:id="@+id/btn_exit"
        android:layout_width="@dimen/btn_width"
        android:layout_height="wrap_content"
        android:text="@string/exit_text"
        android:onClick="onClick"
        android:textSize="@dimen/btn_text_size"
        android:textColor="@color/btn_text_color" />

    </LinearLayout>
```

这里给每一个按钮添加了一个属性，代码为 android:onClick="onClick"，引号内的 onClick 是一个方法名（该方法名可以任意），在随后的活动中具体实现该抽象方法。

（2） 更改活动，编写 onClick 方法，具体代码如下。

```
public class GameMain extends Activity{

    @Override
    protected void onCreate(Bundle savedInstanceState) {
        super.onCreate(savedInstanceState);
        setContentView(R.layout.game_main);
    }
//该方法的具体实现
    public void onClick(View view)
    {
//使用 View 类的 getId () 方法获取每一个 View 组件的 ID
   switch(view.getId())
   {
   case R.id.btn_exit:
     //  当单击 exit 按钮时，调用 finish() 方法结束本活动
this.finish();
     break;
   }
    }
}
```

一般监听 OnClickListener 事件，我们都是通过 Button button = (Button)findViewById(…); button.setOClickLisener…这样的方式来实现的。

在本例中，为了简化事件处理，在组件中使用一个属性 android:onClick="onClick"，这

个方法只需在活动中实现即可，简化了组件注册监听接口 OnClickListener。onClick 方法名可以任意，但是下面部分的内容必须一致。

```
public  void onClick(View view)
{
//具体程序
}
```

事件处理时，可以灵活运用监听接口或回调方法。

2.3　常用界面组件

上一节我们已经学习了界面事件处理方法，本节将介绍几个常用的组件，TextView、EditText、Button、RadioButton、CheckButton。另外，希望通过这几个常用的组件让大家了解设计视图中的 palette 面板中的使用方法。

2.3.1　学习目标

通过本节学习以下内容。

（1）　TextView 的属性及使用。

（2）　EditText 的属性及使用。

（3）　Button 的属性及使用。

（4）　RadioButton、CheckButton 的属性及使用。

2.3.2　相关知识

1.　TextView

TextView 继承自 View，功能是向用户显示文本内容。

TextView 在 android.widget.TextView 包中定义。在类中使用 TextView 时，在类名前使用 import android.widget.TextView。

常用属性及其含义如下。

gravity：定义横向和纵向的显示方式。

height：定义高度。

width ：定义宽度。

text：显示的文本内容。

textSize：设置显示的文本大小。

textColor：设置显示的文本颜色。

其中 Android 中给出了长度的度量单位，常用长度单位如下：

px（像素）：屏幕上的点，绝对长度，与硬件相关。

in（英寸）：长度单位。

mm（毫米）：长度单位。

pt（磅）：1/72 英寸，point。

dp（与密度无关的像素）：一种基于屏幕密度的抽象单位。在每英寸 160 点的显示器上，1dp = 1px。

dip：Density-independent pixel，与 dp 相同。

sp：在 dp 的基础上，还与比例无关。

常用的为 dp 和 sp，其中，sp 在字体大小上应用较多。

使用 TextView 时有两种方法，一种是直接在布局文件中书写代码，另一种是在 palette 面板中拖曳 TextView 组件，在布局文件中会自动生成 XML 代码。

2. EditText

EditText 继承自 TextView 。定义在 android.widget.EditText 包中。

功能：向用户显示文本内容，并可以对文本进行编辑。

属性及其含义如下。

hint：输入提示。

cursorVisible：设置光标是否可见，默认可见。

lines：设置固定行数以确定 EditText 的高度。

maxLines：设置最大的行数。

singleLine ：设置文本框为单行模式。

maxLength：设置最大的显示长度。

scrollHorizontally：设置文本框是否可以进行水平滚动。

password：设置显示是否为密码模式。

phoneNumber：设置显示文本只能是电话号码。

3. Button

属性继承 textview 和 view 类，当需要按钮响应单击事件时，可以继承 OnClickListener 接口，也可以在按钮属性里定义该方法，android:onClick=“methodname”，该 method 的是 public void 类型的，参数为 View 类型。

（1） btn.setOnClickListener。

```
new OnClickListener{
  public void onClick(View v)
  {
    //your action
  }
});
```

（2） 在 button 的属性里添加 android:onClick=“onCLick”。

在对应的布局活动中，添加 onClick()方法。

在对应的活动中定义 onClick()方法，如 public void onClick(View v){}。

以上三者的使用，我们通过一个例子来佐证：

（1） 项目目录如图 2-38 所示。

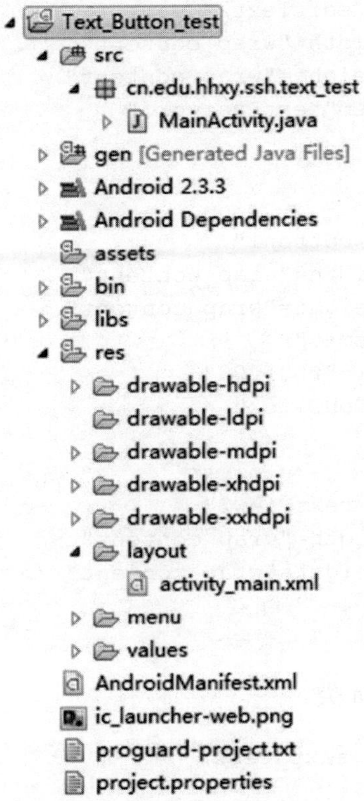

图 2-38

（2） 打开 res/layout/activity_main.xml 文件编写如下代码。

```
<LinearLayout xmlns:android="http://schemas.android.com/apk/res/android"
   android:layout_width="fill_parent"
   android:layout_height="fill_parent"
   android:orientation="vertical"
   android:gravity="center" >

<TextView
      android:id="@+id/textView1"
      android:layout_width="wrap_content"
      android:layout_height="wrap_content"
      android:text="Input your name and password"
      android:textColor="#8B008B"
      android:textSize="16sp" />

<EditText
      android:id="@+id/editText1"
      android:layout_width="wrap_content"
      android:layout_height="wrap_content"
      android:ems="10" >
</EditText>

<EditText
```

```
        android:id="@+id/editText2"
        android:layout_width="wrap_content"
        android:layout_height="wrap_content"
        android:inputType="textPassword"
        android:ems="10" />

<Button
        android:id="@+id/button1"
        android:layout_width="wrap_content"
        android:layout_height="wrap_content"
        android:text="submit"
        android:textColor="#00ff00"
        android:onClick="onClick" />

<TextView
        android:id="@+id/textView2"
        android:layout_width="wrap_content"
        android:layout_height="wrap_content" />

</LinearLayout>
```

（3） 编写 MainActivity.java 类。

```
package cn.edu.hhxy.ssh.text_test;

import android.os.Bundle;
import android.app.Activity;
import android.view.Menu;
import android.view.View;
import android.widget.EditText;
import android.widget.TextView;

public class MainActivity extends Activity {
   public TextView textView=null;
   public EditText name=null;
   public EditText pwd=null;
   public String s="";
    @Override
    protected void onCreate(Bundle savedInstanceState) {
        super.onCreate(savedInstanceState);
        setContentView(R.layout.activity_main);
        //实例化 textView2，随后我们使用该组件显示输入的内容
        textView=(TextView)findViewById(R.id.textView2);
        //实例化 editText1，随后我们获取该组件显示输入的内容
        name=(EditText)findViewById(R.id.editText1);
        //实例化 editText2，随后我们获取该组件显示输入的内容
        pwd=(EditText)findViewById(R.id.editText2);
    }
    public void onClick(View view)
    {
   //获取 editText1、editText2 输入的内容（用户名和密码）
```

```
        s="name is:"+name.getText().toString()+";password is:"+
         pwd.getText().toString();
        //使用 getText()可以获得 View 组件所显示的字体
        textView.setText(s);
        //使用 setText()可以设置 View 组件所显示的字体
         }
   
}
```

（4） 运行效果如图 2-39 所示。

输入用户名和密码后，效果如图 2-40 所示。

图 2-39

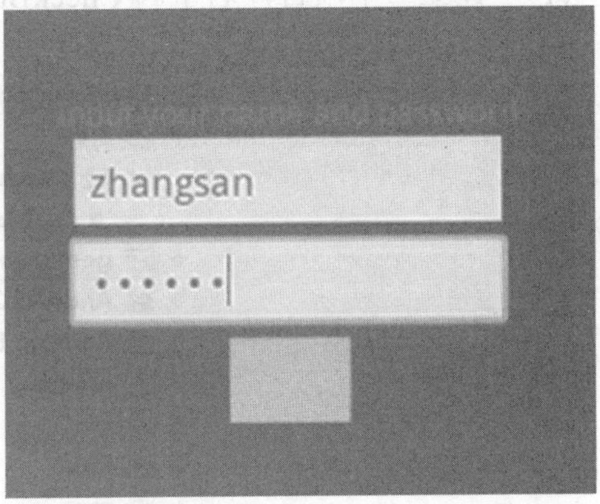

图 2-40

提交显示结果后，效果如图 2-41 所示。

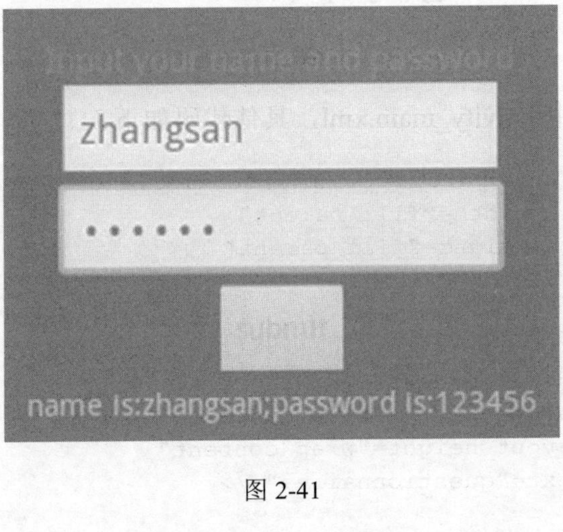

图 2-41

4. RadioButton

CheckBox 与 RadioButton 都继承自 CompoundButton。

一组单选按钮（RadioButton）需要编制到一个 RadioGroup 中。

常用方法及其说明见表 2-1。

表 2-1　常用方法及其说明

方法名称	说　明
isChecked()	判断控件是否为选中状态，选中则返回 True
setChecked()	通过参数传入，设置控件是否为选中状态
performClick()	调用 OnClickListener 监听器，模拟一次单击操作
setOnCheckedChangeListener()	为控件设置 OnCheckedChangeListener 监听器

下面通过一个例子来介绍单选、复选按钮的使用，这个例子主要是调查问卷。用户在手机上选择性别及爱好并提交，然后可以在手机上看到选择的结果。

（1）建立一个项目，名字叫 CheckButtonTest，如图 2-42 所示。

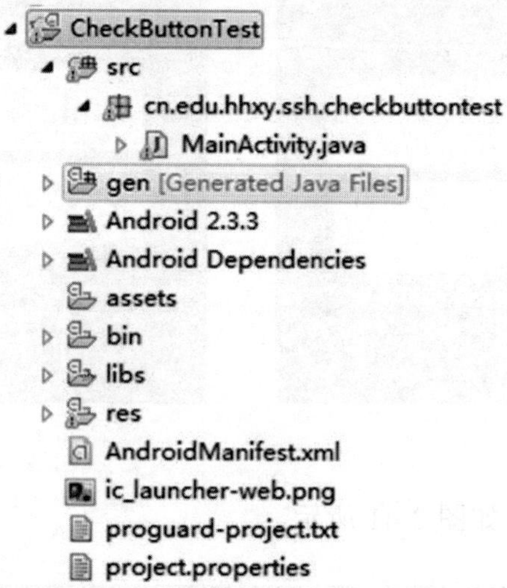

图 2-42

（2）改写布局文件 activity_main.xml，具体代码如下。

```
<LinearLayout xmlns:android="http://schemas.android.com/apk/res/android"
    android:layout_width="fill_parent"
    android:layout_height="fill_parent"
    android:orientation="vertical" >

<TextView
        android:id="@+id/textView1"
        android:layout_width="wrap_content"
        android:layout_height="wrap_content"
        android:text="questionnaires" />

<TextView
        android:id="@+id/textView2"
        android:layout_width="wrap_content"
        android:layout_height="wrap_content"
        android:text="sex:" />
<RadioGroup
```

```
        android:id="@+id/radioGroup1"
        android:layout_width="wrap_content"
        android:layout_height="wrap_content" >
    <RadioButton
            android:id="@+id/man"
            android:layout_width="wrap_content"
            android:layout_height="wrap_content"
            android:checked="true"
            android:text="man" />
    <RadioButton
            android:id="@+id/woman"
            android:layout_width="wrap_content"
            android:layout_height="wrap_content"
            android:text="woman" />
    </RadioGroup>

    <TextView
        android:id="@+id/textView3"
        android:layout_width="wrap_content"
        android:layout_height="wrap_content"
        android:text="hobby " />

    <CheckBox
        android:id="@+id/sports"
        android:layout_width="wrap_content"
        android:layout_height="wrap_content"
        android:text="sports" />

    <CheckBox
        android:id="@+id/music"
        android:layout_width="wrap_content"
        android:layout_height="wrap_content"
        android:text="music" />

    <Button
        android:id="@+id/button1"
        android:layout_width="wrap_content"
        android:layout_height="wrap_content"
        android:text="subimit"
        android:onClick="onClicked" />

    <TextView
        android:id="@+id/results"
        android:layout_width="wrap_content"
        android:layout_height="wrap_content" />

    </LinearLayout>
```

（3） 编写 MainActivity.java。

```
package cn.edu.hhxy.ssh.checkbuttontest;
```

```
import android.os.Bundle;
import android.app.Activity;
import android.view.Menu;
import android.view.View;
import android.widget.CheckBox;
import android.widget.RadioButton;
import android.widget.TextView;

public class MainActivity extends Activity {
   public TextView results = null;
   public RadioButton man = null;
   public RadioButton woman = null;
   public CheckBox sports = null;
   public CheckBox music = null;
   @Override
   protected void onCreate(Bundle savedInstanceState) {
     super.onCreate(savedInstanceState);
     setContentView(R.layout.activity_main);
     /**
     * 通过实例化单选按钮、复选按钮等，当用户单击 submit 按钮时，通过 View 类的 getText()方法
      * 获取每一个实例化后的组件显示文本，然后赋值给 s，最后在 result 显示文本上使用setText(s)方法把获取的用户信息显示出来
      * */
     results = (TextView) findViewById(R.id.results);
     man = (RadioButton) findViewById(R.id.man);
     woman = (RadioButton) findViewById(R.id.woman);
     sports = (CheckBox) findViewById(R.id.sports);
     music = (CheckBox) findViewById(R.id.music);
   }
   public void onClicked(View view) {
     String s = "Your informatin are :\n";
     // 判断是不是选中了该按钮，单击按钮可能取消选择，也可能是选择
     //使用"\n"转义字符，代表一个换行
     if (man.isChecked()) {
         s = s + man.getText().toString()+"\n";
     }
     if (woman.isChecked()) {
         s = s + woman.getText().toString()+"\n";
     }
     if (sports.isChecked()) {
         s = s + sports.getText().toString()+"\n";
     }
     if (music.isChecked()) {
         s = s + music.getText().toString()+"\n";
     }
     results.setText(s);
   }
}
```

（4） 运行结果，如图 2-43 所示。

提交信息后的结果如图 2-44 所示。

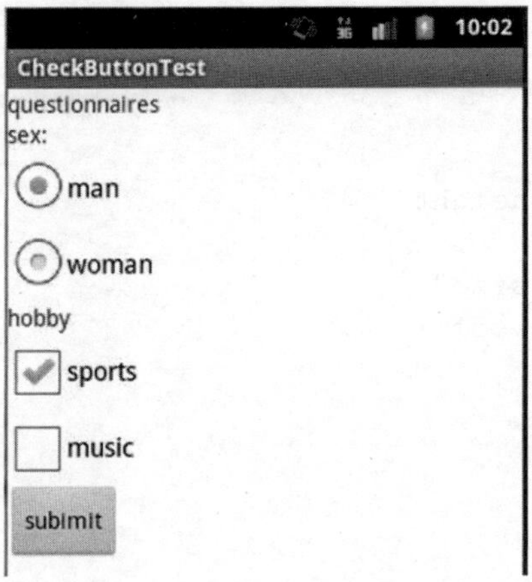

图 2-43

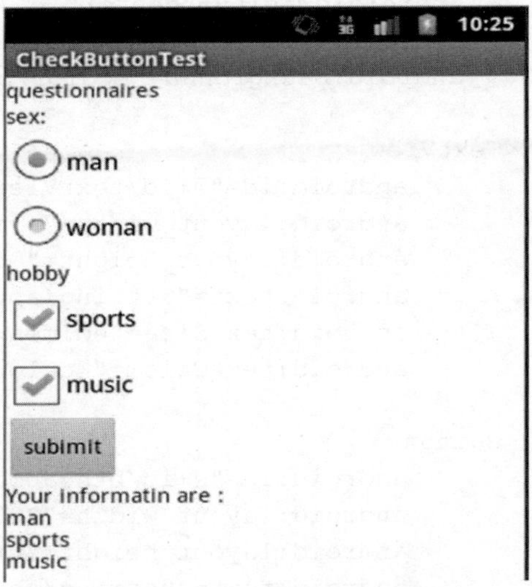

图 2-44

2.3.3 项目任务——设置游戏界面组件

在上一小节的基础上，我们对游戏界面进行完善使之更好看。具体设计是改变 res 下面的布局文件。

（1） 编写 string.xml 文件，具体代码如下。

```
<?xml version="1.0" encoding="utf-8"?>
<resources>

<string name="app_name">PushBox</string>
<string name="menu_settings">Settings</string>
<string name="about_text">About</string>
<string name="continue_text">Continue</string>
<string name="new_game_text">New Game</string>
<string name="exit_text">Exit</string>
<color name="title_text_color">#FF8C00</color>
<color name="bg_color">#006400</color>
<color name="btn_text_color">#8B008B</color>
<dimen name="title_text_size">30sp</dimen>
<dimen name="btn_text_size">18sp</dimen>
<dimen name="btn_width">200dp</dimen>
<dimen name="title_height">50dp</dimen>

</resources>
```

该文件定义了游戏标题及按钮的字体大小、颜色、尺寸等内容。方便在布局文件中引用。

（2） 在 game_main.xml 文件中引用定义的资源，具体代码如下。

```
<LinearLayout xmlns:android="http://schemas.android.com/apk/res/android"
    android:layout_width="fill_parent"
    android:layout_height="fill_parent"
    android:gravity="center"
    android:orientation="vertical"
    android:background="@color/bg_color" >

<TextView
        android:id="@+id/textView1"
        android:layout_width="wrap_content"
        android:layout_height="@dimen/title_height"
        android:text="@string/app_name"
        android:textSize="@dimen/title_text_size"
        android:textColor="@color/title_text_color" />

<Button
        android:id="@+id/btn_about"
        android:layout_width="200dp"
        android:layout_height="wrap_content"
        android:text="@string/about_text"
        android:textSize="@dimen/btn_text_size"
        android:textColor="@color/btn_text_color" />

<Button
        android:id="@+id/btn_continue"
        android:layout_width="@dimen/btn_width"
        android:layout_height="wrap_content"
        android:text="@string/continue_text"
        android:textSize="@dimen/btn_text_size"
        android:textColor="@color/btn_text_color" />

<Button
        android:id="@+id/btn_newgame"
        android:layout_width="@dimen/btn_width"
        android:layout_height="wrap_content"
        android:text="@string/new_game_text"
        android:textSize="@dimen/btn_text_size"
        android:textColor="@color/btn_text_color" />

<Button
        android:id="@+id/btn_exit"
        android:layout_width="@dimen/btn_width"
        android:layout_height="wrap_content"
        android:text="@string/exit_text"
        android:onClick="onClick"
        android:textSize="@dimen/btn_text_size"
        android:textColor="@color/btn_text_color" />

</LinearLayout>
```

其中，在线性布局 linearlayout 中使用了一些布局属性，比如设置布局的背景颜色（android:background="@color/bg_color"），设置布局内子组件的对齐方式（android:gravity="center"及 android:orientation="vertical"）等。在 textView1 中设置标题的字体大小、颜色及控件高度。在四个按钮中设置了按钮的宽度、字体大小、颜色等内容，这些内容在前面的相关知识中已有介绍，读者可以自行参考。

另外需要注意的是，本次设计使用的资源已经在 string.xml 文件中定义好，使用时，引用即可。这种思想来源于 MVC 的思想，方便以后管理。

（3） 运行，显示效果如图 2-45 所示。

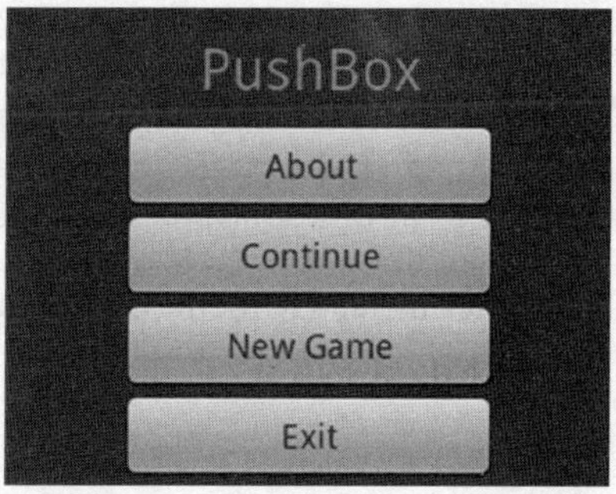

图 2-45

看到运行效果图，是不是有了些成就感呢？目前我们已经学会了按钮的交互，界面的布局及常用组件的使用了，收获颇丰！接下来我们学习 Menu 的使用。

2.4　Menu 的使用

在 Android 手机上有一个重要的按键，Menu 键，当用户使用该键时，会弹出一个菜单供用户使用。本节将介绍 Menu 的使用。

2.4.1　学习目标

通过本节学习以下内容。

（1） OptionMenu 的创建及应用。

（2） ContextMenu 的创建及应用。

2.4.2　相关知识

Menu 有 OptionMenu 和 ContextMenu 之分，使用上的区别如下。

用户按 Menu 键弹出的是 OptionMenu，如图 2-46 所示。

用户在某个组件上长按一下，会弹出类似图 2-47 所示的界面 ContextMenu。

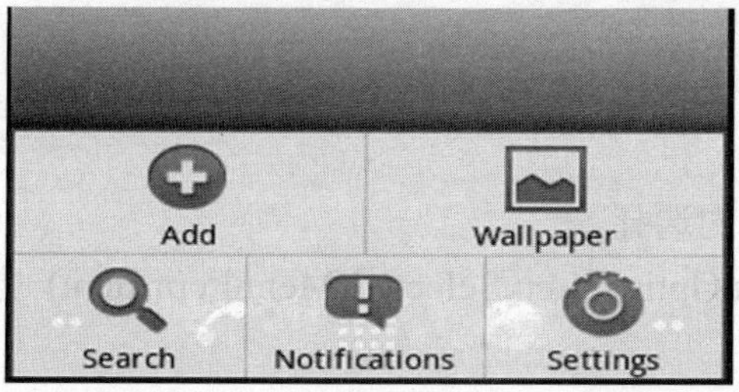

图 2-46

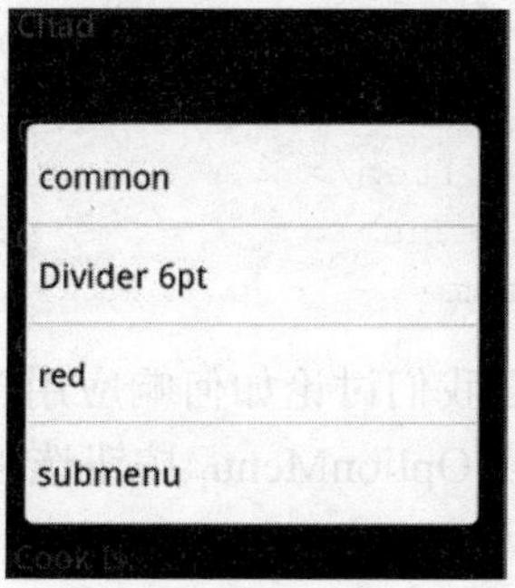

图 2-47

1. OptionMenu

创建 OptionMenu，使用 onCreateOptionsMenu(Menu menu)方法，在活动中添加如下代码。

```
public boolean onCreateOptionsMenu(Menu menu) {
// TODO Auto-generated method stub
MenuInflater inflater=new MenuInflater(this);
inflater.inflate(R.menu.main, menu);
return super.onCreateOptionsMenu(menu);}
```

inflater.inflate(R.menu.main, menu)中的 main 是一个 XML 文件，它在 res/menu 文件夹下，该 XML 文档的格式如下。

```
<?xml version="1.0" encoding="utf-8"?>
<menu xmlns:android="http://schemas.android.com/apk/res/android">
    <item
android:id="@[+][package:]id/resource_name"
          android:title="string"
          android:icon="@[package:]drawable/drawable_resource_name"
          android:onClick="method name"
 />
</menu>
```

其中，<item/>可以有多个，其内部属性含义如下。

android:id="@[+][*package*:]id/*resource_name*"，item 的 id，编程时我们可以通过 id 来确定用户单击的是哪一个 item 选项。

android:title="*string*"是选项的标题，内容往往在 string.xml 文件中定义好，我们只需使用@string/xxx 引用即可，详细情况读者可以参见 2.3.3 节。

android:icon="@[package:]drawable/*drawable_resource_name*"，引用 drawable 文件夹下的图片资源。比如@drawable/item1，引用前把后缀名为 jpg 或 png 的图片放入到 res 文件夹下的 drawable 文件夹。

android:onClick="*method name*"，当用户单击该 item 的响应方法。

另外 menu 中的 item 也可以组合（group）起来使用，也可以在<item>包含子 menu，样式如下。

```
<item>
  <menu>
    <item/>
  </menu>
</item>
```

下面我们讨论如何响应用户在 menu 上的选择。

响应 OptionMenu 按钮选项时，使用 onOptionsItemSelected(MenuItem item) 方法，代码如下。

```
@Override
```

```
public boolean onOptionsItemSelected(MenuItem item) {
  // TODO Auto-generated method stub
  return super.onOptionsItemSelected(item);
}
```

在该方法内使用 MenuItem 中的 getItemId()方法可以得到选中的选项 ID，使用 getTitle()可以得到对应选项的文本。

本知识点的例子不再单独列举，在 2.4.3 节将给出 optionmenu 在项目中的具体应用。

2. ContextMenu

ContextMenu，选择某项 view 组件后长按 Menu 键，可能会显示类似图 2-48 所示的上下文菜单，Android 中称之为 ContextMenu。

图 2-48

菜单选项的 XML 布局内容和 optionmenu 一样，格式如下。

```
<?xml version="1.0" encoding="utf-8"?>
<menu xmlns:android="http://schemas.android.com/apk/res/android">
    <item
android:id="@[+][package:]id/resource_name"
          android:title="string"
          android:icon="@[package:]drawable/drawable_resource_name"
          android:onClick="method name"
 />
</menu>
```

常用的方法如下：

setHeaderIcon(Drawable icon)，设置弹出菜单的图标，图标来自 drawable。

setHeaderIcon(int iconRes)，设置弹出菜单的图标，图标来自 res 文件夹下的图片资源。

setHeaderTitle(CharSequence title)，设置上下文菜单的标题，文本类型。

setHeaderTitle(int titleRes)，设置上下文菜单的标题，文本来自 string 定义的值。

setHeaderView(View view)，用自定义的 View 类来取代上下文菜单的头部（取代标题图标和内容）。

让某个 view 响应 contextMenu 时，需要以下几个步骤。

（1） 首先需要创建 ContextMenu。

创建 ContextMenu 使用 onCreateContextMenu(ContextMenu menu, View v, ContextMenuInfo menuInfo)方法，具体代码如下。

```
public void onCreateContextMenu(ContextMenu menu, View v,
ContextMenuInfo menuInfo) {
MenuInflater inflater=new MenuInflater(this);
inflater.inflate(R.menu.contextmenu, menu);
}
```

（2）其次需要调用 registerForContextMenu (View view)方法来注册要显示的 contextMenu，

组件上的注册方法如下。

```
lv=(ListView)findViewById(R.id.listview1);
registerForContextMenu (lv);
```

（3）响应 ContextMenu 中的某一个选项时，需要重写 onContextItemSelected(MenuItem item)方法，具体代码如下。

```
@Override
  public boolean onContextItemSelected(MenuItem item) {
    // TODO Auto-generated method stub
    return super.onContextItemSelected(item);
  }
```

在使用 MenuItem 中的 getItemId()方法可以得到选中的选项 ID。 getTitle()可以得到对应选项的文本。

下面举例进一步说明 ContextMenu 的应用。

（1） 新建一个项目 ContextMenu。

具体信息如图 2-49 所示。

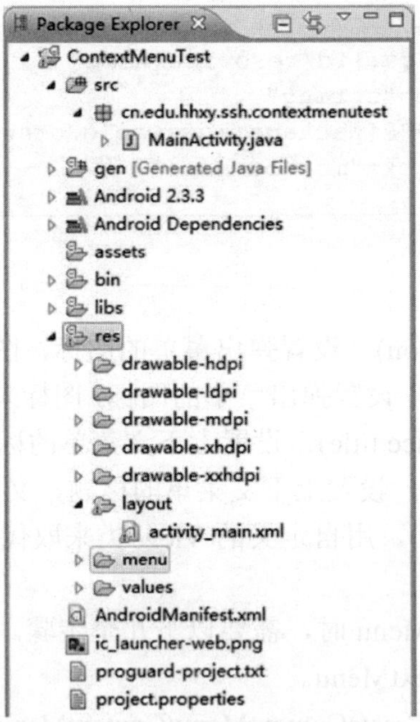

图 2-49

（2）复制图片资源到 drawable 文件夹，没有该文件夹时，在 res 上右击选择 new->folder，命名为 drawable 即可。

复制的图片资源如图标“”，名字为 setting.png，如果读者找不到这样的文件可以找类似的图片替代。

图片具体位置如图 2-50 所示。

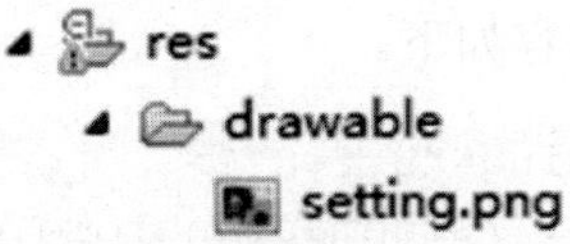

图 2-50

（3） 新建 Menu 布局文件。

在 res 的 menu 文件夹下（在新的 Android 版本下，一般都有这个文件夹，如果没有在 res 上右击选择 new->folder，新建一个文件夹命名为 menu 即可），按照如下操作步骤。

① 在 menu 文件夹上右击选择 new->other，弹出如图 2-51 所示的对话框。

单击 Next，然后在如图 2-52 所示的对话框中填入信息，例如，Resource Type: Menu，File:自己命名，如 colorsetting。然后单击 Finish 完成。

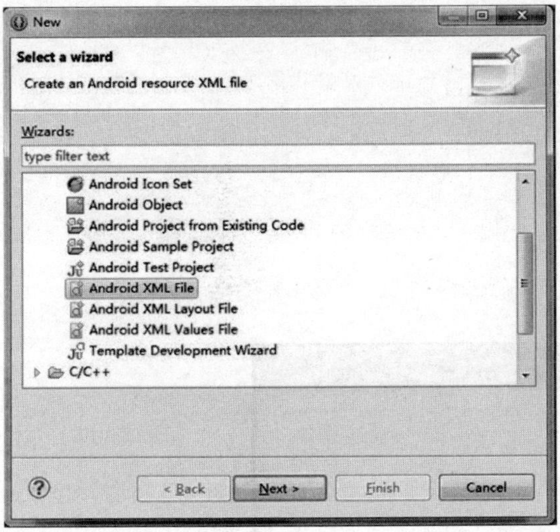

图 2-51

图 2-52

文件位置及名称如图 2-53 所示。

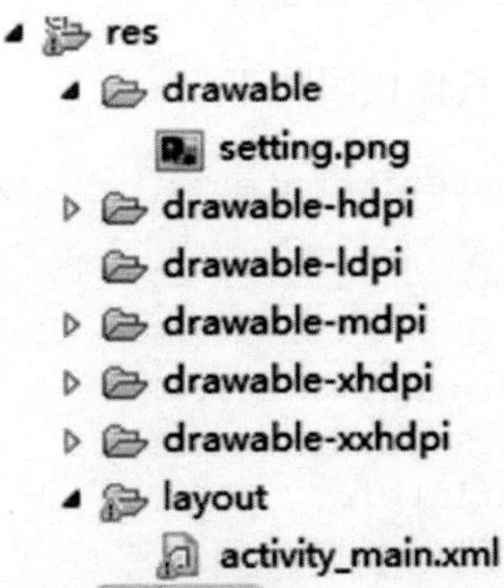

图 2-53

② 设置 colorsetting.xml 的内容如下。

```
<?xml version="1.0" encoding="utf-8"?>
<menu xmlns:android="http://schemas.android.com/apk/res/android" >
<item android:id="@+id/item1" android:title="red"></item>
<item android:id="@+id/item2" android:title="green"></item>
<item android:id="@+id/item3" android:title="blue"></item>
</menu>
```

（4） 改变原来的活动布局文件 activity_main.xml（res/layout 文件夹下）。

```
<LinearLayout xmlns:android="http://schemas.android.com/apk/res/android"
    android:layout_width="fill_parent"
    android:layout_height="fill_parent"
    android:orientation="vertical" >

<Button
        android:id="@+id/button1"
        android:layout_width="wrap_content"
        android:layout_height="wrap_content"
        android:text="setting" />

</LinearLayout>
```

效果如图 2-54 所示。

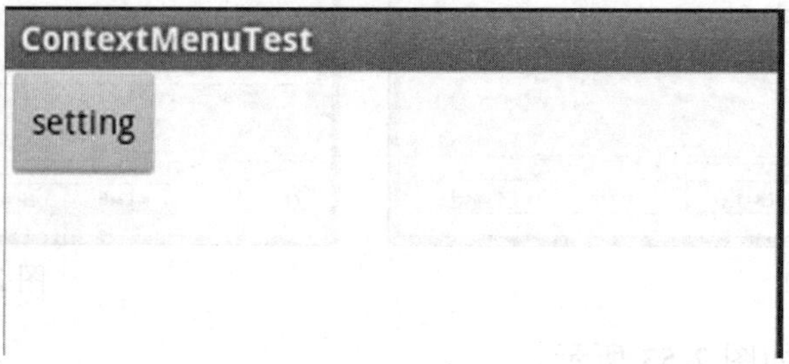

图 2-54

（5） 改写 MainActivity.java，具体代码如下。

```
package cn.edu.hhxy.ssh.contextmenutest;
import android.app.Activity;
import android.graphics.Color;
import android.os.Bundle;
import android.view.ContextMenu;
import android.view.ContextMenu.ContextMenuInfo;
import android.view.MenuInflater;
import android.view.MenuItem;
import android.view.View;
import android.widget.Button;
import android.widget.LinearLayout;
public class MainActivity extends Activity {
```

```
    public Button btn=null;
    public LinearLayout ll=null;
    @Override
    protected void onCreate(Bundle savedInstanceState) {
        super.onCreate(savedInstanceState);
        setContentView(R.layout.activity_main);
        ll=(LinearLayout)findViewById(R.id.ll);
        btn=(Button)findViewById(R.id.button1);
        //2、其次需要调用 registerForContextMenu (View view)方法
        //来注册要显示的 contextMenu 的组件
        registerForContextMenu (btn);
    }
    //1、首先需要创建 ContextMenu
    @Override
    public void onCreateContextMenu(ContextMenu menu, View v,
            ContextMenuInfo menuInfo) {
      // 设置 ContextMenu 的标题区图标
      menu.setHeaderIcon(getResources().getDrawable(R.drawable.setting));
      // 设置 ContextMenu 的标题区标题
      menu.setHeaderTitle("Color setting");
      // 设置 ContextMenu 的 MenuInflater，及显示内容
      MenuInflater inflater=new MenuInflater(this);
      inflater.inflate(R.menu.colorsetting, menu);
      super.onCreateContextMenu(menu, v, menuInfo);
    }
    //3、重写 onContextItemSelected(MenuItem item)方法，响应 ContextMenu 选项
    @Override
    public boolean onContextItemSelected(MenuItem item) {
      // 判断用户单击的选项并做相应响应
      switch(item.getItemId())
      {
      case R.id.item1:
          //这里调用了 Color 类的常量 RED、GREEN、BLUE
          ll.setBackgroundColor(Color.RED);
          break;
      case R.id.item2:
          ll.setBackgroundColor(Color.GREEN);
          break;
      case R.id.item3:
          ll.setBackgroundColor(Color.BLUE);
          break;
      }
      return super.onContextItemSelected(item);
    }
}
```

（6） 运行，单击 setting 按钮，出现如图 2-55 所示的效果。

选择 red 选项，出现如图 2-56 所示的效果。

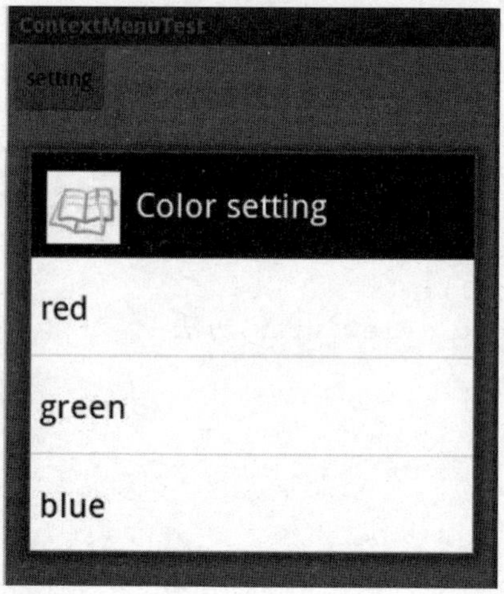

图 2-55

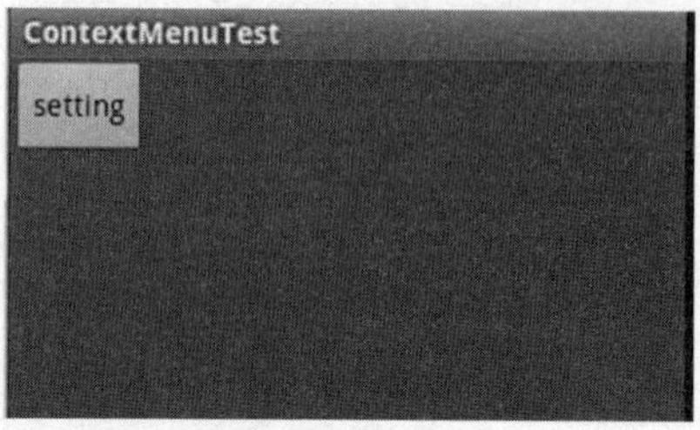

图 2-56

2.4.3 项目任务——给游戏添加 Menu

在 2.3.3 节中，我们的界面看起来有初步的成果，在本节，我们将给游戏添加 menu 按键的功能，其作用是，当用户单击 Menu 键，可以设置游戏的一些基本信息，比如背景音乐等内容。

具体步骤如下。

（1） 在 res/drawable 文件夹中添加两个图片，位置如图 2-57 所示。

图 2-57

（2） 在 res/menu 文件夹下建立 Menu 布局文件 game_menu.xml，具体代码如下。

```
<menu xmlns:android="http://schemas.android.com/apk/res/android" >

<item
       android:id="@+id/music"
       android:icon="@drawable/music"
       android:title="@string/music_text"/>
<item
       android:id="@+id/help"
       android:icon="@drawable/help"
       android:title="@string/help_text"/>
</menu>
```

注意：

此处引用的"@string/music_text"和"@string/help_text"应该在 string.xml 中定义，把下面

两行代码添加在 string.xml 的<resources>与</resources>之间任意位置。

```
<string name="music_text">Music Setting</string>
<string name="help_text">help</string>
```

（3） 在项目的包内新建两个类，Help.java 和 Music.java。具体新建方法为：在 lesson.game.pushbox 包上右击选择 new->Class，弹出如图 2-58 所示的对话框。

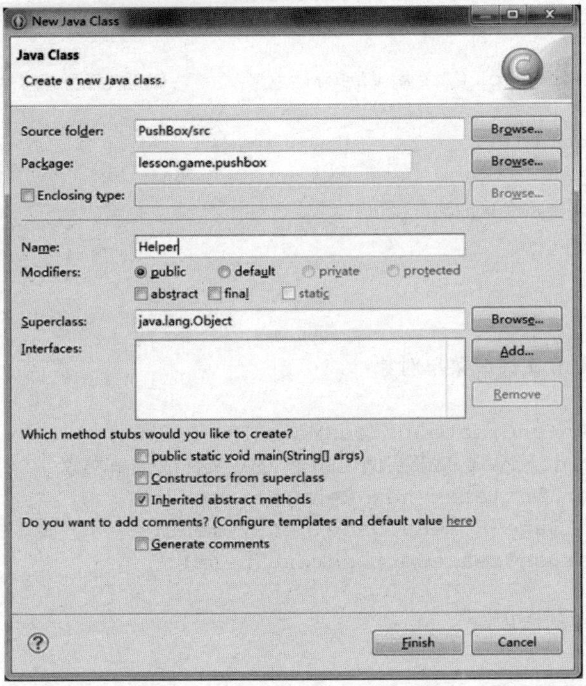

图 2-58

在上图中 Name 处填写正确的类名，如 Helper，单击 Finish 即可。

这两个类的作用分别如下。

当用户单击 Menu 菜单中的 helper 时，使用 Helper.java 类来调用帮助界面；

当用户单击 Menu 菜单中的 Music Setting 时，使用 Music.java 类来处理背景音乐的播放与停止。

（4） 更改 GameMain.java 活动类，在类中重写两个方法：onCreateOptionsMenu(Menu menu)、onOptionsItemSelected(MenuItem item)分别来创建 Menu 键的内容及响应对应的 Menu 菜单选项，具体代码如下。

```
package lesson.game.pushbox;

import android.os.Bundle;
import android.app.Activity;
import android.content.Intent;
import android.view.Menu;
import android.view.MenuInflater;
```

```
import android.view.MenuItem;
import android.view.View;

public class GameMain extends Activity{

    @Override
    protected void onCreate(Bundle savedInstanceState) {
        super.onCreate(savedInstanceState);
        setContentView(R.layout.game_main);
    }
    public void onClick(View view)
    {
   switch(view.getId())
   {
   case R.id.btn_exit:
     this.finish();
     break;
   }
    }
    //实例化菜单 XML 文件成菜单对象
   @Override
   public boolean onCreateOptionsMenu(Menu menu) {
     // 使用 MenuInflater 类来实例化菜单 XML 文件成菜单对象
     MenuInflater inflater=new MenuInflater(this);
     inflater.inflate(R.menu.game_menu, menu);
     return super.onCreateOptionsMenu(menu);
   }
   //响应 Menu 菜单的选项
   @Override
   public boolean onOptionsItemSelected(MenuItem item) {
     // TODO Auto-generated method stub
     switch(item.getItemId())
     {
     case R.id.music:
         /**
          * 此处使用意图来传递信息，完成不同类之间的跳转
          * 下一章节将详细介绍 Intent 类，此处使用即可
          * */
         Intent intent1=new Intent(GameMain.this,Music.class);
         startActivity(intent1);
         break;
     case R.id.help:
         Intent intent2=new Intent(GameMain.this,Helper.class);
         startActivity(intent2);
     }
     return super.onOptionsItemSelected(item);
   }

}
```

运行效果如图 2-59 所示。当我们单击两个选项中的任意一个时，会出现与图 2-60 类似的错误提示。

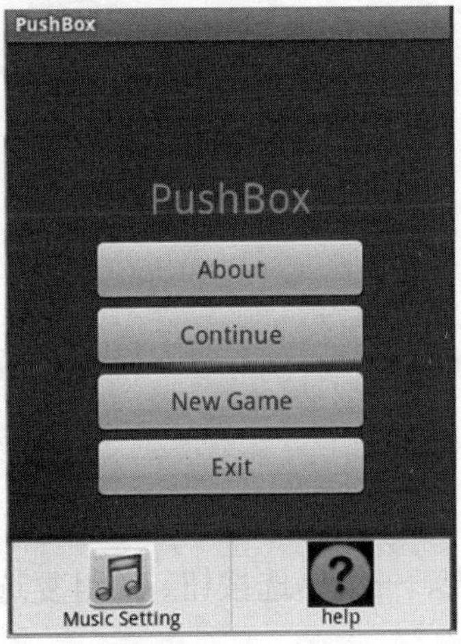

图 2-59

图 2-60

出现这个错误的原因是我们使用 Intent 传递信息时，Android 系统找不到 Helper.java 或者 Music.java，在学完下一章后，此问题我们将很快解决。如果读者有兴趣也可提前查看下一章或者去搜索网络答案，搜索“AndroidManifest.xml 中注册 Activity”。

2.5　AlterDialog 的使用

我们经常在一些项目中遇到类似图 2-61 所示的一些对话框。

图 2-61　ContextMenu 的种类

观察这些对话框，可以发现它们与前面所讲 ContextMenu 类似，但是又有区别。这些都是一个新的布局类所解决的事情——AlterDialog。

2.5.1 学习目标

通过本节学习以下内容。

AlterDialog 的创建方法及几种常见的应用。

2.5.2 相关知识

1. Optional title region（可选标题区）

标题区的内容可以是文字，也可以是图片。

2. Content area（对话框内容区）

对话框内容区的形式多样，可以是一句话、一个列表、一组单选按钮、一组复选按钮、一个布局视图等。

3. Action buttons（动作按钮）

动作按钮有 PositiveButton、NeutralButton、NegativeButton 三种，PositiveButton 是一些肯定按钮，如确定、ok 等；NegativeButton 是否定按钮，如取消、cancel 等；NeutralButton 是一些中性按钮，如不确定，不知道，不清楚之类的。使用时，可以组合使用也可单独出现。

AlertDialog 的构造方法全部是 Protected 类型的，不能直接通过构造方法来实例化。要创建一个 AlertDialog，就要用到 AlertDialog.Builder 接口类的一些方法。主要有：

（1） create()：创建对话框。

（2） setTitle()：为对话框设置标题。

（3） setIcon()：为对话框设置图标。

（4） setMessage()：为对话框设置内容。

（5） setView()： 给对话框设置自定义样式，自定义的样式在 layout 文件夹下定义。

（6） setItems()：设置对话框要显示的一个 list。

（7） show()：显示对话框。一定要有，否则不能显示。

（8） setSingleChoiceItems(CharSequence[] items, int checkedItem, DialogInterface.OnClickListener listener)。

（9） setSingleChoiceItems(ListAdapter adapter, int checkedItem, DialogInterface. OnClickListener listener)。

（10） setSingleChoiceItems(Cursor cursor, int checkedItem, String labelColumn, DialogInterface.OnClickListener listener)：设置单选对话框，内容来自查询集 cursor。

（11） setPositiveButton(CharSequence text, DialogInterface.OnClickListener listener)：设置肯定按钮，如：确定、OK、提交等类型的按钮。

（12） setNeutralButton(CharSequence text, DialogInterface.OnClickListener listener)：设置中性按钮，不带有肯定和否定意思的按钮，例如：不确定。

（13） setNegativeButton(int textId, DialogInterface.OnClickListener listener)：设置否定

含义的按钮，如：取消、cancel、放弃等类型的按钮。

下面通过几个例子来简单介绍每一个方法的含义。

例 1：简单的对话框。

（1） 新建一个项目，如图 2-62 所示。

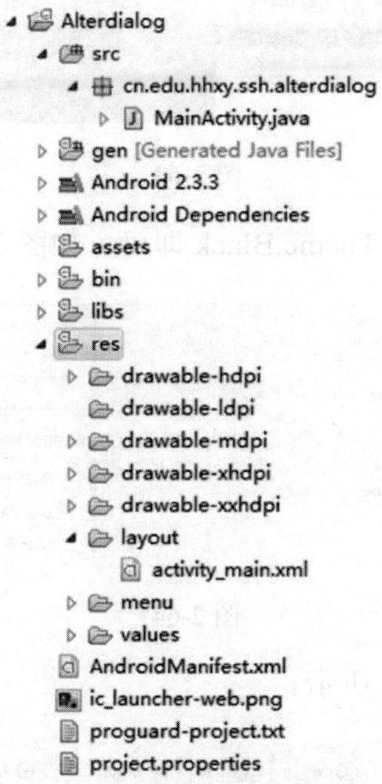

图 2-62

这里说明一下，如何在新建项目后，将布局背景改为黑色。

布局背景的颜色与应用的主题（theme）有关，修改主题需要在项目的 AndroidManifest.xml 文件中进行，在该文件中我们可以找到相关代码，类似下面的几行代码。

```
<application
       android:allowBackup="true"
       android:icon="@drawable/ic_launcher"
       android:label="@string/app_name"
       android:theme="@style/AppTheme" >
```

其中，android:theme="@style/AppTheme"中的 AppTheme 即当前使用的主题，该主题在项目的 res/values 文件夹下的 style.xml 中定义，有兴趣的读者可以查阅 theme 相关的文献，我们如果想使用传统的黑色背景，只需把 android:theme="@style/AppTheme"这一行代码删除即可，即修改为下面的代码。

```
<application
       android:allowBackup="true"
       android:icon="@drawable/ic_launcher"
       android:label="@string/app_name" >
```

如果你的 Eclipse 布局文件背景还没有变化，我们需要修改图 2-63 中的 AppTheme。

图 2-63

单击 AppTheme 选项，选择 Theme.Black 即可，如图 2-64 所示。

图 2-64

修改成功后，效果如图 2-65 所示。

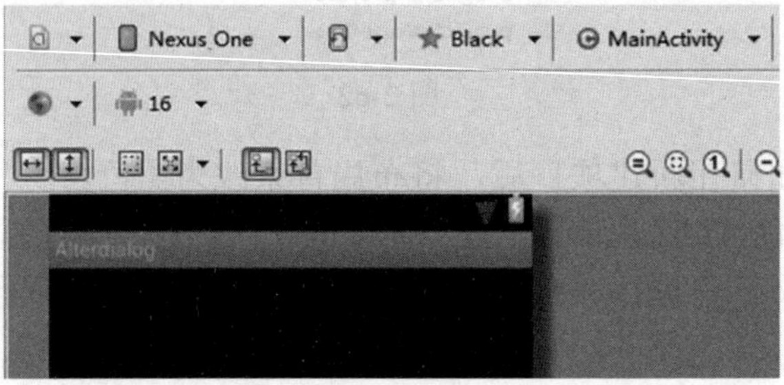

图 2-65

（2） 复制图片资源到 drawable 文件夹下，如图 2-66 所示。

图 2-66

（3）　修改布局文件 activity_main.xml，具体代码如下。

```
<LinearLayout xmlns:android="http://schemas.android.com/apk/res/android"
    android:layout_width="fill_parent"
    android:layout_height="fill_parent"
    android:orientation="vertical" >

<Button
        android:id="@+id/button1"
        android:layout_width="wrap_content"
        android:layout_height="wrap_content"
        android:text="simple alterdialog"
        android:onClick="onClick" />

</LinearLayout>
```

（4）　在 MainActivity.java 中编写主要代码。

```
package cn.edu.hhxy.ssh.alterdialog;

import android.os.Bundle;
import android.app.Activity;
import android.app.AlertDialog;
import android.content.DialogInterface;
import android.view.Menu;
import android.view.View;

public class MainActivity extends Activity {

   @Override
   protected void onCreate(Bundle savedInstanceState) {
     super.onCreate(savedInstanceState);
     setContentView(R.layout.activity_main);
   }
   /**
    * 此方法为响应单击按钮动作而设置
    * 当用户单击按钮时，弹出 AlertDialog 对话框
    * */
   public void onClick(View view) {
     //实例化接 dl1
     AlertDialog.Builder dl1 = new AlertDialog.Builder(this);
     dl1.setTitle("Information");
     dl1.setIcon(R.drawable.infor);
     dl1.setMessage("Do you want exit?");
     //设置对话框的 ok 按钮，及按钮响应接口
     dl1.setPositiveButton("ok", new DialogInterface.OnClickListener() {
         @Override
         public void onClick(DialogInterface dialog, int which) {
             //当单击 ok 按钮时，当前活动结束
             MainActivity.this.finish();
         }
```

```
        });
        //设置对话框的 cancle 按钮，及按钮响应接口
        dl1.setNeutralButton("cancle", new DialogInterface.OnClickListener()
{
            @Override
            public void onClick(DialogInterface dialog, int which) {
                // 在此，当用户单击 cancle 按钮，不做任何动作
            }
        });
        dl1.create();
        dl1.show();
    }
}
```

运行效果如图 2-67 所示。

图 2-67

例 2：着重练习 setItems()方法的使用。

在例 1 的基础上做修改（只修改 MainActivity.java 中的 onClick(View view) 方法中的内容），代码如下。

```
    public void onClick(View view) {
        AlertDialog.Builder dl1 = new AlertDialog.Builder(this);
        final String[] country = { "Chad", "Chile", "CHina", "Congo" };
        dl1.setTitle("Which coutry's captal is Santiago");
        dl1.setIcon(R.drawable.infor);
        //使用 setItems()方法来设置对话框
        dl1.setItems(country, new DialogInterface.OnClickListener() {
            @Override
            public void onClick(DialogInterface dialog, int which) {
                // TODO Auto-generated method stub
                String s = "";
                if (country[which] == "Chile") {
                    s = "Right";
                } else {
                    s = "Wrong";
                }
                Toast.makeText(MainActivity.this, s, 1000).show();
```

```
        }
    });
    dl1.create();
    dl1.show();
}
```

运行效果如图 2-68 所示。

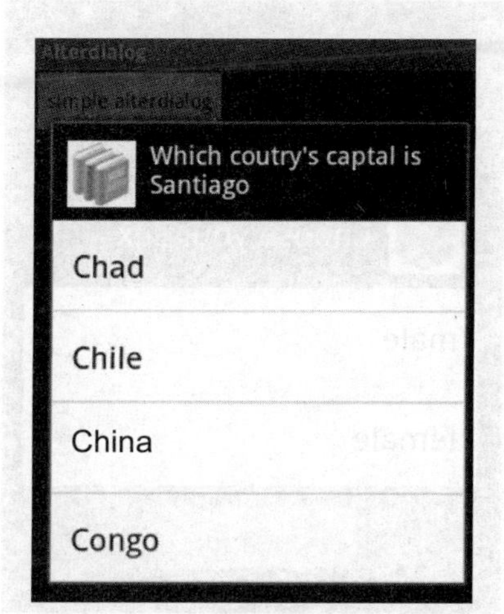

图 2-68

例 3：着重练习 setSingleChoiceItems()方法的使用。

在例 1 的基础上做修改（只修改 MainActivity.java 中的 onClick(View view) 方法中的内容），代码如下。

```
int mychose = 1;

public void onClick(View view) {
    AlertDialog.Builder dl1 = new AlertDialog.Builder(this);
    final String[] sex = { "male", "female" };
    dl1.setTitle("Choose your sex");
    dl1.setIcon(R.drawable.infor);
    dl1.setSingleChoiceItems(sex, 1, new DialogInterface.OnClickListener() {
      @Override
      public void onClick(DialogInterface dialog, int which) {
          // TODO Auto-generated method stub
          mychose = which;
      }
    });
    dl1.setPositiveButton("ok", new DialogInterface.OnClickListener() {
      @Override
      public void onClick(DialogInterface dialog, int which) {
          // TODO Auto-generated method stub
          Toast.makeText(MainActivity.this,
                  "Your choose is:" + sex[mychose].toString(), 1000)
                  .show();
      }
```

```
    });
    dl1.create();
    dl1.show();
  }
```

运行效果如图 2-69 所示。

图 2-69

例 4：着重练习 setView()方法。

在例 1 的基础上进行修改，具体步骤如下。

（1） 在 layout 文件夹下新建一个 list.xml 布局文件，具体代码如下。

```
<?xml version="1.0" encoding="utf-8"?>
<RelativeLayout
xmlns:android="http://schemas.android.com/apk/res/android"
    android:layout_width="match_parent"
    android:layout_height="match_parent" >

<TextView
        android:id="@+id/textView1"
        android:layout_width="wrap_content"
        android:layout_height="wrap_content"
        android:layout_alignParentLeft="true"
        android:layout_alignParentTop="true"
        android:layout_marginLeft="71dp"
        android:layout_marginTop="43dp"
        android:text="name:" />

<EditText
        android:id="@+id/name"
        android:layout_width="wrap_content"
        android:layout_height="wrap_content"
        android:layout_alignBaseline="@+id/textView1"
        android:layout_alignBottom="@+id/textView1"
```

```
        android:layout_toRightOf="@+id/textView1"
        android:ems="6" >

</EditText>

<TextView
        android:id="@+id/textView2"
        android:layout_width="wrap_content"
        android:layout_height="wrap_content"
        android:layout_alignBaseline="@+id/pws"
        android:layout_alignBottom="@+id/pws"
        android:layout_alignRight="@+id/textView1"
        android:text="password:" />

<EditText
        android:id="@+id/pws"
        android:layout_width="wrap_content"
        android:layout_height="wrap_content"
        android:layout_below="@+id/name"
        android:layout_marginTop="15dp"
        android:layout_toRightOf="@+id/textView2"
        android:inputType="textPassword"
        android:ems="6" />

</RelativeLayout>
```

（2）　编写 onClick()方法。

```
  public void onClick(View view) {
    AlertDialog.Builder dl1 = new AlertDialog.Builder(this);
    dl1.setTitle("Login");
    /**
     * 实例化 LayoutInflater，使用 inflate（）方法调用自己的布局 list.xml
     * */
    final LayoutInflater lf = LayoutInflater.from(this);
    final View dialogView = lf.inflate(R.layout.list, null);
    dl1.setView(dialogView);
    dl1.setPositiveButton("ok", new DialogInterface.OnClickListener() {
        @Override
        public void onClick(DialogInterface dialog, int which) {
            /**
             * 实例化 name、pws 两个输入文本框，为后面使用做准备
             * */
            EditText name=(EditText)dialogView.findViewById(R.id.name);
            EditText pws=(EditText)dialogView.findViewById(R.id.pws);
            Toast.makeText(
                    MainActivity.this,
                    "Your name is:" + name.getText().toString()+"\n"
                            + "password is:" + pws.getText().toString(),
                    1000).show();
        }
```

```
    });
    dl1.create();
    dl1.show();
  }
```

运行效果如图 2-70 所示。

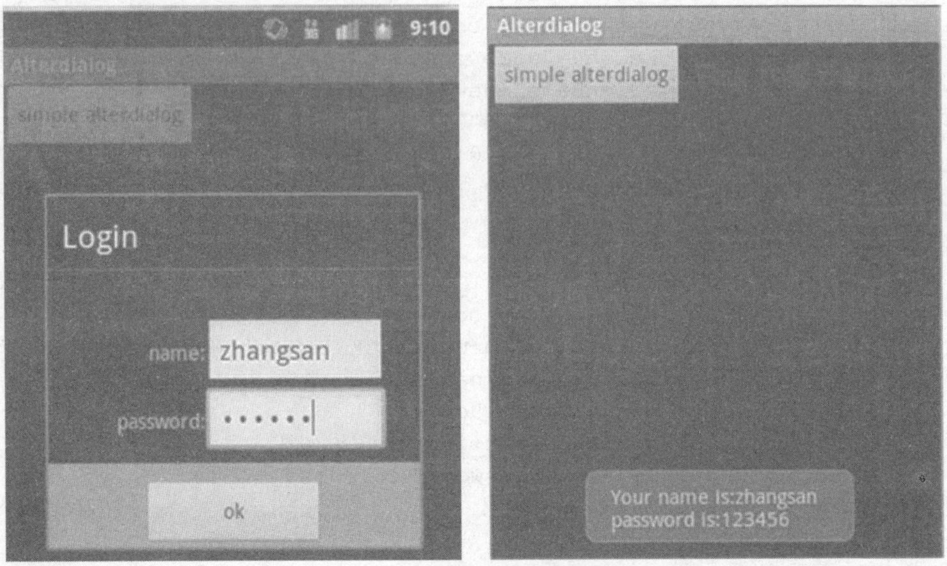

图 2-70

2.5.3 项目任务——在游戏中应用 AlterDialog

当用户单击游戏中的 Exit 按钮时，如果直接退出游戏，会显得比较突然，有时用户可能不小心单击按钮也会直接退出。为了避免这种情况，当用户单击 Exit 按钮时，应弹出对话框提示用户是否确定退出。具体实现步骤如下。

（1） 修改 GameMain.java 中的 onClick()方法，把原来的 this.finish();方法替换为下面的代码。

```
isFinish();
```

在 GameMain.java 中添加 isFinish()方法，具体代码如下。

```
public void onClick(View view)
    {
   switch(view.getId())
   {
   case R.id.btn_exit:
     isFinish();
     break;
   }
    }
    public void isFinish()
```

```
    {
    AlertDialog.Builder dl1 = new AlertDialog.Builder(this);
      dl1.setTitle("Warnning!");
      dl1.setMessage("Do you want exit?");
      dl1.setPositiveButton("ok", new DialogInterface.OnClickListener() {
          @Override
          public void onClick(DialogInterface dialog, int which) {
              GameMain.this.finish();
          }
      });
      dl1.setNeutralButton("cancle", new DialogInterface.OnClickListener()
{
          @Override
          public void onClick(DialogInterface dialog, int which) {
              // 在此，当用户单击 cancle 按钮，不做任何动作
          }
      });
      dl1.create();
      dl1.show();
    }
```

（2） 运行效果。

用户单击 Exit 出现如图 2-71 所示的对话框，当用户单击 yes，则退出；单击 no 则返回游戏界面。

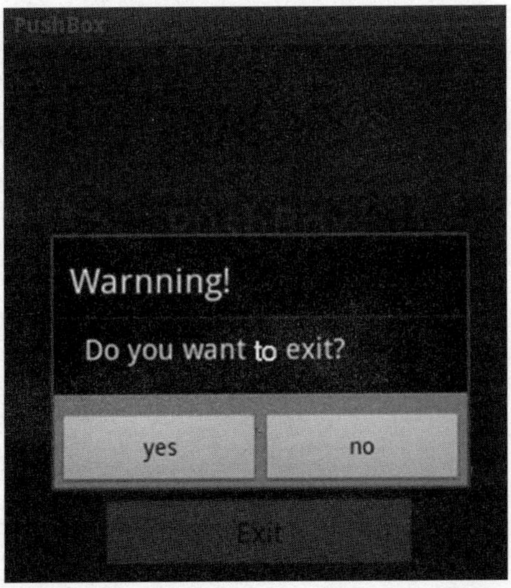

图 2-71

小结

在本章的学习中，我们学习了几个常用布局，学会了与界面交互的两种方式：基于监听接口和基于回调方法，在这个基础上介绍了几种常用的布局组件以及 menu 和 alterdialog

等内容，这些内容是我们在进行 Android 项目设计时常用到的。

如果读者按照本文的操作，而未能出现预期的结果时，按照以下几个步骤检查一下自己的工作过程。

（1） 工作环境可能不一致，导致结果不一。

（2） 忘记了某些操作，而这些操作恰恰影响了后面的运行效果。

总之，遇到问题不要慌张，可以在网上搜索答案。利用好关键词，可在网络上找到你遇到的问题及答案。解决了你遇到的问题，再回到本书，就相当于你又遇到了一个引导者。吸取了他人的经验，相当于站在别人的肩膀上，相信你可以看得更远。

习题

请你设计一个推箱子游戏的界面布局。

第 3 章　增加项目组件

感谢你的坚持，读完了冗长的第 2 章（但是你认真读完后，会发现在实际使用中它们的确都很重要），本章我们将学习几个重要的项目组件类，他们分别是活动（Activity）、意图（Intent）、服务（Service）、广播接收器（BroadcastReceiver）。Android 系统中的应用程序使用它们来保证程序的正常运行。为了让读者深入了解它们，本章将逐一介绍。如果你时间有限，急于把推箱子游戏完成，那么还是老规矩：你只需完成每个小节的项目任务即可。

3.1　活动组件介绍

活动（Activity）是 Android 应用程序中使用频率最高、最基本的组件。一个 Activity 对应一个单独的 UI。本节主要介绍活动及其生命周期。

3.1.1　学习目标

通过本节学习以下内容。

（1）　活动的创建。

（2）　活动的生命周期。

3.1.2　相关知识

活动界面加载在 onCreate()方法执行时进行，常使用 setContentView(int)来设置界面。里面的 int 值使用 R.layout.xxx 来指向 layout 文件夹下的布局文件 xxx，也可以使用 setContentView(view)来设置活动界面，参数是实例化的 view 子类（读者可以在第 4 章的自定义视图里详细了解如何实例化 View 子类）。

在编程时，Activity 类位于 android.app 包中，定义其子类需要在子类前使用 import android.app.Activity;

每一个 Activity 必须在 Androidmanifest.xml 文件中声明，具体代码如下。

```
<activity name=".ActivityName"></activity>
```

应用程序生命周期：

应用程序生命周期指从创建到结束的全过程。Android 应用程序的生命周期是由 Android 框架进行管理，而不是由应用程序直接控制。每个应用的内存和进程都是由进行时独立管理的。每个 Android 的应用程序在自己的进程中运行。

应用程序组件有其生命周期：由 Android 初始化它们，以相应的 Intent（即响应意图），直到结束，实例被销毁。

Activity 类是 Android 应用生命周期的重要部分之一。

Activity 的生命周期：

Activity 被一个 Activity 栈管理。堆栈中保存对象的实例，在一个任务中可能存在多个同一 Activity 的实例。

应用程序的生命周期中的五种状态：启动、运行、暂停、停止、销毁。

启动：Activity 被压入栈顶。

运行：Activity 可见并获得焦点，与用户进行交互。

暂停：Activity 可见但失去焦点。

停止：Activity 被另一个 Activity 完全覆盖，不可见，系统可以随时将其释放。

销毁：系统将 Activity 从内存中删除，Activity 被弹出栈。

这几个状态之间的转化一部分因用户操作引起，另一部分是由 Android 系统引起，活动生命周期的转化过程如图 3-1 所示。

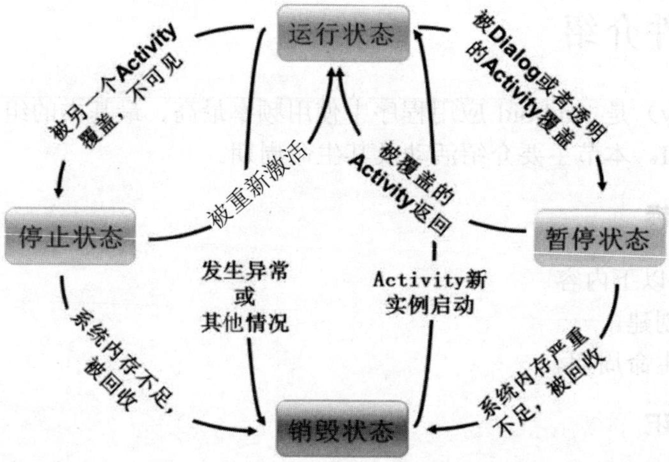

图 3-1　活动生命周期的转化过程

这个过程将调用一系列的方法来完成每个状态应该完成的事情，如图 3-2 所示。

注意：

“*”号表示可选，可能被执行，也可不被执行。

Activity 生命周期事件处理方法有以下几种。

（1）onCreate(Bundle)：首先创建时调用该方法。执行一次性的初始化工作。提供 Bundle 参数，如果 Activity 之前是被冻结状态，其状态由 Bundle 提供。接受参数为 null 或由 onSaveInstanceState()方法保存的状态信息，其后调用 onStart()或 onRestart()方法。

（2） onStart()：当 Activity 对用户即将可见时调用。

（3） onResume()：用户可以开始与活动进行交互时会调用该方法。

注：在以上三个方法内，我们可以做一些活动界面的初始化，比如调用 setContentView()

来加载活动界面，调用一些存储数据来恢复上一次退出时的界面等。

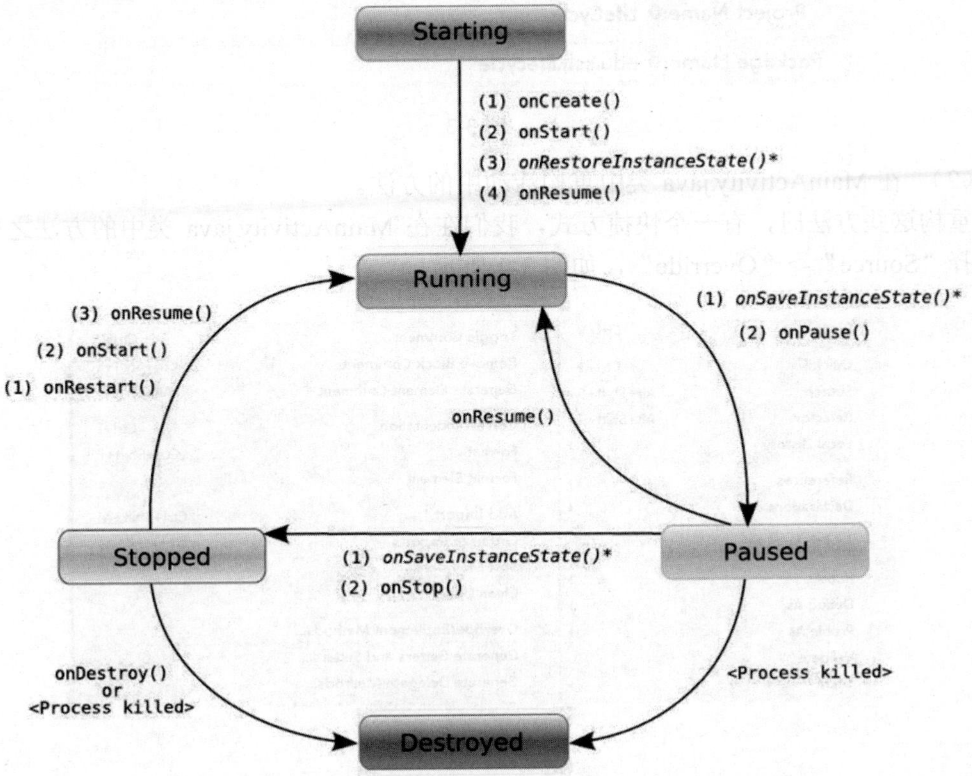

图 3-2

（4） onPause()：活动将进入后台时会运行该方法。

（5） onStop()：在一段时间内不需要某个活动时，调用该方法。

（6） onRestart()：将已处于停止状态的活动重新显示给用户。

（7） onDestroy()：销毁活动前调用该方法。如果内存不足，系统会终止进程，可能不需要调用该方法。

（8） onSaveInstanceState(Bundle)：调用该方法让活动可以保存每个实例的状态。

（9） onRestoreInstanceState(Bundle)：使用 onSaveInstanceState()方法保存的状态来重新初始化某个活动时调用该方法。

onSaveInstanceState(Bundle)和 onRestoreInstanceState(Bundle)有时在系统资源紧张时，不一定会被执行，故此在图 3-2 中打了*号。比如系统急需释放内存时，onSaveInstanceState (Bundle)可能就会被直接忽略掉了。

我们要观测这活动在这个过程的转化也很简单，使用 Log 类的 d(String tag,String text)方法，可以观察以上几个方法之间的调用顺序。

例：观测活动的生命周期转化。

（1） 新建一个项目，具体信息如图 3-3 所示。

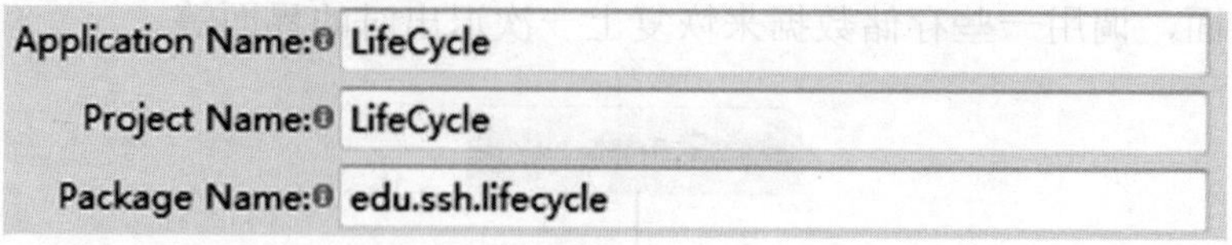

图 3-3

（2） 在 MainActivity.java 类中重构活动中的方法。

重构这些方法时，有一个快捷方式，我们在在 MainActivity.java 类中的方法之外，右击选择“Source”->“Override”，如图 3-4 所示。

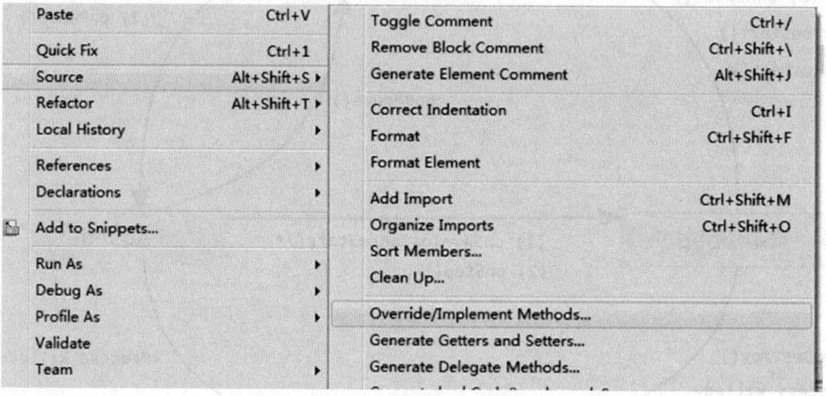

图 3-4

在弹出的对话框中选择 onStart()、onResume()等几种方法，如图 3-5 所示。

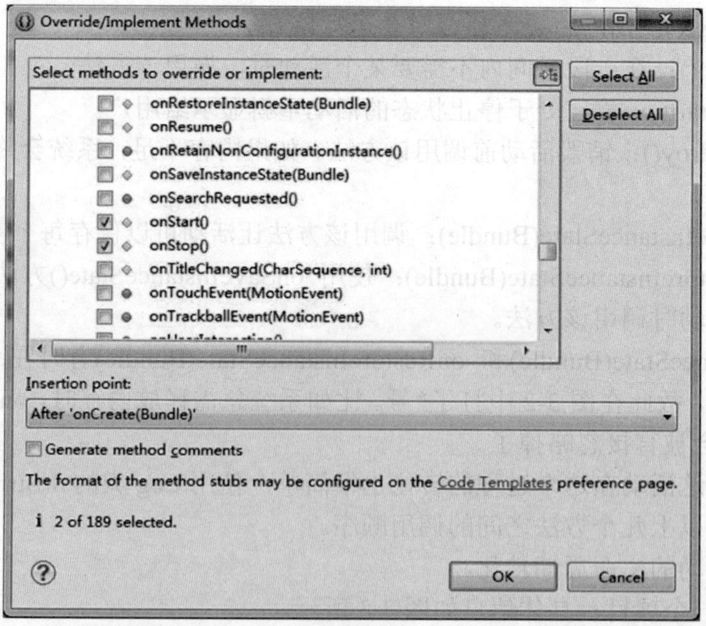

图 3-5

单击 OK 确定，则 MainActivity 中自动生成重构的方法，每个方法内添加 Log.d()方法，来观测什么时候调用。具体代码如下。

```
package edu.ssh.lifecycle;

import android.os.Bundle;
import android.app.Activity;
import android.util.Log;
import android.view.Menu;

public class MainActivity extends Activity {

    @Override
    protected void onCreate(Bundle savedInstanceState) {
        super.onCreate(savedInstanceState);
        setContentView(R.layout.activity_main);
        Log.d("life cycle","onCreate");
    }

   @Override
   protected void onDestroy() {
     // TODO Auto-generated method stub
     super.onDestroy();
     Log.d("life cycle","onDestroy");
   }

   @Override
   protected void onPause() {
     // TODO Auto-generated method stub
     super.onPause();
     Log.d("life cycle","onPause");
   }

   @Override
   protected void onRestart() {
     // TODO Auto-generated method stub
     super.onRestart();
     Log.d("life cycle","onRestart ");
   }

   @Override
   protected void onResume() {
     // TODO Auto-generated method stub
     super.onResume();
     Log.d("life cycle","onResume");
   }

   @Override
   protected void onStart() {
     // TODO Auto-generated method stub
```

```
        super.onStart();
        Log.d("life cycle","onStart");
    }

    @Override
    protected void onStop() {
        // TODO Auto-generated method stub
        super.onStop();
        Log.d("life cycle","onStop");
    }

}
```

（3） 运行测试生命周期转化过程。

第一次运行时，在 Eclipse 的 LogCat 中可以看到如图 3-6 所示的信息。

Application	Tag	Text
edu.ssh.lifecycle	life cycle	onCreate
edu.ssh.lifecycle	life cycle	onStart
edu.ssh.lifecycle	life cycle	onResume

图 3-6

这说明活动启动到可以与用户交互，这三个方法会被调用。其中，我们在 onCreate()方法中使用 setContentView()来加载活动界面。

此时，我们模拟来电，知道来电后其他应用程序都将暂停，模拟方法如下。

① 打开 Eclipse 的 DDMS，如图 3-7 所示。

选择 DDMS 中的 Emulator Control 标签，在 Incoming number 输入一个号码，单击 Call，如图 3-8 所示。

图 3-7

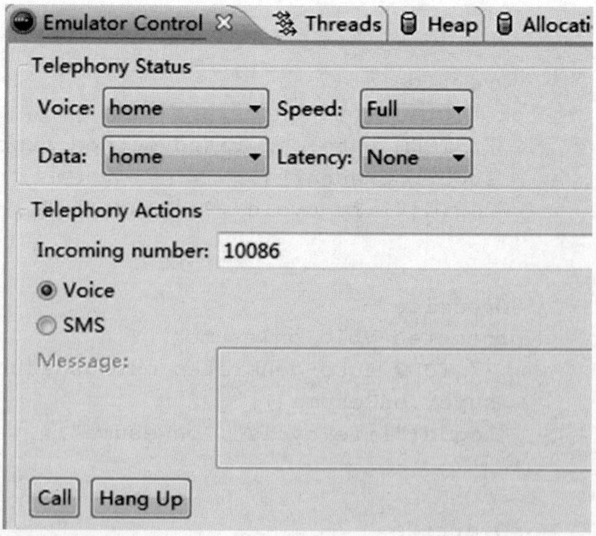

图 3-8

回到模拟器上，我们可以看到来电模拟，如图 3-9 所示。

图 3-9　来电模拟

再次查看 LogCat，可以看到图 3-10 所示的信息。

Application	Tag	Text
		oid.phone/.InCallScreen } f
edu.ssh.lifecycle	life cycle	onPause
com.android.phone	MediaPl...	Couldn't open file on clien
	MediaPl...	Couldn't open fd for conter
com.android.phone	InCallS...	onCreate()... this = com.a
com.android.phone	MediaPl...	Unable to to create media p
com.android.phone	Rington...	Failed to open ringtone cor
com.android.phone	dalvikvm	GC_EXTERNAL_ALLOC freed 26€
		sed 42ms
com.android.phone	dalvikvm	GC_EXTERNAL_ALLOC freed 50K
		ed 40ms
com.android.phone	Resourc...	getEntry failing because er
com.android.phone	dalvikvm	GC_EXTERNAL_ALLOC freed 24K
		ed 42ms
system_process	Activit...	Displayed com.android.phone
edu.ssh.lifecycle	life cycle	onStop

图 3-10

这说明应用程序的主活动调用了 onStop 方法，处于停止状态；在停止之前，调用了 onPause 方法。此时结束通话，应用程序又可以与用户交互。再查看 LogCat，可以看到图 3-11 所示的信息。

Application	Tag	Text
system_process	Activit...	moveTaskToBack: 5
edu.ssh.lifecycle	life cycle	onRestart
edu.ssh.lifecycle	life cycle	onStart
edu.ssh.lifecycle	life cycle	onResume

图 3-11

这说明应用程序经过了重启（onRestart），然后可以与用户交互。

我们模拟了活动生命周期的几个转化过程，还有一些过程的转化，在此就不再一一演示了，读者可在 ch3 的文件夹里找到 LifeCycle 项目，导入到 Eclipse 中自行模拟。

（1） 导入方法。

Eclipse 中“new project”在弹出的对话框中选择“Android Project from Existing Code”，如图 3-12 所示。

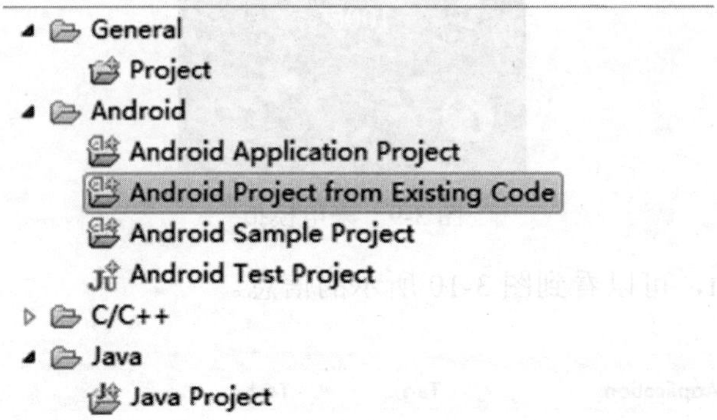

图 3-12

使用 activity 时注意以下问题：

当我们的活动在调用 onPause()时，如果用户需要保存数据，应该在此时保存。当然也可以使用 onSaveInstanceState(Bundle)来保存，但是该方法不是活动声明周期的必须方法，不能保证一定被调用。

保存的数据在调用 onCreate(Bundle) 可以重新载入。

当我们在一个应用程序里自己创建活动时，需要在 Androidmanifest.xml 文件中注册该活动，具体位置在<application></application>之间，代码如下。

```
<application>
<activity android:name=".Act2"></activity>
</application>
```

系统默认建立的 MainActivity 活动，系统已经自动注册了，无需人为注册。但是用户新建的活动类，需要注册。

Activity 类位于 android.app 包中，定义其子类需要在子类前使用“import android.app.Activity;”。

（2） 启动活动。

当无需返回数据时，使用 startActivity（intent）即可。

当需要在启动的子活动结束时给主活动返回数据时，使用 startActivityForResult(intent)来返回数据。子活动使用 setResult(RESULT_OK, intent) 返回数据。主活动使用 onActivityResult(int requestCode, int resultCode, Intent data) 来获得返回数据。

（3） 结束活动。

调用 Finish()方法即可。

新建活动的一般流程如下：

① 在 src 的用户定义的包下，右击选择“new”->“class”，用户自己命名该类，比如 MyActivity.java。

② 在 res/layout 文件夹下为该活动新建一个布局文件，比如 mylayout.xml，布局内容自定义。

③ 完成新建活动的活动界面调用。比如重构 onCreate()方法，在该方法内使用下面语句加载活动界面。

```
setContentView(R.layout.mylayout);
```

④ 在 AndroidMainfest.xml 文件中注册该活动，比如：

```
<activity android:name=".MyActivity"></activity>
```

3.1.3 项目任务——给游戏添加新的活动类

本例在第 2 章的基础上进行 PushBox 游戏，读者可以在光盘资料找到 code/ch2/PushBox_ch2 文件夹，然后使用 Eclipse 导入已有的 PushBox_ch2 项目即可。导入方法如下。

（1） 在 Eclipse 的 file 菜单中选择 New->Project，弹出如图 3-13 所示的对话框。

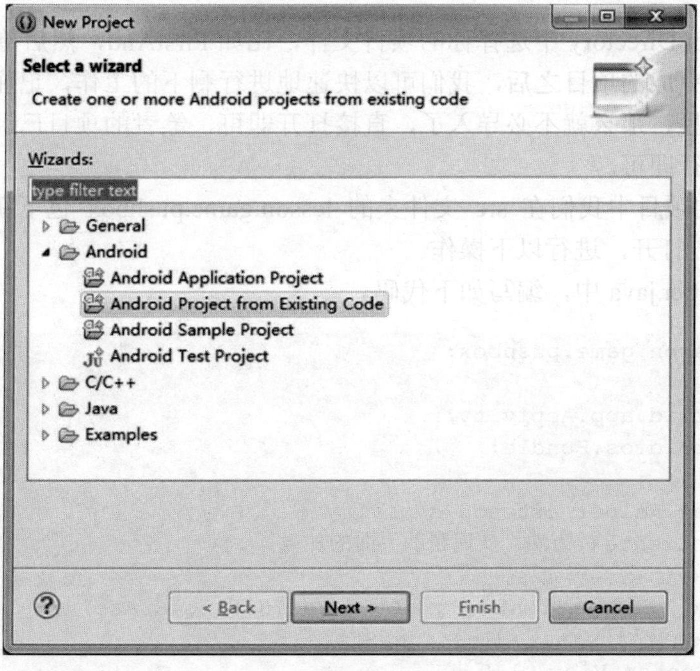

图 3-13

（2） 选择 Android Project from Exiting Code，单击 Next，如图 3-14 所示。

图 3-14

（3） 在 Root Directory 中选择你的项目文件，比如 FirstAnd，然后单击 Finish 即可。

导入第 2 章完成的项目之后，我们可以快速地进行剩下的工作，记住，如果你的项目已经在工作空间里，那么就不必导入了，直接打开即可，笔者的项目已经在工作空间，我们接着第 2 章进行即可。

在第 2 章的项目中我们在 src 文件夹的 lesson.game.pushbox 包下新建了一个类，叫 Helper.java，双击打开，进行以下操作。

（1） 在 Helper.java 中，编写如下代码。

```
package lesson.game.pushbox;

import android.app.Activity;
import android.os.Bundle;

public class Helper extends Activity {
   // 重构 onCreate()方法，实现帮助界面的加载
   @Override
   protected void onCreate(Bundle savedInstanceState) {
     super.onCreate(savedInstanceState);
/**使用 setContentView () 方法
 * 来加载定义在 res/layout 文件夹下的 help.xml 布局文件*/
     setContentView(R.layout.help);
   }

}
```

注意：

实际编程中，setContentView(R.layout.help)这一句会有错误，原因是 help 文件我们还没有定义，完成步骤（2）、（3）错误自然消失。

（2） 定义 string.xml 文件。

在 string.xml（位于 res/values 文件夹下）中添加一行代码：

```
<string name="help_content">PushBox is a classic game.\nYou need push the
box to the right place</string>
```

（3） 定义 help.xml 文件。

在 res/layout 文件夹下新建一个名为 help.xml 的文件（如果不会新建文件，请参考第 2 章的界面布局部分），该文件代码如下。

```
<?xml version="1.0" encoding="utf-8"?>
<LinearLayout xmlns:android="http://schemas.android.com/apk/res/android"
    android:layout_width="match_parent"
    android:layout_height="match_parent"
    android:orientation="vertical" >

<TextView
        android:id="@+id/textView1"
        android:layout_width="wrap_content"
        android:layout_height="wrap_content"
        android:text="@string/help_content" />

</LinearLayout>
```

（4） 在 AndroidManifest.xml 中注册活动组件。

如果不注册，就运行，然后选择 menu 中的 help 选项，会出现如图 3-15 所示的错误提示。

打开 AndroidManifest.xml，在底端选择 Application 选项卡，找到 Application Nodes 部分如图 3-16 所示。

图 3-15

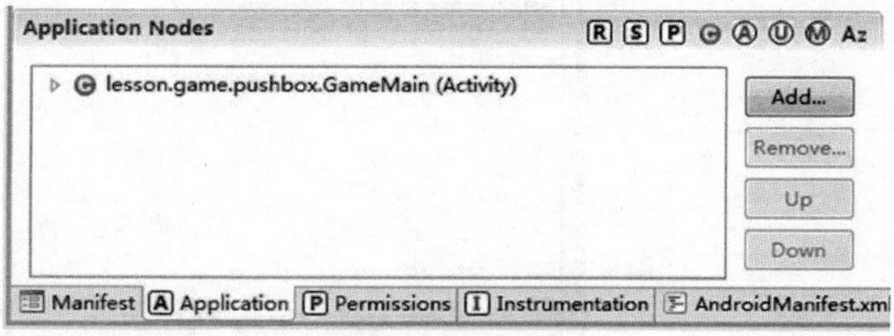

图 3-16

选择 Add 按钮，弹出如图 3-17 所示的内容。

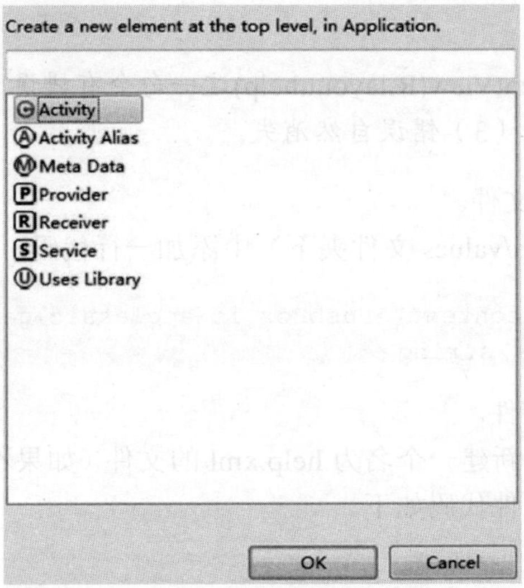

图 3-17

选择 Activity 单击 OK 按钮，出现如图 3-18 所示的效果。

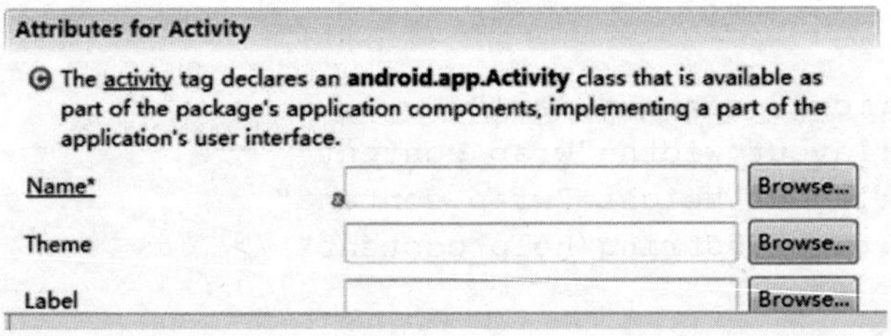

图 3-18

在 Attributes for Activity 中找到 Name，单击 Browse，弹出如图 3-19 所示的效果。

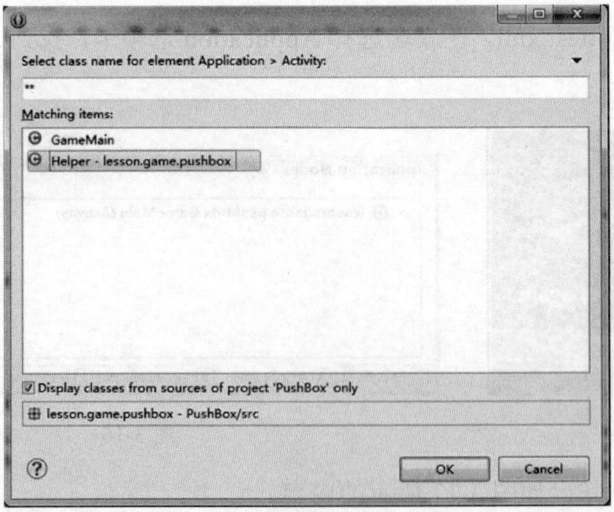

图 3-19

选择 Helper 单击 OK 按钮，保存，新建的活动 Helper.java 即可在 AndroidManifest.xml 中注册成功，以后我们将不会一步一步地进行可视化操作注册，其实我们直接切换到 AndroidManifest.xml 选项，可以看到经之前的注册操作，在<application></application>之间多了下面这行代码。

```
<activity android:name="Helper"></activity>
```

我们直接添加这行代码就不用进行上面的冗长操作了，添加位置如图 3-20 所示。

```
<application
    android:allowBackup="true"
    android:icon="@drawable/ic_launcher"
    android:label="@string/app_name" >
    <activity
        android:name="lesson.game.pushbox.GameMain"
        android:label="@string/app_name" >
        <intent-filter>
            <action android:name="android.intent.action.MAIN" />

            <category android:name="android.intent.category.LAUNCHER" />
        </intent-filter>
    </activity>
    <activity android:name="Helper"></activity>
</application>
```

Application | Permissions | Instrumentation | AndroidManifest.xml

图 3-20

运行项目，选择 menu 下的 help，将出现如图 3-21 所示的效果。

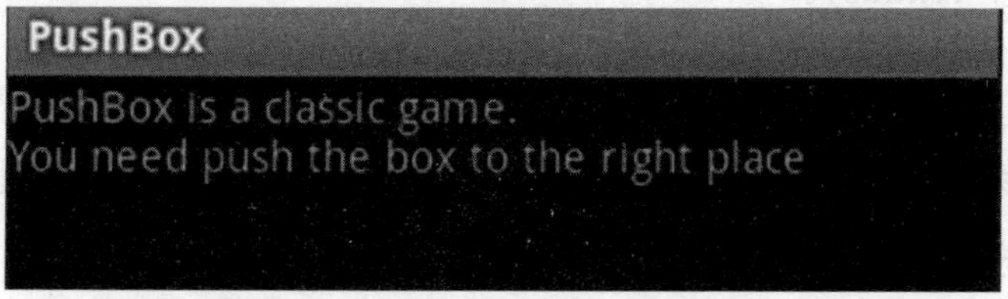

图 3-21

3.2　Intent 介绍

Intent 是连接应用程序的三个核心组件——Activity、Service 和 BroadcastReceiver 的桥梁。完成组件之间的调用，在组件之间传递信息。

3.2.1　学习目标

通过本节学习以下内容。

（1） Intent 的作用。

（2） Intent 分类。

（3） Intent 的具体应用。

3.2.2 相关知识

1. Intent 的定义

组件之间要交互时，需要执行一定的操作，Intent 负责对应用中操作的动作、动作涉及数据及附加数据进行描述。

Intent 本身是一个 Intent 类对象，Intent 类都定义在 android.content.Intent 中。

Intent 对象由组件名称、Action、Data、Category、Extra 及 Flag 六部分组成。

（1） 组件名称：要处理该 Intent 的组件名称。

设置组件名，该 intent 对象将被传递给组件名指定的类。

如果省略组件名，则在 Androidmanifest 中，通过使用 IntentFilter 来找与 Intent 最合适的组件。

setComponent()方法：设置组件名。

getComponent()方法：读取组件名。

（2） 行动（Action）：一个字符串，用于命名要采取的行动。

（3） 数据（Data）：执行动作要操作的数据，用指向数据的一个 URI 来表示。例如，指向某联系人的 URI 为：content://contacts/1。

（4） 类别（category）。

被执行动作的附加信息。

（5） 数据类型（type）。

强制指定数据的类型。

（6） 附加信息（extras）。

其他所有附加信息的集合。

（7） 标志（flag）。

指导 Android 系统启动一个 Activity 以及 Activity 启动后对其进行处理。

2. Intent 的分类

Intent 有直接意图（Explicit Intents）和间接意图（ Implicit Intents）两种方式。

（1） 直接意图。

指定了要调用的组件，一般用在应用程序的内部，或者明确知道组件的名，如：

```
Intent i = new Intent(this, ActivityTwo.class);
i.putExtra("Value1", "This value one for ActivityTwo ");
i.putExtra("Value2", "This value two ActivityTwo");
```

这里指明了执行操作由当前（this）到类 ActivityTwo，意图直接。

（2） 间接意图。

没有指定具体组件，这些 Intent 包含足够的信息，系统根据这些信息，在所有的可用组件中，确定满足此 Intent 的组件。

```
Intent i =
new Intent(Intent.ACTION_VIEW, Uri.parse("http://developer.android.com"));
startActivity(i);
```

这里没有具体指明由谁来查看这个网址，怎么办呢？Android 系统就查找每一个应用程序的 AndroidManifest.xml 文件，看哪个 Intentfilter 注册了这个执行能力。

3. Intent 过滤器

活动、服务、广播接受者为了告知系统能够处理哪些间接意图，它们使用意图过滤器（Intent filter）。

每个过滤器描述了该组件的能力，指明了能够接收哪些意图、过滤哪些意图（这些意图一般是间接的，直接意图带有明确）。

过滤时依靠三个条件，即动作（action）、类型（category）和数据（data）。数据包含数据类型（data type）、数据格式（data scheme）、数据权限（data authority）、路径（data path）。

Intent 过滤器在 manifest 文件中进行声明。格式如图 3-22 所示。

```
<activity android:name=".ActivityMain"
        android:label="@string/app_name">
    <intent-filter>
        <action android:name="android.intent.action.MAIN" />
        <category android:name="android.intent.category.LAUNCHER" />
    </intent-filter>
</activity>
```

图 3-22

4. 利用 Inter 传递动作和数据

向 Intent 中加入数据时使用的 putExtra()。这些数据以键值对(key/value)的形式出现。Key 是 String 类型，value 可以是 int，string 等多种类型。

接收者通过 getAction()方法可以得到动作，通过 getData()方法可以得到数据，通过 getIntent()方法可以检索原始 Intent（以便获得数据），具体代码如下：

```
Bundle bunde = this.getIntent().getExtras();
```

例：传递与接收数据。

（1） 传送数据。

```
Intent intent = new Intent(Intent.ACTION_SEND);
intent.setType("text/plain");
intent.putExtra(android.content.Intent.EXTRA_TEXT, "News for you!");
startActivity(intent);
```

（2） 应用程序接收数据。

```
Bundle extras = getIntent().getExtras();
if (extras == null) {
    return;
    }
// Get data via the key
String value1 = extras.getString(Intent.EXTRA_TEXT);
if (value1 != null) {
```

```
    // Do something with the data
}
```

5. 使用 Intent 启动活动、服务组件

（1） 启动活动。

① 启动新活动，在现有组件使用 startActivity(Intent)，如果返回原活动还需要使用该方法。

② 启动新活动，并向原组件返回数据时，在原活动中使用 startActivityForResult() 获得返回数据。这样新活动也叫子活动（Sub-Activity）。

当子活动结束时（finish()被调用时），它使用 setResult(RESULT_OK, intent)向原活动传递数据。

当子活动结束（finished），原活动可以调用 onActivityResult()获得子活动返回的数据。

（2） 启动服务。

StartService();

例 1：直接意图（ch3 文件夹下的 ExplicitIntents）。

① 新建一个 Android 项目，具体信息如图 3-23 所示。

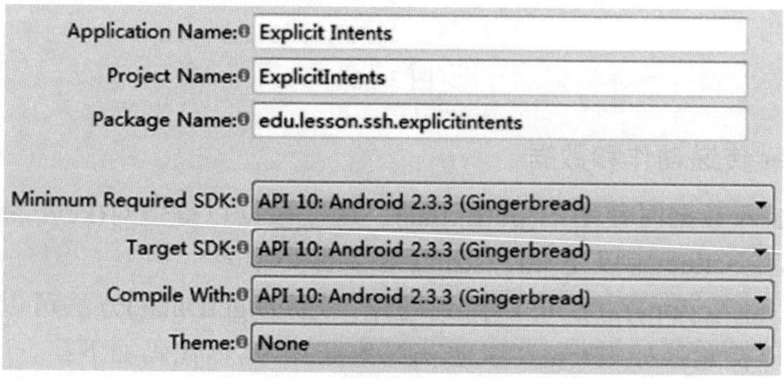

图 3-23

② 将 MainActivity 活动布局 main_activity.xml 文件夹的具体代码修改如下。

```
<LinearLayout xmlns:android="http://schemas.android.com/apk/res/android"
   android:layout_width="fill_parent"
   android:layout_height="fill_parent"
   android:orientation="vertical" >
<Button
      android:id="@+id/button1"
      android:layout_width="wrap_content"
      android:layout_height="wrap_content"
      android:text="say hi to Act2"
      android:onClick="onClick" />
</LinearLayout>
```

③ 新建布局文件 act2_layout.xml。

在 res/layout 文件夹上右击选择“new”->“other”，弹出如图 3-24 所示的对话框。

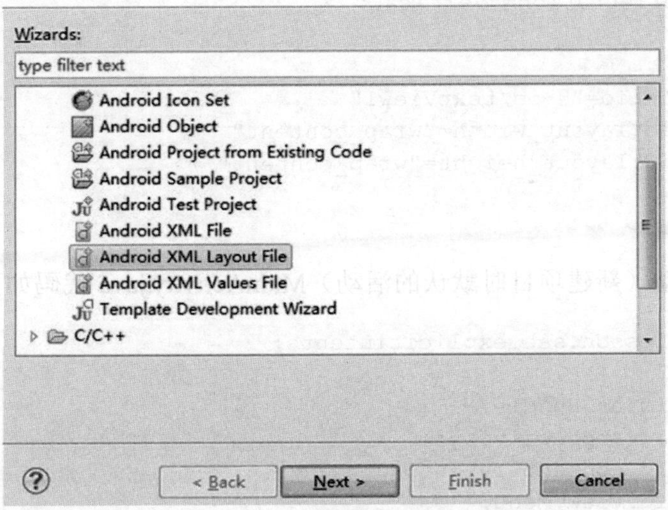

图 3-24

在对话框中选择 Android XML Layout File，单击 Next，出现如图 3-25 所示的界面。

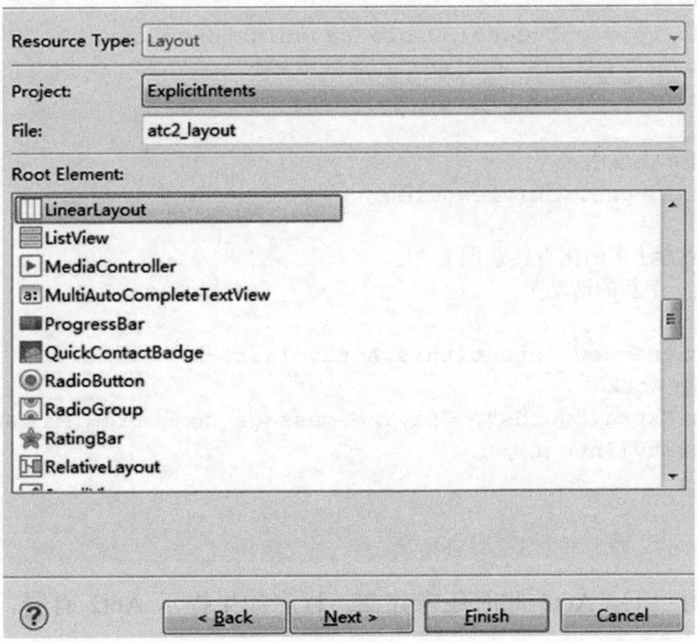

图 3-25

File 的名字写好后，在 RootElement 的选项卡选择 LinearLayout，单击 Finish。

打开新建的 act2_layout.xml，将其代码修改如下。

```
<?xml version="1.0" encoding="utf-8"?>
<LinearLayout xmlns:android="http://schemas.android.com/apk/res/android"
    android:layout_width="match_parent"
    android:layout_height="match_parent"
```

```
    android:orientation="vertical" >

    <TextView
        android:id="@+id/textView1"
        android:layout_width="wrap_content"
        android:layout_height="wrap_content" />

    </LinearLayout>
```

④ 修改主活动（新建项目时默认的活动）MainActivity.java 代码如下。

```
package edu.lesson.ssh.explicitintents;

import android.os.Bundle;
import android.app.Activity;
import android.content.Intent;
import android.view.Menu;
import android.view.View;

public class MainActivity extends Activity {

    @Override
    protected void onCreate(Bundle savedInstanceState) {
        super.onCreate(savedInstanceState);
        setContentView(R.layout.activity_main);
    }
    //响应按钮单击事件
    public void onClick(View view)
    {
   /**使用构造方法实例化直接意图
    * Act2是一个新的活动类
    * */
   Intent intent=new Intent(this,Act2.class);
   //传递数据给Act2
   intent.putExtra("words", "hi,The message come from MainActivity");
   startActivity(intent);
    }

}
```

这里需要说明一下，Act2 此时还未建立，程序如果提示 Act2 有错，请不用担心，直接做下一步。

⑤ 建立新活动 Act2.java 接收数据。

在 src 的包上(本例的包名为 edu.lesson.ssh.explicitintents)右击选择“new”-> “class”，弹出如图 3-26 所示的效果。

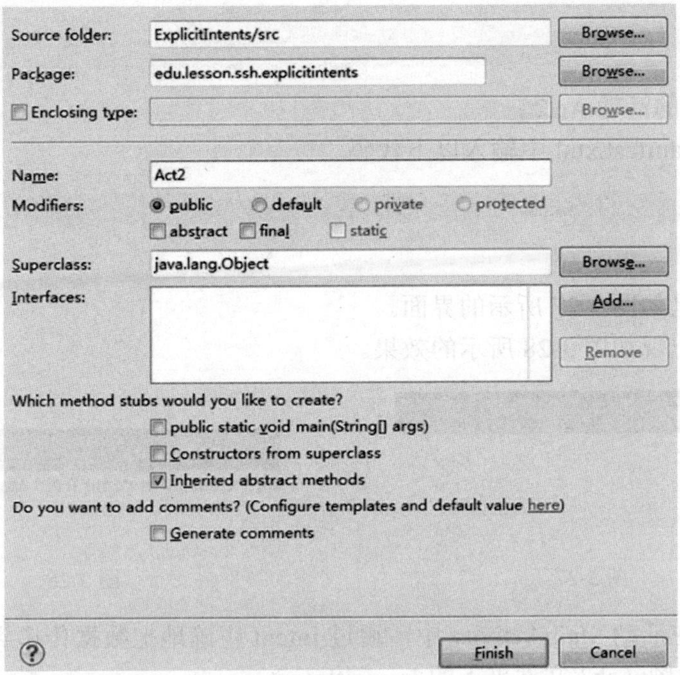

图 3-26

在弹出的对话框的 Name 处写上 Act2，单击 Finish 即可。

打开新建的 Act2，将其代码修改如下。

```
package edu.lesson.ssh.explicitintents;

import android.app.Activity;
import android.os.Bundle;
import android.widget.TextView;

public class Act2 extends Activity{

   @Override
   protected void onCreate(Bundle savedInstanceState) {
      // TODO Auto-generated method stub
      super.onCreate(savedInstanceState);
      //加载活动界面
      setContentView(R.layout.act2_layout);
      /**实例化 tv
       * findViewById()方法返回的是视图中的一个 View 实例
       * 使用(TextView)进行转型，Java 中的向下转型
       * */
      TextView tv=(TextView)findViewById(R.id.textView1);
      /**通过 MainActivty 传递过来的关键词 words
       * 接收 Intent 实例传递过来的数据*/
      String s=this.getIntent().getExtras().getString("words");
      //在 tv 中显示接收的数据
      tv.setText(s);
```

```
    }
}
```

⑥ 注册新建的活动 Act2。

在 AndroidManifest.xml 中输入以下代码。

```
<activity android:name=".Act2"></activity>
```

⑦ 运行。

首先看到的是如图 3-27 所示的界面。

单击按钮，出现如图 3-28 所示的效果。

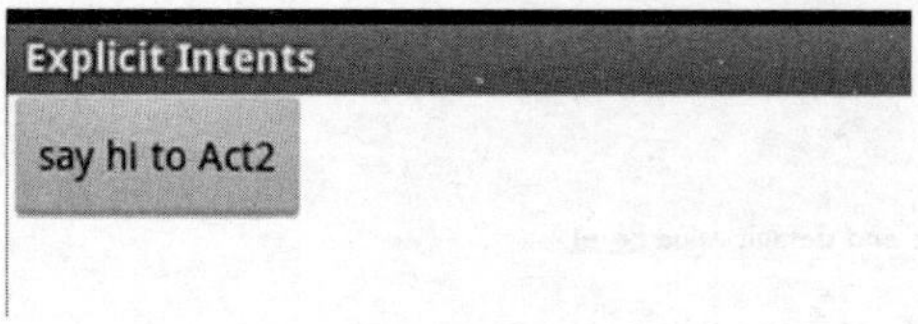

图 3-27

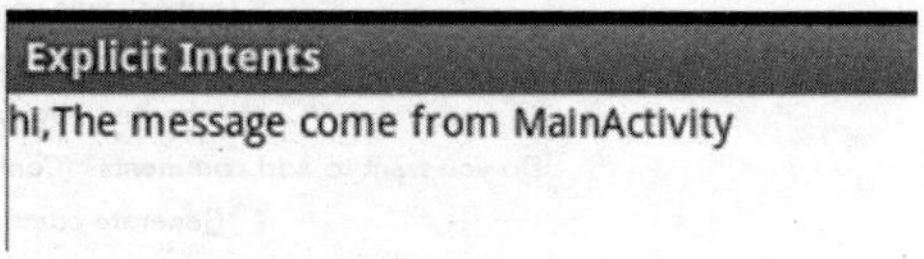

图 3-28

这说明我们在活动 MainActivity 中，通过 Intent 正确地把数据传递到 Act2 中。

例 2：间接意图（ch3 文件夹下的 ImpicitIntent）。

① 项目的基本信息，如图 3-29 所示。

图 3-29

② 主活动的界面布局文件（activity_main.xml）的具体代码如下。

```
<LinearLayout xmlns:android="http://schemas.android.com/apk/res/android"
   android:layout_width="fill_parent"
   android:layout_height="fill_parent"
   android:orientation="vertical" >

<Button
      android:id="@+id/button1"
      android:layout_width="wrap_content"
      android:layout_height="wrap_content"
      android:text="baidu"
      android:onClick="onClick" />

</LinearLayout>
```

③ 修改 MainActivity 的代码如下。

```
package edu.lesson.ssh.impicitintent;

import android.net.Uri;
import android.os.Bundle;
import android.app.Activity;
import android.content.Intent;
import android.view.Menu;
import android.view.View;

public class MainActivity extends Activity {

    @Override
    protected void onCreate(Bundle savedInstanceState) {
        super.onCreate(savedInstanceState);
        setContentView(R.layout.activity_main);
    }
    //响应用户的单击事件
   public void onClick(View view)
   {
      /**
       * 和直接意图的定义相比，使用的构造方法不同
       * 使用 Uri 类来设置网址
       * 这里没有给出具体的应用程序来接收 Intent
       * 但是Android系统会根据IntentFilter来解析哪些应用程序能够响应ACTION_VIEW
       * 且能够接收 http://数据格式，然后把这些应用程序提供给用户供用户选择，比如
       * 给你一个弹出对话框问你使用谷歌浏览器还是 360 浏览器还是 UC 等
       * */
      Intent intent = new Intent(Intent.ACTION_VIEW,Uri.parse("http://www.
baidu.com"));
      startActivity(intent);
      //这一步做完一定要在 Androidmanifest.xml 中注册网络使用权限

   }

}
```

④ 在 AndroidManifest.xml 中注册使用权限，输入以下内容：

```
<uses-permission android:name="android.permission.INTERNET"/>
```

具体位置如图 3-30 所示。

```
<uses-sdk
    android:minSdkVersion="10"
    android:targetSdkVersion="10" />
<uses-permission android:name="android.permission.INTERNET"/>

<application
    android:allowBackup="true"
```

图 3-30

⑤ 运行测试。

运行后得到如图 3-31 所示的界面。

单击 baidu 按钮，Android 系统使用默认浏览器打开了百度网站，出现如图 3-32 所示的效果。

图 3-31

图 3-32

6. 其他

利用意图我们还可以打电话、发短信等，具体代码分别如下。

① 浏览网页。

```
intent =new Intent(Intent.ACTION_VIEW,Uri.parse("http://developer.android.com"));
```

② 打电话。

```
intent = new Intent(Intent.ACTION_CALL, Uri.parse("tel:(+86)10086"));
```

③ 拨号。

```
intent = new Intent(Intent.ACTION_DIAL, Uri.parse("tel:(+86)10086"));
```

④ 写短信。

```
intent = new Intent(Intent.ACTION_VIEW);
intent.putExtra("sms_body", "The SMS text");
intent.setType("vnd.android-dir/mms-sms");
```

⑤ 发短信。

```
intent = new Intent(Intent.ACTION_SENDTO, Uri.parse("smsto:10086"));
intent.putExtra("sms_body", "The sms message");
```

⑥ 启动照相机。

```
intent = new Intent("android.media.action.IMAGE_CAPTURE");
```

不过读者要注意，在使用时，都要注册一定的使用权限，下面是一些常用的权限：

① 上网权限。

```
<uses-permission android:name="android.permission.INTERNET"/>
```

② 使用照相机权限。

```
<uses-permission android:name="android.permission.CAMERA"/>
```

③ 发短信权限。

```
<uses-permission android:name="android.permission.SEND_SMS"/>
```

④ 打电话权限。

```
<uses-permission android:name="android.permission.CALL_PHONE"/>
```

⑤ 写短信权限。

```
<uses-permission android:name="android.permission.WRITE_SMS"/>
```

想了解更多权限请读者在官网上或者根据应用程序提示进行查找。

3.2.3 项目任务——实现游戏界面之间的跳转

在 2.4.3 节中我们可以看到，当用户单击 Menu 键时，可以跳转到音乐设置和帮助界面，该功能使用到下面的关键代码。

```
switch(item.getItemId())
{
   case R.id.music:
     Intent intent1=new Intent(GameMain.this,Music.class);
     startActivity(intent1);
     break;
   case R.id.help:
     Intent intent2=new Intent(GameMain.this,Helper.class);
     startActivity(intent2);
}
```

其中 Intent intent1=new Intent(GameMain.this,Music.class)的功能是定义一个直接意图。tartActivity(intent1)，是使用意图启动新的活动。

利用这个思路我们将在 3.3.3 节中使用直接意图建立音乐设置界面。

3.3 在游戏中使用服务

服务是 Android 系统的重要组件之一，它在后台长时间运行且与用户无交互界面，但它可以与其他组件交互，可以进程间通信（interprocess communication）。比如服务可以处理网络传输、播放音乐、接口操作、与内容提供者交互等。长时间运行在后台的，都是服务组件。本节主要介绍服务的创建与使用。

3.3.1 学习目标

通过本节学习以下内容。

（1） 服务的生命周期。

（2） 服务的使用。

3.3.2 相关知识

服务开始有启动（started）和绑定（bound）两种方式，无论哪种方式我们都需要使用意图（Intent）来传递信息。

当使用 startService()方法调用时服务，称之为启动服务。服务启动后一直运行（即使启动它的活动生命周期已经结束），需要一定的方法销毁（stopService()）。被启动的服务完成独自的操作，对调用者来说没有返回结果。

当应用程序调用 bindService()方法时，称之为绑定。绑定的服务提供客户端服务接口，允许启动它的组件与之交互，比如发送请求、得到请求，还可能使用进程间通信来完成跨进程操作。多个组件可以绑定一个服务，当所有的组件解绑后，这个服务结束。

服务和活动一样，使用时需要在 Androidmanifest.xml 中注册。

```
<application>
        <service  android:name=".Activity2"></service>
  </application>
```

Service 的生命周期（如图 3-33 所示）并不像 Activity 那么复杂，它继承了 onCreate()、onStart()、onDestroy()三个方法。

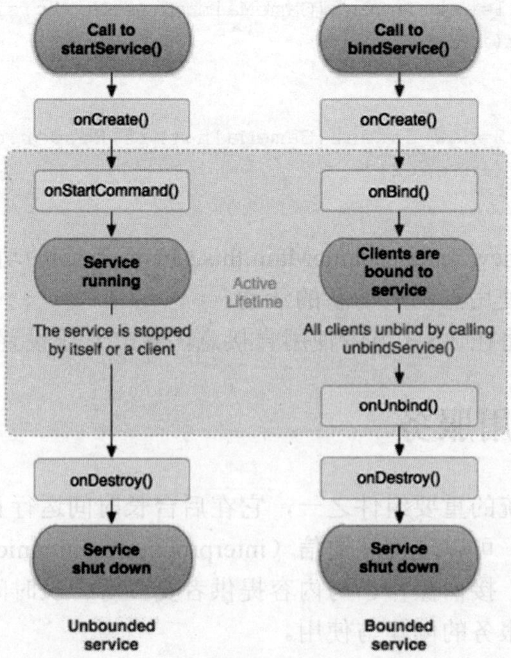

图 3-33

当我们第一次启动 Service 时，先后调用了 onCreate()、onStart()这两个方法；当停止 Service 时，则执行 onDestroy()方法。

这里需要注意的是，如果 Service 已经启动了，当我们再次启动 Service 时，不会再执行 onCreate()方法，而是直接执行 onStart()方法。

它可以通过 Service.stopSelf()方法或者 Service.stopSelfResult()方法来停止自己，只要调用一次 stopService()方法便可以停止服务，无论该服务被启动了多少次。

如何启动一个服务呢？可以使用 startService()或 bindService()，用 Intent 传递意图。

服务的使用，我们通过一个例子来学习。

例：音乐播放（ch3 文件夹下的 ServiceTest）。

（1） 新建一个项目，信息如图 3-34 所示。

图 3-34

（2） 把活动的布局文件（res/layout/activity_main.xml）中代码修改如下。

```
<LinearLayout xmlns:android="http://schemas.android.com/apk/res/android"
   android:layout_width="fill_parent"
   android:layout_height="fill_parent"
   android:orientation="vertical" >

<Button
      android:id="@+id/button1"
      android:layout_width="wrap_content"
      android:layout_height="wrap_content"
      android:text="play"
      android:onClick="onClick" />

<Button
      android:id="@+id/button2"
      android:layout_width="wrap_content"
      android:layout_height="wrap_content"
      android:text="stop"
      android:onClick="onClick" />

</LinearLayout>
```

（3） 新建 raw 文件夹，保存音频。

在 res 文件夹上右击选择“new”->“folder”，命名为 raw 文件夹，然后把音乐复制到该文件夹内。本例音乐名字为 bg.mp3（一首背景音乐），如图 3-35 所示。

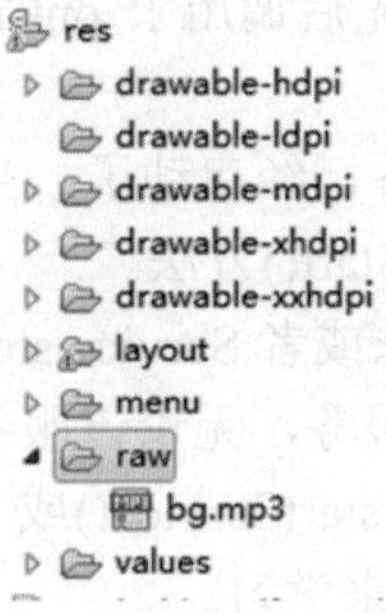

图 3-35

（4） 新建一个服务类，命名为 MusicServer。

在默认的包上，右击选择“new”->“class”，命名为 MusicServer，然后把代码修改如下。

```
package edu.lesson.ssh.servicetest;

import android.app.Service;
import android.content.Intent;
import android.media.MediaPlayer;
import android.os.IBinder;

public class MusicServer extends Service{
   //定义 MediaPlayer 类，随后实例化
   MediaPlayer mp=null;
   //该方法是一个抽象方法，必须重构，尽管我们在里面什么也没做
   @Override
   public IBinder onBind(Intent arg0) {
     // TODO Auto-generated method stub
     return null;
   }
   /**
    * 当用户单击 play 时候将启动 MusicServer 服务
    * 服务启动，服务生命周期中的 onStart()方法将被执行
    * 在该方法内，我们实例化 mp，并播放音乐
    * */

   @Override
   public void onStart(Intent intent, int startId) {
     // TODO Auto-generated method stub
     super.onStart(intent, startId);
     if(mp!=null)
          mp=null;
     mp=MediaPlayer.create(this, R.raw.bg);
     mp.start();
   }
   /**
    * 当用户单击 stop 时候将结束 MusicServer 服务
```

```
     * 服务结束，服务生命周期中的 onDestroy()方法将被执行
     * 在该方法内，我们结束播放音乐
     * */

    @Override
    public void onDestroy() {
      // TODO Auto-generated method stub
      super.onDestroy();
      mp.stop();
    }
}
```

(5) 注册服务。

新建的服务也需要在 AndroidManifest.xml 文件中声明，具体代码如下。

```
<service android:name="MusicServer"></service>
```

添加的位置和新活动一样，在<application></application>标签内。

(6) 修改主活动 MainActivity。

```
package edu.lesson.ssh.servicetest;

import android.os.Bundle;
import android.app.Activity;
import android.content.Intent;
import android.view.Menu;
import android.view.View;

public class MainActivity extends Activity {

    @Override
    protected void onCreate(Bundle savedInstanceState) {
        super.onCreate(savedInstanceState);
        setContentView(R.layout.activity_main);
    }

    public void onClick(View view)
    {
   //定义直接意图
   Intent intent=new Intent(this,MusicServer.class);
   switch(view.getId())
   {
   /**
    * 当用户单击 play 按钮时，使用意图来传递信息
    * 使用服务的启动方式（调用 startService（）方法）来启动服务
    * */
   case R.id.button1:
     startService(intent);
     break;
     /**
```

```
        * 当用户单击 stop 按钮时，使用意图来传递信息
        * 使用服务的启动方式（调用 stopService（）方法）来结束服务
        * */
      case R.id.button2:
        stopService(intent);
        break;
      }
     }
}
```

（7） 运行，效果如图 3-36 所示。

图 3-36

单击 play 按钮可以听到音乐播放，单击 stop 可以停止音乐的播放。

我们从本例不难发现以下几个要点：

① 自己建立服务类需要集成 Service 类。

② 建立的服务类需要完成 onBind()抽象方法的重构。

③ 服务也有生命周期，我们可以在周期的某个时段编写自己的程序。

④ 启动服务可以使用 startService（intent）、结束服务使用 stopService(intent)。

另外，本章提到的 MediaPlayer 类将在本书的第 4 章介绍。

3.3.3 项目任务——在游戏中使用服务类

下面我们在推箱子游戏中使用服务类，达到播放背景音乐的目的。

启动游戏后，用户单击 Menu 键，想要得到如图 3-37 所示的效果，并可进行相关设置。

用户选择 Music Setting 时出现如图 3-38 所示的界面，设置游戏运行中背景音乐是否响起。

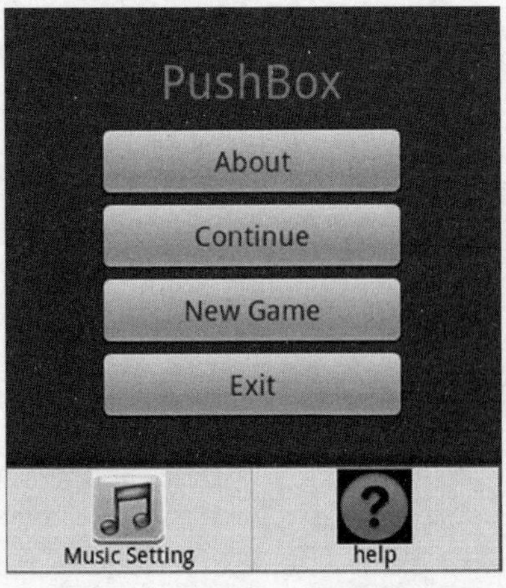

图 3-37

图 3-38

要实现上面所描述的效果具体步骤如下（注意：每次的任务都是在前面任务的基础上进行的）。

（1）　定义字符串，在 string.xml 文件中添加如下内容。

```
<string name="music_key">music</string>
<string name="music_title">Music Setting</string>
<string name="music_on">Music on</string>
<string name="music_off">Music off</string>
```

（2）　定义音乐设置的布局文件 music_setting.xml。

在 res 文件夹上右击，新建一个文件夹名为 XML，然后在 XML 文件夹上右击 new->other->Android XML File，单击 Next，弹出如图 3-39 对话框。

图 3-39

在弹出的对话框中注意以下几个问题。

Resource Type：Preference

File：music_setting

Root Element:PreferenceScreen

单击 Finish 完成 music_setting.xml 的文件基本建立，然后打开该文件，会看到如下内容：

```
<?xml version="1.0" encoding="utf-8"?>
<PreferenceScreen
xmlns:android="http://schemas.android.com/apk/res/android" >
</PreferenceScreen>
```

然后将其代码修改为以下内容。

```
<?xml version="1.0" encoding="utf-8"?>
<PreferenceScreen
xmlns:android="http://schemas.android.com/apk/res/android" >

<CheckBoxPreference
      android:key="@string/music_key"
      android:summaryOff="@string/music_off"
      android:summaryOn="@string/music_on"
      android:title="@string/music_title" />

</PreferenceScreen>
```

这里添加了一个 CheckBoxPreference，下面解释每个属性的含义。

android:key 的作用是方便存储用户的选择内容，比如用户选中的时候为 true，取消选择时值为 false，那么我们怎么保存这个用户选择值呢，我们会命名一个字段，这个字段名就相当于这个 key，随后我们会根据这个来读取存储的值。

android:summaryOff 是指用户不选择该项时，显示的内容，比如音乐关闭，未选中该项等内容，这个内容我们在 string.xml 中已经定义好，在此引用即可。

android:summaryOn 是指用户选择该项时，显示的内容。

android:title 是指该选择项的名称，比如叫 Music Setting 等，当然也应该提前定义好字符串。

（3） 改写 Music.java 类，具体代码如下。

```
package lesson.game.pushbox;

import android.os.Bundle;
import android.preference.PreferenceActivity;

public class Music extends PreferenceActivity{

  @Override
  protected void onCreate(Bundle savedInstanceState) {
    // TODO Auto-generated method stub
    super.onCreate(savedInstanceState);
    addPreferencesFromResource(R.xml.music_setting);
  }

}
```

该类继承 PreferenceActivity 类，在 onCreate()方法中使用 addPreferencesFromResource()方法来加载刚才定义的活动界面（这里仅仅介绍了 PreferenceActivity 的简单应用，详细内容，读者可到网上搜索它的使用方法，本教材不做过多介绍）。

（4） 注册 Music.java。

打开 AndroidManifest.xml 文件，然后在<application>和</application>之间添加如下代码。

```
<activity android:name="Music"></activity>
```

运行后，单击 Menu 键，选择 Music Setting 项，会出现如图 3-40 所示的效果。

图 3-40

此时的效果与本节的开始展示效果不同，需要改进。

打开 AndroidManifest.xml，把<activity android:name="Music"></activity>变为下面的内容。

```
<activityandroid:name="Music" android:theme="@android:style/Theme.Dialog">
</activity>
```

可以看到在这个项目中我们运用了系统已经定义的主题样式 Dialog，保存、运行，即可看到如图 3-41 所示的效果。

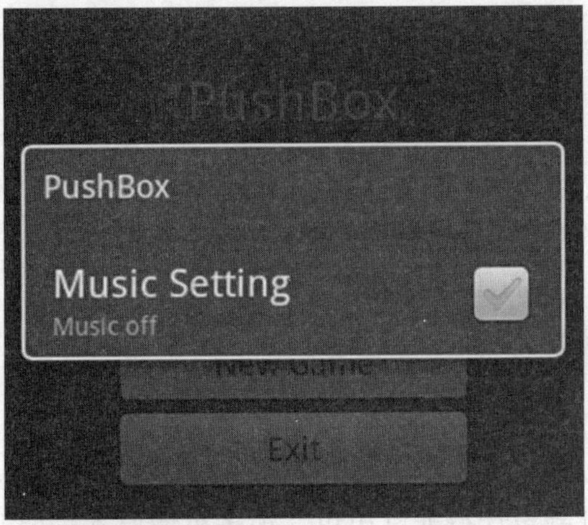

图 3-41

可以看到，界面是以对话框的形式出现的。

（5） 编写方法，判断用户是否需要播放音乐。

在 Music.java 中，添加 isMusicChecked()方法，使得 Music.java 内容变为：

```
package lesson.game.pushbox;

import android.content.Context;
import android.os.Bundle;
import android.preference.PreferenceActivity;
import android.preference.PreferenceManager;

public class Music extends PreferenceActivity {
```

```
    @Override
    protected void onCreate(Bundle savedInstanceState) {
      // TODO Auto-generated method stub
      super.onCreate(savedInstanceState);
      addPreferencesFromResource(R.xml.music_setting);
    }

    /**
     * 改方法主要是判断用户是否勾选了 Music Setting 选项。
     * 如果勾选了，则 music(key)对应的存储值为 true，否则为 false
     * 我们使用 PreferenceManager.getDefaultSharedPreferences(context)来返回
一个 SharedPreferences 实例
     * 然后使用 SharedPreferences 中的 getBoolean () 方法来取得 key(music)中的值，
该方法中有两个参数
     * 第一个参数 music 为 key，如果存储的有值，则返回该值（可能为 true，也可能为 false）
     * 第二个参数是默认值，当我们使用 music 这个 key 去存储空间取值时，有可能不成功，如不
成功则使用该默认值，在此设置为 true
     * */
    public static boolean isMusicChecked(Context context) {
      return PreferenceManager.getDefaultSharedPreferences(context)
              .getBoolean("music", true);
    }

}
```

代码中已经对 isMusicChecked()方法进行了详细的注释，在此给读者留个问题：以 music 为 key 存储的值在手机的哪个位置呢？答案将在第 5 章揭晓。

背景音乐到目前为止我们还不能播放。音乐的播放需要读者对多媒体进行一些了解，故把该功能安排在第 4 章内实现。

3.4 BroadcastReceiver 介绍

Android 中的广播机制设计得非常出色，很多事情原本需要开发者亲自操作的，现在只需等待广播告知自己就可以了，大大减少了开发的工作量和开发周期。而作为应用开发者，就需要熟练掌握 Android 系统提供的一个开发利器，那就是 BroadcastReceiver。

3.4.1 学习目标

通过本节学习以下内容。

BroadcastReceiver 的实际应用。

3.4.2 相关知识

Android 系统中有一些重要的信息需要通知到应用程序，比如电量的变化、网络的变化等，这些变化需要及时地让应用程序知道。当这些变化产生时，Android 系统会及时的给出通知，应用程序需要一定的机制来接收这些通知。Android 系统中，这些通知可以使用 Intent 来传播，而应用程序可以使用 Broadcast receiver 类来接收这些信息。

一个 Broadcast receiver 只有一个简单的回调函数：onReceive(Context curContext, Intent broadcastMsg)。当一个广播消息被 Receiver 监听到时，Android 会调用它的 onReceive()方法，并将包含消息的 Intent 对象传给它。onReceive 中代码的执行时间不要超过 5s，否则 Android 会弹出超时 dialog。此时是否另开一个线程来处理耗时的操作呢？

Receiver 只在 onReceive 方法执行时是激活状态，只要 onReceive 一返回，Receiver 就不再是激活状态了。Receiver 进程是被一个激活状态的 broadcast receiver 所保护而不被系统终止的，一旦 onReceive 返回，Receiver 进程 broadcast receiver 所保护而变为一个空进程，空进程是可以在任意时刻被终止的。这就带来一个问题：当响应一个广播信息的处理十分耗时的时候，那么就应该把这个处理放在一个单独的线程里去执行，来保证主线程里的其他用户交互组件能够继续运行，而一旦这么做，当 onReceive()唤起一个线程后就会马上返回，这时就会把 Receiver 进程放到被终止的境地。解决这个问题的方案是在 onReceive()里开始一个 Service，让这个 Service 去做这件事情，那么系统就会认为这个进程里还有活动正在进行。

下面通过一个例子来讲解 BroadcastReceiver 的使用（详见光盘 code/ch3 文件夹中的项目 BroadCastTest）。

（1） 首先，我们来演示一下创建一个 BroadcastReceiver，并让这个 BroadcastReceiver 能够根据我们的需要来运行。

要创建自己的 BroadcastReceiver 对象，需要继承 android.content.BroadcastReceiver，并实现其 onReceive 方法。下面就创建一个名为 MyReceiver 广播接收者，具体代码如下。

```
package lesson.broadcasttest;

import android.content.BroadcastReceiver;
import android.content.Context;
import android.content.Intent;
import android.util.Log;

public class MyReceiver extends BroadcastReceiver {
  private static final String TAG = "MyReceiver";

  @Override
  public void onReceive(Context context, Intent intent) {
    String msg = intent.getStringExtra("msg");
    Log.i(TAG, msg);
  }
}
```

在 onReceive 方法内，我们可以获取随广播而来的 Intent 中的数据，这非常重要，就像无线电一样，包含很多有用的信息。

（2） 注册广播地址。

在创建完我们的 BroadcastReceiver 之后，还不能够使它进入工作状态，我们需要为它注册一个指定的广播地址。没有注册广播地址的 BroadcastReceiver 就像一个缺少选台按钮的收音机，虽然功能俱备，但也无法收到电台的信号。下面我们就来介绍一下如何为

BroadcastReceiver 注册广播地址。

BroadcastReceiver 注册广播地址的方法有静态注册和动态注册两种。

① 静态注册。

静态注册是在 AndroidManifest.xml 文件中配置的，为 MyReceiver 注册一个广播地址的代码如下。

```
<receiver android:name="MyReceiver">
<intent-filter>
<action android:name="android.intent.action.MY_BROADCAST"/>
<category android:name="android.intent.category.DEFAULT"/>
</intent-filter>
</receiver>
```

配置以上信息之后，只要是 android.intent.action.MY_BROADCAST 这个地址的广播，MyReceiver 都能够接收到。注意，这种方式的注册是常驻型的，也就是说当应用关闭后，如果有广播信息传来，MyReceiver 也会被系统调用而自动运行。

② 动态注册。

动态注册需要在代码中动态地指定广播地址并注册，通常我们是在 Activity 或 Service 注册一个广播，下面我们就来看一下注册的代码。

```
MyReceiver receiver = new MyReceiver();

IntentFilter filter = new IntentFilter();
filter.addAction("android.intent.action.MY_BROADCAST");

registerReceiver(receiver, filter);
```

注意，registerReceiver 是 android.content.ContextWrapper 类中的方法，Activity 和 Service 都继承了 ContextWrapper，所以可以直接调用。在实际应用中，我们在 Activity 或 Service 中注册了一个 BroadcastReceiver，当这个 Activity 或 Service 被销毁时如果没有解除注册，系统会报一个异常，提示我们是否忘记解除注册了。所以，记住在应用程序销毁前解除注册操作，如在活动的 onDestroy()方法中解除注册，具体代码如下。

```
@Override
protected void onDestroy() {
    super.onDestroy();
    unregisterReceiver(receiver);
}
```

执行行代码就可以解决问题了。注意，这种注册方式与静态注册相反，不是常驻型的，也就是说广播会跟随程序的生命周期作出变化，当应用程序的生命周期结束时，该广播也将消失。

以上两种注册方法，需要读者注意的是动态注册需要在活动中完成。

（3） 接收广播。

我们在项目的主活动界面中添加一个 Button 按钮，代码如下。

```
<Button
      android:id="@+id/button1"
      android:layout_width="wrap_content"
      android:layout_height="wrap_content"
      android:text="Button"
      android:onClick="send" />
```

在活动中完成 Button 中的 send 方法，代码如下。

```
public void send(View view)
   {
  Intent intent = new Intent("android.intent.action.MY_BROADCAST");
  intent.putExtra("msg","hello receiver.");
  sendBroadcast(intent);
   }
```

（4） 运行，单击 send 按钮，然后在 LogCat 中可以看到图 3-42 所示的结果。

tag	Message
MyReceiver	hello receiver.

图 3-42

上面的例子只是一个接收者来接收广播，如果有多个接收者都注册了相同的广播地址，又会是什么情况呢，能同时接收到同一条广播吗，相互之间会不会有干扰呢？这就涉及到普通广播和有序广播的概念了。

（1） 普通广播（Normal Broadcast）。

普通广播对于多个接收者来说是完全异步的，通常每个接收者都无需等待即可以接收到广播，接收者相互之间不会有影响。对于这种广播，接收者无法终止广播，即无法阻止其他接收者的接收动作。

为了验证以上论断，我们新建一个项目叫 NormalBroadcastTest（详见 ch3 文件夹中的 NormalBroadcastTest）。

① 在主活动 MainActivity 中完成按钮的单击方法 onClick()。

```
public void onClick(View v)
   {
     //实例化意图
     Intent intent=new Intent("android.intent.action.MY_BROADCAST");
     //使用意图携带数据，key=msg value="hello receiver."
     intent.putExtra("msg", "hello receiver.");
     //使用 sendBroadcast(intent)方法来传播广播
     sendBroadcast(intent);
   }
```

② 建立三个 BroadcastReceiver。

FirstBroadcast。

```
package edu.hhxy.normal;
import android.content.BroadcastReceiver;
import android.content.Context;
import android.content.Intent;
import android.util.Log;
public class FirstBroadcast extends BroadcastReceiver{
   private static final String TAG = "NormalBroadcast";
   @Override
   public void onReceive(Context context, Intent intent) {
      // 字符串msg的内容来自广播传递的消息内容（通过意图传递的）
      //使用intent.getStringExtra（）方法得到该消息
      String msg = intent.getStringExtra("msg");
      //输出接收的广播消息
         Log.i(TAG, "FirstReceiver: " + msg);
   }
}
```

SecondBroadcast。

```
package edu.hhxy.normal;

import android.content.BroadcastReceiver;
import android.content.Context;
import android.content.Intent;
import android.util.Log;

public class SecondBroadcast extends BroadcastReceiver{
    private static final String TAG = "NormalBroadcast";
   @Override
   public void onReceive(Context context, Intent intent) {
      // TODO Auto-generated method stub
      String msg = intent.getStringExtra("msg");
         Log.i(TAG, "SecondReceiver: " + msg);
   }
}
```

ThirdBroadcast。

```
package edu.hhxy.normal;

import android.content.BroadcastReceiver;
import android.content.Context;
import android.content.Intent;
import android.util.Log;

public class ThirdBroadcast extends BroadcastReceiver{
   private static final String TAG = "NormalBroadcast";
   @Override
   public void onReceive(Context context, Intent intent) {
      // TODO Auto-generated method stub
      String msg = intent.getStringExtra("msg");
```

```
        Log.i(TAG, "ThirdReceiver: " + msg);
    }

}
```

③ 注册三个接收器。

```
<receiver android:name="FirstBroadcast" >
<intent-filter>
<action android:name="android.intent.action.MY_BROADCAST" />

<category android:name="android.intent.category.DEFAULT" />
</intent-filter>
</receiver>

<receiver android:name="SecondBroadcast" >
<intent-filter>
<action android:name="android.intent.action.MY_BROADCAST" />

<category android:name="android.intent.category.DEFAULT" />
</intent-filter>
</receiver>

<receiver android:name="ThirdBroadcast" >
<intent-filter>
<action android:name="android.intent.action.MY_BROADCAST" />

<category android:name="android.intent.category.DEFAULT" />
</intent-filter>
</receiver>
```

④ 运行，单击按钮，LogCat 中会出现如图 3-43 所示的结果。

tag	Message
NormalBroadcast	FirstReceiver: hello receiver.
NormalBroadcast	SecondReceiver: hello receiver.
NormalBroadcast	ThirdReceiver: hello receiver.

图 3-43

看来这三个接收者都接收到这条广播了，我们稍微修改一下三个接收者，在 onReceive 方法的最后一行添加以下代码，试图终止广播：

```
abortBroadcast();
```

再次单击发送按钮，我们会发现，LogCat 中三个接收者仍然都打印了自己的日志，表明接收者并不能终止广播。

（2） 有序广播（Ordered Broadcast）。

有序广播比较特殊，它每次只发送到优先级较高的接收者那里，然后由优先级高的接收者再传播到优先级低的接收者那里，优先级高的接收者有能力终止这个广播。

为了演示有序广播的流程，我们修改上面三个接收者的代码（详见 ch3 文件夹中的 OrderedBroadcastTest）。

FirstBroadcast。

```
package edu.hhxy.orderedbroadcast;

import android.content.BroadcastReceiver;
import android.content.Context;
import android.content.Intent;
import android.os.Bundle;
import android.util.Log;

public class FirstBroadcast extends BroadcastReceiver{
  private static final String TAG = "NormalBroadcast";
  @Override
  public void onReceive(Context context, Intent intent) {
    // TODO Auto-generated method stub
    String msg = intent.getStringExtra("msg");
      Log.i(TAG, "FirstReceiver: " + msg);

      Bundle bundle=new Bundle();
      bundle.putString("msg", msg+"@first");
      setResultExtras(bundle);
  }
}
```

SecondBroadcast。

```
package edu.hhxy.orderedbroadcast;

import android.content.BroadcastReceiver;
import android.content.Context;
import android.content.Intent;
import android.os.Bundle;
import android.util.Log;

public class SecondBroadcast extends BroadcastReceiver{
   private static final String TAG = "NormalBroadcast";
  @Override
  public void onReceive(Context context, Intent intent) {
    // TODO Auto-generated method stub
    String msg = intent.getStringExtra("msg");
      Log.i(TAG, "SecondReceiver: " + msg);
      //终止广播，使得广播止于此，也就是说 ThirdBroadcast 不能接收消息
      abortBroadcast();
  }
}
```

ThirdBroadcast。

```
package edu.hhxy.orderedbroadcast;
```

```
import android.content.BroadcastReceiver;
import android.content.Context;
import android.content.Intent;
import android.util.Log;

public class ThirdBroadcast extends BroadcastReceiver{
  private static final String TAG = "NormalBroadcast";
  @Override
  public void onReceive(Context context, Intent intent) {
    // TODO Auto-generated method stub
    String msg = intent.getStringExtra("msg");
      Log.i(TAG, "ThirdReceiver: " + msg);
  }
}
```

我们注意到，在 FirstReceiver 和 SecondReceiver 中最后都使用了 setResultExtras 方法将一个 Bundle 对象设置为结果集对象，传递到下一个接收者那里。这样，优先级低的接收者可以用 getResultExtras 获取最新的经过处理的信息集合。

代码改完之后，我们需要为三个接收者注册广播地址，我们修改一下 AndroidMainfest.xml 文件：

```
<receiver android:name=".FirstBroadcast" >
<intent-filter android:priority="1000" >
<action android:name="android.intent.action.MY_BROADCAST" />

<category android:name="android.intent.category.DEFAULT" />
</intent-filter>
</receiver>
<receiver android:name=".SecondBroadcast" >
<intent-filter android:priority="999" >
<action android:name="android.intent.action.MY_BROADCAST" />

<category android:name="android.intent.category.DEFAULT" />
</intent-filter>
</receiver>
<receiver android:name=".ThirdBroadcast" >
<intent-filter android:priority="998" >
<action android:name="android.intent.action.MY_BROADCAST" />

<category android:name="android.intent.category.DEFAULT" />
</intent-filter>
</receiver>
```

我们看到，现在这三个接收者的<intent-filter>多了一个 android:priority 属性，并且依次减小。这个属性的范围在-1000～1000，数值越大，优先级越高。

现在，我们需要修改主活动中的发送广播的方法如下。

```
public void onClick(View v)
```

```
    {
      Intent intent=new Intent("android.intent.action.MY_BROADCAST");
      intent.putExtra("msg", "hello receiver.");
      //使用 sendOrderedBroadcast()方法来发送有序广播
      //其中使用 Intent 来传递广播消息，使用 scott.permission.MY_BROADCAST_
PERMISSION 来设定安全权限

     sendOrderedBroadcast(intent,"scott.permission.MY_BROADCAST_PERMISSION"
);
    }
```

注意，使用 sendOrderedBroadcast 方法发送有序广播时，需要一个权限参数，如果为 null 则表示不要求接收者声明指定的权限，如果不为 null，则表示接收者若要接收此广播，需声明指定权限。这样做是从安全角度考虑的，例如系统的短信就是有序广播的形式，一个应用可能是具有拦截垃圾短信的功能，当短信到来时它可以先接收到短信广播，必要时终止广播传递，这样的软件就必须声明接收短信的权限。

所以我们在 AndroidMainfest.xml 中定义一个权限：

```
  <permission android:protectionLevel="normal" android:name="scott.
permission.MY_BROADCAST_PERMISSION"></permission>
```

然后声明使用了此权限：

```
  <uses-permission  android:name="scott.permission.MY_BROADCAST_PERMISSION"
/>
```

具体如图 3-44 所示。

```
<permission
    android:name="scott.permission.MY_BROADCAST_PERMISSION"
    android:protectionLevel="normal" >
</permission>

<uses-permission android:name="scott.permission.MY_BROADCAST_PERMISSION" />
```

图 3-44

运行，单击按钮，可以看到下面效果（图 3-45）：

tag	Message
OrderedBroadcast	FirstReceiver: hello receiver.
OrderedBroadcast	SecondReceiver: hello receiver.@FirstReceiver
OrderedBroadcast	ThirdReceiver: hello receiver.@FirstReceiver@SecondReceiver

图 3-45

我们看到接收是按照顺序的，第一个和第二个都在结果集中加入了自己的标记，并且向优先级低的接收者传递下去。

既然是顺序传递，试着终止这种传递，看一看效果如何，我们修改 FirstReceiver 的代码，在 onReceive 的最后一行添加以下代码：

abortBroadcast();

然后再次运行程序，控制台打印信息如图 3-46 所示。

tag	Message
OrderedBroadcast	FirstReceiver: hello receiver.

图 3-46

此次，只有第一个接收者执行了，其他两个都没能执行，因为广播被第一个接收者终止了。

下面举几个常见的例子加深大家对广播的理解和应用：

1. 开机启动服务

BroadcastReceiver 类。

```
public class BootCompleteReceiver extends BroadcastReceiver {

  private static final String TAG = "BootCompleteReceiver";

  @Override
  public void onReceive(Context context, Intent intent) {
    Intent service = new Intent(context, MsgPushService.class);
    context.startService(service);
    Log.i(TAG, "Boot Complete. Starting MsgPushService...");
  }

}
```

Service 类。

```
public class MsgPushService extends Service {

  private static final String TAG = "MsgPushService";

  @Override
  public void onCreate() {
    super.onCreate();
    Log.i(TAG, "onCreate called.");
  }

  @Override
  public int onStartCommand(Intent intent, int flags, int startId) {
    Log.i(TAG, "onStartCommand called.");
    return super.onStartCommand(intent, flags, startId);
  }

  @Override
  public IBinder onBind(Intent arg0) {
    return null;
  }
}
```

然后我们需要在 AndroidManifest.xml 中配置相关信息：

```
<!-- 开机广播接收者 -->
<receiver android:name=".BootCompleteReceiver">
  <intent-filter>
    <!-- 注册开机广播地址-->
    <action android:name="android.intent.action.BOOT_COMPLETED"/>
    <category android:name="android.intent.category.DEFAULT" />
  </intent-filter>
</receiver>
<!-- 消息推送服务 -->
<service android:name=".MsgPushService"/>
```

我们看到 BootCompleteReceiver 注册了“android.intent.action.BOOT_COMPLETED”这个开机广播地址，从安全角度考虑，系统要求必须声明接收开机启动广播的权限，于是我们再声明使用下面的权限：

```
<uses-permission android:name="android.permission.RECEIVE_BOOT_COMPLETED" />
```

经过上面的几个步骤之后，我们就完成了开机启动的功能，如图 3-47 所示，将应用运行在模拟器上，然后重启模拟器，控制台打印如图 3-48 所示。

tag	Message
BootCompleteReceiver	Boot Complete. Starting MsgPushService...

图 3-47

tag	Message
MsgPushService	onCreate called.
MsgPushService	onStartCommand called.

图 3-48

如果我们查看已运行的服务就会发现，MsgPushService 已经运行起来了。

2. 网络状态变化

在某些场合，比如用户浏览网络信息时，网络突然断开，我们要及时地提醒用户网络已断开。要实现这个功能，我们可以接收网络状态改变这样一条广播，当由连接状态变为断开状态时，系统就会发送一条广播，我们接收到之后，再通过网络的状态做出相应的操作。下面就来实现一下这个功能：

```
public class NetworkStateReceiver extends BroadcastReceiver {

  private static final String TAG = "NetworkStateReceiver";

  @Override
  public void onReceive(Context context, Intent intent) {
    Log.i(TAG, "network state changed.");
    if (!isNetworkAvailable(context)) {
```

```
            Toast.makeText(context, "network disconnected!", 0).show();
        }
    }

    /**
     * 网络是否可用
     *
     * @param context
     * @return
     */
    public static boolean isNetworkAvailable(Context context) {
        ConnectivityManager mgr = (ConnectivityManager)
context.getSystemService(Context.CONNECTIVITY_SERVICE);
        NetworkInfo[] info = mgr.getAllNetworkInfo();
        if (info != null) {
            for (int i = 0; i < info.length; i++) {
                if (info[i].getState() == NetworkInfo.State.CONNECTED) {
                    return true;
                }
            }
        }
        return false;
    }

}
```

再注册这个接收者的信息：

```
<receiver android:name=".NetworkStateReceiver">
    <intent-filter>
        <action android:name="android.net.conn.CONNECTIVITY_CHANGE"/>
        <category android:name="android.intent.category.DEFAULT" />
    </intent-filter>
</receiver>
```

因为在 isNetworkAvailable 方法中，我们使用到了网络状态相关的 API，所以需要声明相关的权限才行，下面就是对应的权限声明：

```
<uses-permission android:name="android.permission.ACCESS_NETWORK_STATE"/>
```

我们可以测试一下，比如关闭 WiFi，看看有什么效果。

3. 电量变化

如果我们阅读软件，可能是全屏阅读，这个时候用户就看不到剩余的电量，我们就可以为他们提供电量的信息。要想做到这一点，需要接收一条电量变化的广播，然后获取百分比信息，这听上去挺简单的，我们就来实现一下。

```
public class BatteryChangedReceiver extends BroadcastReceiver {

    private static final String TAG = "BatteryChangedReceiver";
```

```
    @Override
    public void onReceive(Context context, Intent intent) {
      int  currLevel  =  intent.getIntExtra(BatteryManager.EXTRA_LEVEL,  0);
    //当前电量
      int total = intent.getIntExtra(BatteryManager.EXTRA_SCALE, 1);
    //总电量
      int percent = currLevel * 100 / total;
      Log.i(TAG, "battery: " + percent + "%");
    }

}
```

然后再注册广播地址信息就可以了：

```
<receiver android:name=".BatteryChangedReceiver">
   <intent-filter>
     <action android:name="android.intent.action.BATTERY_CHANGED"/>
     <category android:name="android.intent.category.DEFAULT" />
   </intent-filter>
</receiver>
```

当然，有些时候我们是要立即获取电量的，而不是等电量变化的广播，比如当阅读软件打开时立即显示出电池电量。我们可以按以下方式获取：

```
Intent batteryIntent = getApplicationContext().registerReceiver(null,
        new IntentFilter(Intent.ACTION_BATTERY_CHANGED));
int currLevel = batteryIntent.getIntExtra(BatteryManager.EXTRA_LEVEL, 0);
int total = batteryIntent.getIntExtra(BatteryManager.EXTRA_SCALE, 1);
int percent = currLevel * 100 / total;
Log.i("battery", "battery: " + percent + "%");
```

3.4.3 项目任务——BroadcastReceiver 应用（*）

提前声明：本节的项目任务，可以不做，不影响整个项目的运行，但是应该了解一下 BroadcastReceiver 的应用，比如我们在玩游戏的时候，想知道还有多少电量可用等。当然有人会说，手机不是显示电量的吗？是的，正常情况下显示电量的，但是如果游戏全屏，那么电量等内容将不再显示。这个时候我们可以使用 BroadcastReceiver 来获取电量的多少，并及时给用户提示，如图 3-49 所示。

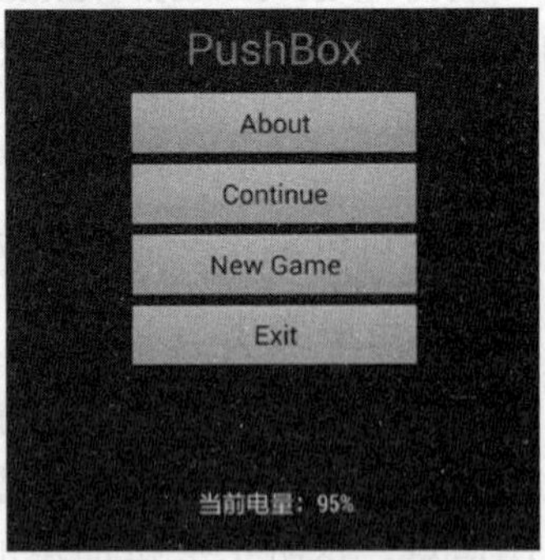

图 3-49

实现步骤如下：

（1） 在原有的包下新建一个类 MyReceiver.java，代码如下。

```
package lesson.game.pushbox;
import android.content.BroadcastReceiver;
import android.content.Context;
import android.content.Intent;
import android.widget.Toast;

public class MyReceiver extends BroadcastReceiver {
  @Override
  public void onReceive(Context context, Intent intent) {
    // TODO Auto-generated method stub
    if (intent.getAction().equals(Intent.ACTION_BATTERY_CHANGED)) {
       // 得到系统当前电量
       int level = intent.getIntExtra("level", 0);
       // 取得系统总电量
       int total = intent.getIntExtra("scale", 100);
       //当用户打开游戏时，用一个提示来显示当前电量
       Toast.makeText(context, "当前电量: " + (level * 100) / total + "%",
              Toast.LENGTH_LONG).show();
    }
  }
}
```

（2） 在 GameMain.java 中重构两个方法 onResume()、onPause()，完成电量广播的注册监听与注销。

```
MyReceiver reciver;//写在其他方法之外，GameMain.java 类内
@Override
  protected void onPause() {
    super.onPause();
    //注销 BroadcastReceiver
    unregisterReceiver(reciver);
  }

  @Override
  protected void onResume() {
    // TODO Auto-generated method stub
    super.onResume();
    reciver=new MyReceiver();
     //创建一个过滤器
  IntentFilter intentFilter=new
    IntentFilter(Intent.ACTION_BATTERY_CHANGED);
     //注册 BroadcastReceiver
     registerReceiver(reciver, intentFilter);
  }
```

保存、运行，可得预期效果。

小结

本章主要介绍了 Android 系统中用到的几个重要的组件，其中活动、服务、意图经常使用，而广播接收者在系统级的应用程序里面也经常用到（监测电量变化、信息、来电等）然后根据这些调用活动、提示、通知等来告知用户一些重要信息。在实际运用中，还请读者多动手、并在不清楚的情况下在网络上或图书馆中寻找第三方帮助，这样可以快速地帮助理解相关知识。

习题

请你完成本章的推箱子游戏相关步骤。

第 4 章　在项目中使用多媒体

目前我们还没有见到游戏的主界面呢，前面设计的仅仅是游戏的开始的欢迎界面，推箱子画面值得期待。本章我们将实现游戏的主要功能，让你本章结束就能进行推箱子游戏了。

4.1　自定义视图应用

一些游戏的界面（如推箱子、切水果等）不用用传统的布局组件（按钮、显示文本等）来进行界面设计，如何办呢？Android 给我们提供了自定义视图的机会，编程者可以在自己定义的视图上进行 2D 图形绘制，这个视图犹如一块画布，供你绘制图形。

本节学习如何自定义视图。

4.1.1　学习目标

通过本节学习以下内容。

自定义视图的方法及自定义视图在自己项目中的应用。

4.1.2　相关知识

Android 提供了以下几种自定义视图的方法。

（1）　主活动中定义内部的 View 类，实例化并引用。

（2）　单独定义 View 类，然后在活动中引用。

（3）　单独定义 View 类，在活动的布局文件中引用。

下面通过一些小的例子讲解如何使用自定义视图。

（1）　主活动中定义内部的 View 类，实例化并引用。

在第二章节中介绍过 ListView（2.1.2 节），大家请看下面这段代码：

```
ListView li=new ListView(this);
li.setAdapter(new ArrayAdapter<String>
(this,android.R.layout.simple_list_item_1,listData));
setContentView(li);
```

ListView 是一个 view 类的子类。

使用 setContentView(li)来显示这个 ListView（li），那么这个 li 就是我们自己进行了特定设置的视图。

如果读者还不明白，下面我们再举一个例子。

新建一个项目，主活动为 MainActivity，其代码如下。

```
package edu.lesson.ssh.customview;
import android.app.Activity;
import android.content.Context;
import android.graphics.Canvas;
import android.graphics.Color;
import android.graphics.Paint;
import android.os.Bundle;
import android.view.View;
public class MainActivity extends Activity {

   @Override
   protected void onCreate(Bundle savedInstanceState) {
     super.onCreate(savedInstanceState);
     setContentView(new CustomView(this));
   }

   class CustomView extends View {

     public CustomView(Context context) {
         super(context);
         // TODO Auto-generated constructor stub
     }

     @Override
     protected void onDraw(Canvas canvas) {
         // TODO Auto-generated method stub
         Paint paint = new Paint();
         paint.setColor(Color.BLACK);
         canvas.drawText("hi", 20, 20, paint);
         super.onDraw(canvas);
     }

   }
}
```

大家可以看到在MainActivity中有一个内部类CustomView，这个内部类是一个视图类，是用户自定义的。这个视图类使用 View 类的 onDraw()方法在坐标为（20，20）的点绘制了一句话“hi”（读者可暂不去考虑如何绘制的，随后的章节会介绍）。

随后在主活动（MainActivity）中使用 setContentView(new CustomView(this))语句实例化并引用自定义视图。

运行所得结果如图 4-1 所示。

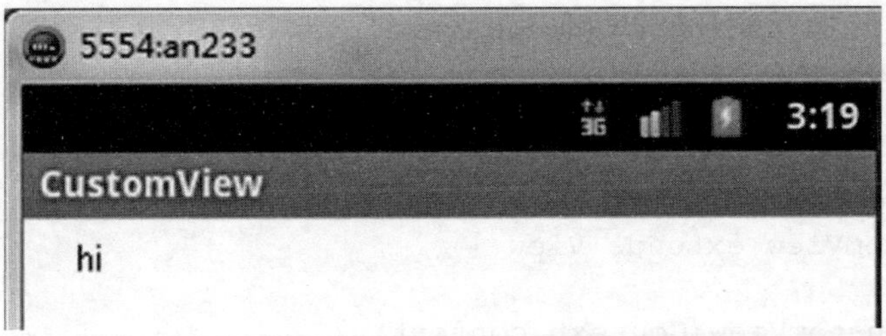

图 4-1

本例利用代码绘制了文字“hi”。实际上，利用代码也可以绘制其他的内容（如图片），这样自定义的游戏视图就可以利用代码完成。

上面两个例子都是在主活动中定义内部的 View 类，实例化并引用。

（2） 单独定义 View 类，然后在活动中引用。

上例中的 CustomView 类也可以单独定义，然后在活动中实例化并引用。我们在项目中的 MainActivity 中剪切掉内部类 CustomView 的代码，然后在项目的 src 文件夹的包上右击新建一个类，名字叫 CustomView，打开该类，把剪切的代码粘贴进来，按照提示导入 View、Paint、Canvas、Context 等引用的包，类的类型将变为 public。

他们的结构如图 4-2 所示。

图 4-2

代码如下。

```
package edu.lesson.ssh.customview;

import android.app.Activity;
import android.content.Context;
import android.graphics.Canvas;
import android.graphics.Color;
import android.graphics.Paint;
import android.os.Bundle;
import android.view.View;

public class MainActivity extends Activity {

   @Override
```

```
    protected void onCreate(Bundle savedInstanceState) {
      super.onCreate(savedInstanceState);
      setContentView(new CustomView(this));
    }

    class CustomView extends View {

      public CustomView(Context context) {
          super(context);
          // TODO Auto-generated constructor stub
      }

      @Override
      protected void onDraw(Canvas canvas) {
          // TODO Auto-generated method stub
          Paint paint = new Paint();
          paint.setColor(Color.BLACK);
          canvas.drawText("hi", 20, 20, paint);
          super.onDraw(canvas);
      }

    }
}
```

运行上述代码也可得到图 4-1 的结果。

（3） 单独定义 View 类，在活动的布局文件中引用。

前两项都是使用 setContentView(new CustomView(this))来引用的，这个 setContentView()方法有两个一个是引用 int 类型的值，一个是引用 View 类型的者。我们也可以单独定义 View 类，在活动的布局文件中引用。这样引用的就是 int 值。

具体步骤如下。

（1） 在第二种方法的基础上，打开布局文件 activity-main.xml 将其代码修改如下。

```
<RelativeLayout xmlns:android="http://schemas.android.com/apk/res/android"
   xmlns:tools="http://schemas.android.com/tools"
   android:layout_width="match_parent"
   android:layout_height="match_parent"
   tools:context=".MainActivity" >

   <edu.lesson.ssh.customview.CustomView
      android:layout_width="wrap_content"
      android:layout_height="wrap_content"
       />

</RelativeLayout>
```

（2） 然后改变一下 CustomView 的构造方法。

```
public class CustomView extends View {
```

```
    // public CustomView(Context context) {
    // super(context);
    // // TODO Auto-generated constructor stub
    // }
    public CustomView(Context context, AttributeSet attrs) {
      super(context, attrs);
      // TODO Auto-generated constructor stub
    }

    @Override
    protected void onDraw(Canvas canvas) {
      // TODO Auto-generated method stub
      Paint paint = new Paint();
      paint.setColor(Color.BLACK);
      canvas.drawText("hi", 20, 20, paint);
      super.onDraw(canvas);
    }
}
```

（3） 改变 MainActivity.java 中的布局引用方法，具体代码如下。

```
public class MainActivity extends Activity {

    @Override
    protected void onCreate(Bundle savedInstanceState) {
      super.onCreate(savedInstanceState);
//    setContentView(new CustomView(this));
      setContentView(R.layout.activity_main);
    }
}
```

运行也可以得到图 4-1 的结果。

注意：

一定要改变 CustomView 类的构造方法，否则运行后会报错，如图 4-3 所示。

图 4-3

Eclipse 的 Logcat 中可以看到如图 4-4 所示的内容。

```
FATAL EXCEPTION: main
java.lang.RuntimeException: Unable to start activity ComponentInfo{edu.lesson
.ssh.customview/edu.lesson.ssh.customview.MainActivity}: android.view.Inflate
Exception: Binary XML file line #7: Error inflating class edu.lesson.ssh.cust
omview.CustomView
```

图 4-4

图 4-4 的大意是 CustomView 有误，其原因是我们在 activity_main.xml 中是这样使用的，具体代码如下。

```
<edu.lesson.ssh.customview.CustomView
      android:layout_width="wrap_content"
      android:layout_height="wrap_content" />
```

这里添加了属性集合、宽度和高度设置，那么在自定义视图 CustomView 中构造方法也要修改带属性集合的构造方法，代码如下。

```
public CustomView(Context context, AttributeSet attrs) {
    super(context, attrs);
    // TODO Auto-generated constructor stub
  }
```

第三种方法（单独定义 View 类，在活动的布局文件中引用）有一个好处，设计者可以利用已有的组件来与自定义视图组合使用，读者可以在 activity_main.xml 再添加一个 Button 实验一下。

至此，三种自定义视图的方法介绍完毕，以后读者可以使用任意方法来自定义视图，完成个性化界面设计。

4.1.3 项目任务——建立游戏主界面

为了完成推箱子游戏，我们不能使用原来的传统视图了，需要使用自定义的图片来表达人、路、墙、目标、箱子、箱子推到目标区等重要信息，因此我们需准备几张图片，复制到 res/drawable 文件夹下，如图 4-5 所示。

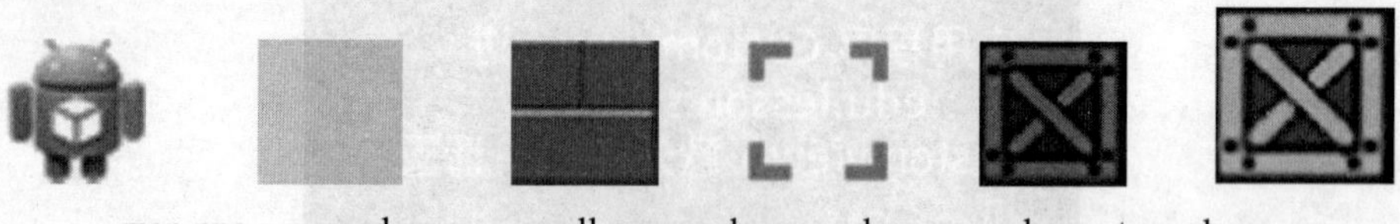

图 4-5

完成这个任务后，我们开始一步步地建立游戏的主界面。

（1） 在 lesson.game.pushbox 包中定义地图类 MapList.lava。

```
package lesson.game.pushbox;
public class MapList {
   /**
    * 0 nothing
    * 1 wall
    * 2 goal
    * 3 road
    * 4 box
    * 5 box at goal
    * 6 man
    * map[][][]是一个三维数组，其中每一个元素为一个二维数组，代表着一关
    * */
    static int map[][][]={
      {
          { 0, 0, 1, 1, 1, 0, 0, 0 },
          { 0, 0, 1, 2, 1, 0, 0, 0 },
          { 0, 0, 1, 3, 1, 1, 1, 1 },
          { 1, 1, 1, 4, 3, 4, 2, 1 },
          { 1, 2, 3, 4, 6, 1, 1, 1 },
          { 1, 1, 1, 1, 4, 1, 0, 0 },
          { 0, 0, 0, 1, 2, 1, 0, 0 },
          { 0, 0, 0, 1, 1, 1, 0, 0 }
     },
     {    { 1, 1, 1, 1, 1, 0, 0, 0, 0 },
          { 1, 3, 3, 6, 1, 0, 0, 0, 0 },
          { 1, 3, 4, 4, 1, 0, 1, 1, 1 },
          { 1, 3, 4, 3, 1, 0, 1, 2, 1 },
          { 1, 1, 1, 3, 1, 1, 1, 2, 1 },
          { 0, 1, 1, 3, 3, 3, 3, 2, 1 },
          { 0, 1, 3, 3, 3, 1, 3, 3, 1 },
          { 0, 1, 3, 3, 3, 1, 1, 1, 1 },
          { 0, 1, 1, 1, 1, 1, 0, 0, 0 }
     },
     {
         { 0, 1, 1, 1, 1, 1, 1, 1, 0, 0 },
         { 0, 1, 3, 3, 3, 3, 3, 1, 1, 1 },
         { 1, 1, 4, 1, 1, 1, 3, 3, 3, 1 },
         { 1, 6, 3, 3, 4, 3, 3, 4, 3, 1 },
         { 1, 3, 2, 2, 1, 3, 4, 3, 1, 1 },
         { 1, 1, 2, 2, 1, 3, 3, 3, 1, 0 },
         { 0, 1, 1, 1, 1, 1, 1, 1, 1, 0 }
     },
     {
         { 0, 1, 1, 1, 1, 0 },
         { 1, 1, 3, 3, 1, 0 },
         { 1, 3, 6, 4, 1, 0 },
         { 1, 1, 4, 3, 1, 1 },
         { 1, 1, 3, 4, 3, 1 },
```

```
        { 1, 2, 4, 3, 3, 1 },
        { 1, 2, 2, 3, 2, 1 },
        { 1, 1, 1, 1, 1, 1 }
    }
  };
  static int count=map.length;
  /**
   * getMap()的作用是根据参数 grade（关数）来调取该关的地图
   * */
  public static int[][] getMap(int grade)
  {int temp[][];
    if(grade>=0 && grade<count)
        temp=map[grade];
    else
        temp=map[0];
    int row=temp.length;
    int column=temp[0].length;
    int[][] result=new int[row][column];
    for(int i=0;i<row;i++)
        for(int j=0;j<column;j++)
            result[i][j]=temp[i][j];
    return result;
  }
  /**
   * getCount()的作用是获取一共有多少关地图
   * */
  public static int getCount()
  {
    return count;
  }
  }
```

在该类中，三维数组 map[][][]的每一个元素为一个二维数组，比如 map[0]= {

{ 0, 0, 1, 1, 1, 0, 0, 0 },
{ 0, 0, 1, 2, 1, 0, 0, 0 },
{ 0, 0, 1, 3, 1, 1, 1, 1 },
{ 1, 1, 1, 4, 3, 4, 2, 1 },
{ 1, 2, 3, 4, 6, 1, 1, 1 },
{ 1, 1, 1, 1, 4, 1, 0, 0 },
{ 0, 0, 0, 1, 2, 1, 0, 0 },
{ 0, 0, 0, 1, 1, 1, 0, 0 }
}

0 表示没有东西，1 代表墙，2 代表目标，3 代表路，4 代表箱子，5 代表箱子在目标区域，6 代表人，则第一关的地图可以转化为图 4-6 所示的图片信息。

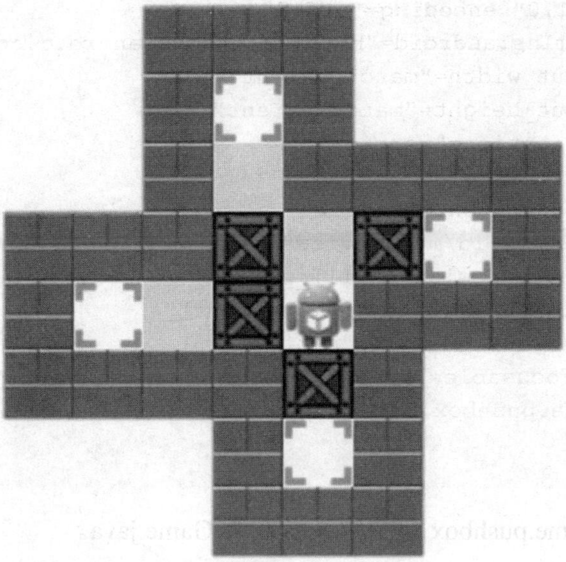

图 4-6

这正是推箱子的一关，我们如果要实现推箱子，只需要通过交互来实现图片的互换即可。

（2） 在 lesson.game.pushbox 包中定义 GameView.java，使用自定义视图。

```
package lesson.game.pushbox;
import android.content.Context;
import android.graphics.Canvas;
import android.util.AttributeSet;
import android.view.View;
public class GameView extends View{
   /**
    * 构造方法，后续的课程中实现游戏的一些初始化设置
    * */
   public GameView(Context context, AttributeSet attrs) {
     super(context, attrs);
     // TODO Auto-generated constructor stub
   }
   /**
    * onDraw()方法，绘制视图画面
    * */
   @Override
   protected void onDraw(Canvas canvas) {
     // TODO Auto-generated method stub
     super.onDraw(canvas);
   }
}
```

（3） 在 res/layout 文件夹下定义 XML 布局文件 game.xml。

```
<?xml version="1.0" encoding="utf-8"?>
<LinearLayout xmlns:android="http://schemas.android.com/apk/res/android"
    android:layout_width="match_parent"
    android:layout_height="match_parent"
    android:orientation="vertical" >

    <lesson.game.pushbox.GameView
        android:id="@+id/myGameView"
        android:layout_width="fill_parent"
        android:layout_height="fill_parent"
        android:layout_gravity="center"
        android:focusable="true" >
    </lesson.game.pushbox.GameView>

</LinearLayout>
```

（4） 在 lesson.game.pushbox 包中定义游戏类 Game.java。

```
package lesson.game.pushbox;
import android.app.Activity;
import android.os.Bundle;
public class Game extends Activity {
   @Override
   protected void onCreate(Bundle savedInstanceState) {
     // TODO Auto-generated method stub
     super.onCreate(savedInstanceState);
     setContentView(R.layout.game);
   }
}
```

（5） 注册新的活动 Game.java，在 AndroidManifest.xml 文件中添加下面一行代码，具体的添加位置如图 4-7 所示。

```
<activity android:name="Game" >
```

```
        <activity android:name="Helper" >
        </activity>
        <activity
            android:name="Music"
            android:theme="@android:style/Theme.Dialog" >
        </activity>
        <activity android:name="Game" >
        </activity>
    </application>
```

图 4-7

（6） 修改 GameMain.java 中的 onClick()方法，使用户在游戏的开始界面单击“New Game”按钮时能够跳转到我们刚才定义的 Game.java 类，代码如下。

```
public void onClick(View view)
    {
     Intent in=null;
     switch(view.getId())
     {
     case R.id.btn_new_game:
         in=new Intent(GameMain.this,Game.class);
         startActivity(in);
         break;
     case R.id.btn_exit:
         isFinish();
         break;
     }
    }
```

运行上述代码，出现如图 4-8 所示的界面。

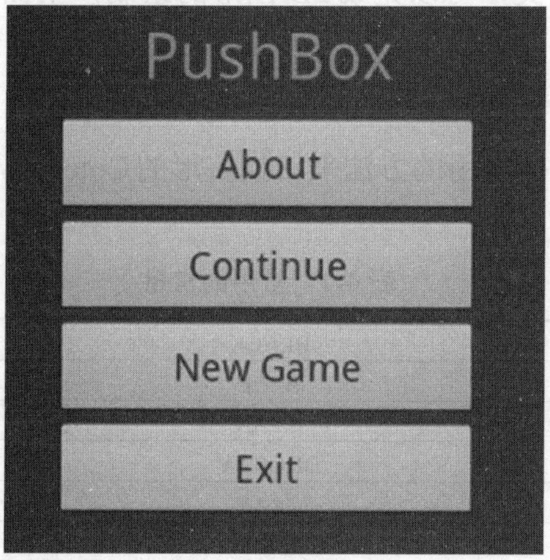

图 4-8

单击 New Game，出现如图 4-9 所示的界面。

图 4-9

在这里什么功能也没有，原因是 GameView 类中的 onDraw()方法还未实现，学完 4.2

节的知识，我们即可实现推箱子游戏界面的绘制。

4.2　2D 图形的使用

在 4.1 节中我们的推箱子游戏又前进了一步——画出了自己的视图。但是要完成墙、人、箱子等的绘制，还需要学习本节的知识。

4.2.1　学习目标

通过本节学习以下内容。

2D 图形的绘制方法及在项目的应用。

4.2.2　相关知识

2D 图形中有些常用的类，可以完成 2D 图形的绘制，下面就展开介绍几个常用的类。

1. Color 类介绍

（1） 常用常量。

Color 类主要定义了一些常用的方法来转换整形的 Color 值，也定义了一些常量供使用。常用的常量见表 4-1。

表 4-1　常用的常量

int	BLACK	0xff000000
int	BLUE	0xff0000ff
int	CYAN	0xff00ffff
int	DKGRAY	0xff444444
int	GRAY	0xff888888
int	GREEN	0xff00ff00
int	LTGRAY	0xffcccccc
int	MAGENTA	0xffff00ff
int	RED	0xffff0000
int	TRANSPARENT	0x00000000
int	WHITE	0xffffffff
int	YELLOW	0xffffff00

其中 TRANSPARENT 为透明设置。

（2） 其他色彩。

可以用十六进制的方法进行设置色彩，形式如：AARRGGBB 或 RRGGBB，AA 为透明度、RR 为红色通道（RED）、GG 为绿色通道（Green）、BB 蓝色通道（Blue）。

（3） 如何引用常量。

引用时，使用 Color.XXX，XXX 代指常量名字，如 Color.BLACK。

```
TextView tv=(TextView)findViewById(R.id.tv1);
tv.setTextColor(Color.BLACK);
```

也可以自己定义，具体代码如下。

```
android:TextColor=" #ff00ff00"
android:background="@color/bgcolor"
```

这里说明一下，颜色值建议定义在 values 文件夹下，如 string.xml 中，定义方法如下。

<color name="text_color">#ff00ff00</color>

引用：类中引用时使用 this.getResources().getColor(R.color.text_color)，具体例子如下。

```
TextView tv=new TextView(this);
  tv.setTextColor(this.getResources().getColor(R.color.text_color));
    tv.setText("hello");
    setContentView(tv);
```

在布局的 XML 文件中引用时，具体代码为 android:TextColor="@color/ text_color "。

（4） 构造方法。

public Color()

实例化时，我们可以调用。

（5） 常用方法。

① public static int argb (int alpha, int red, int green, int blue)，返回值是十六进制的值。int alpha、int red、int green 和 int blue 的值均为十进制，取值范围为 0～255。

② public static int rgb (int red, int green, int blue)，返回值是十六进制的值。int red、int green、int blue 的值均为十进制，取值范围为 0～255。

2. Paint 类及其应用

（1） 简介。

Paint 类是一个集合，这个集合里包含绘制的色彩、样式等重要信息。在 2D 图形绘制时，画笔具有重要的角色，配合色彩及画布进行使用。

（2） 构造方法。

public Paint ()

public Paint (int flags)

如果用第一种方法实例化画笔后，可以用 setFlags(int)来设置 flags。

（3） 其他方法。

① setARGB(int a, int r, int g, int b)：设置 Paint 对象颜色。

② setAlpha(int a)：设置 alpha 不透明度，范围为 0～255。

③ setColor(int color)：设置颜色，这里 Android 内部定义的有 Color 类包含了一些常见颜色定义。

④ setTextAlign(Paint.Align align)：设置文本对齐。

⑤ setTextSize(float textSize)：设置字体大小。

⑥ setTypeface(Typeface typeface)：设置字体，Typeface 包含了字体的类型，粗细，还有倾斜、颜色等。

⑦ setStyle (Paint.Style style)：设置画笔的样式，为 FILL，FILL_OR_STROKE，或 STROKE。

⑧ setStrokeCap(Paint.Cap cap)。当画笔样式为 STROKE 或 FILL_OR_STROKE 时，设

置笔刷的图形样式，如圆形样式 Cap.ROUND，或方形样式 Cap.SQUARE。

⑨ setStrokeWidth(float width); 当画笔样式为 STROKE 或 FILL_OR_STROKE 时，设置笔刷的粗细度。

⑩ setTextAlign (Paint.Align align)，设置字体对齐方式。

（4） 例：

```
@Override
    public void onDraw(Canvas canvas) {
        Paint paint = new Paint();
        paint.setColor(Color.BLUE);
        paint.setTextSize(100);
        paint.setStyle(Paint.Style.STROKE);
        paint.setStrokeWidth(5);
        canvas.drawText("apple", 60, 60, paint);
        super.onDraw(canvas);
    }
```

读者可以自行将这一段代码写在 4.1.2 节中的 CustomView.java 类中，运行并查看效果。

3. Canvas 类及其应用

（1） 简介。

Canvas 即画布，2D 图形可以在其上绘制。

通过重载 View.onDraw()方法，在指定的画布上绘图。

（2） 常用构造方法。

public Canvas ()

public Canvas (Bitmap bitmap)

以 bitmap 对象创建一个画布，则将内容都绘制在 bitmap

（3） 常用方法。

① drawARGB (int a, int r, int g, int b)

设置画布的颜色。a 为 alpha 值，r 为 red 值，g 为 green 值，b 为 blue 值 0～255。

② drawArc (RectF oval, float startAngle, float sweepAngle, boolean useCenter, Paint paint)

画弧线。Oval 为弧所在的圆（椭圆），startAngle 为弧开始的角度，sweepAngle 结束角度，useCenter 表示弧是否有中心，paint 为弧的颜色。

例：

```
Paint paint=new Paint();
paint.setColor(Color.WHITE);
paint.setAntiAlias(true);
canvas.drawARGB(127, 255, 00, 00);
RectF rect=new RectF(10,10,150,200);
canvas.drawArc(rect, 30, -330, true, paint);
```

③ drawBitmap (Bitmap bitmap, float left, float top, Paint paint)，作用是在指定点画出 bitmap。

④ drawBitmap (Bitmap bitmap, Rect src, Rect dst, Paint paint)，作用是把 bitmap 截取 src 区域大小，然后布满 dst 区域。

例：

```
RectF rect=new RectF(10,10,150,50);
Resources res = getResources();
InputStream is = res.openRawResource(R.drawable.pic5);
BitmapDrawable bmpDraw = new BitmapDrawable(is);
Bitmap bmp = bmpDraw.getBitmap();
int x=bmp.getWidth();
int y=bmp.getHeight();
Rect bp=new Rect(x-80,x-80,x,y);
canvas.drawBitmap(bmp, bp, rect, null);
```

把 pic5 中的一部分截取，放在矩形区域中。

⑤ drawCircle (float cx, float cy, float radius, Paint paint)作用是画圆，以(cx,cy)为圆心，radius 为半径，paint 为画笔画圆。

⑥ drawLine (float startX, float startY, float stopX, float stopY, Paint paint)作用是画线，从开始点(startX, startY)，到结束点(stopX, stopY)。

⑦ drawRect (float left, float top, float right, float bottom, Paint paint)作用是画矩形。

⑧ drawRoundRect (RectF rect, float rx, float ry, Paint paint)，作用是圆角形矩形，float rx, float ry，圆角率。

⑨ drawText (String text, float x, float y, Paint paint)，作用是画布上写出字体。

⑩ drawTextOnPath (String text, Path path, float hOffset, float vOffset, Paint paint)，路径字，路径提前定义好。hOffset 字符间距，vOffset 字符与路径间距（可以正可以负）

⑪ getWidth ()，作用是定义画布宽度。

⑫ getHeight ()，作用是定义画布高度。

⑬ rotate (float degrees)，作用是旋转画布。

⑭ rotate (float degrees, float px, float py)，作用是以(px,py)为中心旋转画布。

⑮ scale (float sx, float sy)，作用是缩放。

⑯ scale (float sx, float sy, float px, float py)，作用是以（px，py）为中心，进行 x 轴，y 轴缩放。

⑰ translate(float dx, float dy)，作用是平移。

4. Path 类及其应用

Path 类包含一组矢量绘图命令，可以完成直线、曲线、几何图形等图形的绘制。

（1） 构造方法。

① Path()，作用是创建空的构造方法。

② Path(Path src)，作用是创建路径，路径来自参数 src。

（2） 常用方法。

① addArc (RectF oval, float startAngle, float sweepAngle)

绘制弧形路径。

② addCircle (float x, float y, float radius, Path.Direction dir)
绘制圆形路径。

③ addOval (RectF oval, Path.Direction dir)
绘制椭圆形路径。

④ addRect (float left, float top, float right, float bottom, Path.Direction dir)
绘制矩形路径。

下面通过一个路径字的例子来演示 Path 类的使用，具体代码如下。

```
@Override
  protected void onDraw(Canvas canvas) {
    // TODO Auto-generated method stub
    Path path = new Path();
    path.addCircle(150, 150, 100, Direction.CW);
    Paint paint = new Paint();
    paint.setStyle(Style.STROKE);
    paint.setTextSize(24f);
    // paint.setColor(Color.MAGENTA);
    paint.setColor(0xf000ff00);
    paint.setAntiAlias(true);
    canvas.drawPath(path, paint);
    canvas.drawTextOnPath(
            "This is the last Example,
            do you understand this example?",
            path, 10, -5, paint);
    super.onDraw(canvas);
  }
```

运行代码，效果如图 4-10 所示。

图 4-10

详见例子 CustomView_2。

5. Bitmap 类

Bitmap 是位图类的绘制对象。常用方法如下。

（1） public static Bitmap createBitmap (Bitmap src)。

从原位图 src 复制出一个新的位图，和原始位图相同。

（2） public static Bitmap createBitmap (int[] colors, int width, int height, Bitmap.Config config)。

这个函数根据颜色数组来创建位图，注意:颜色数组的长度≥width×height 此函数创建位图的过程可以简单概括为为:更加 width 和 height 创建空位图，然后用指定的颜色数组 colors 来从左到右从上至下一次填充颜色。config 是一个枚举，可以用它来指定位图“质量”。

（3） public static Bitmap createBitmap (int[] colors, int offset, int stride, int width, int height, Bitmap.Config config)。

此方法与（2）类似，offset 表示 colors 数组中的颜色值是从哪个下标开始，stride 表示 colors 数组中每一行有多少个颜色值。

（4） public static Bitmap createBitmap (Bitmap source, int x, int y, int width, int height, Matrix m, boolean filter)。

从原始位图剪切图像，这是一种高级的方式。可以用 Matrix(矩阵)来实现旋转等高级方式截图。

参数说明：Bitmap source 表示要从中截图的原始位图，x 和 y 分别表示起始点横、纵坐标。

int width。要截的图的宽度，

int height。要截的图的高度。

Bitmap.Config　config：一个枚举类型的配置，可以定义截到的新位图的质量。

返回值：返回一个剪切好的 Bitmap

public static Bitmap createBitmap (int width, int height, Bitmap.Config config)

根据参数创建新位图。

（5） public static Bitmap createBitmap (Bitmap source, int x, int y, int width, int height)

简单的剪切图像的方法，可以参考上面的（4）。

Bitmap 类的构造函数是私有的，外面并不能实例化，需要通过 BitmapFactory 的一些方法来实现。

利用 BitmapFactory 得到 Bitmap 的方法

decodeFile(String filename);

例：

```
Bitmap bitmap=BitmapFactory.decodeFile("/sdcard/a8.png");
decodeResource (Resources res, int id)
Bitmap bitmap=BitmapFactory.decodeResource(getResources(),
R.drawable.pic5);
```

得到位图（bitmap）后，利用 canvas 的 drawBitmap()方法绘制

例：

```
Bitmap bt=
BitmapFactory.decodeResource(getResources(), R.drawable.pic1);
canvas.drawBitmap(bt, 10f, 20f, paint);
```

（6） Bitmap 的其他方法。

getHeight()得出 bitmap 的高度

getWidth()得到 bitmap 的宽度

getPixel(int x, int y)，得到对应坐标点的色彩

（7） drawable 文件。

主要是后缀名为.png、.jpg、.gif 的文件，这些文件一般保存在项目的 res/drawable 文件夹下。

在类中引用时一般是 R.drawable.filename。

例如：

```
Drawable dw=this.getResources().getDrawable(R.drawable.ic_launcher);
在 XML 文件中引用时，一般使用@drawable/filename。
```

4.2.3 项目任务——完成游戏主界面的游戏功能

我们应该都玩过推箱子游戏，知道游戏怎么玩。在给出游戏的主要界面的代码之前，首先分析一下游戏的整个流程，如图 4-11 所示。

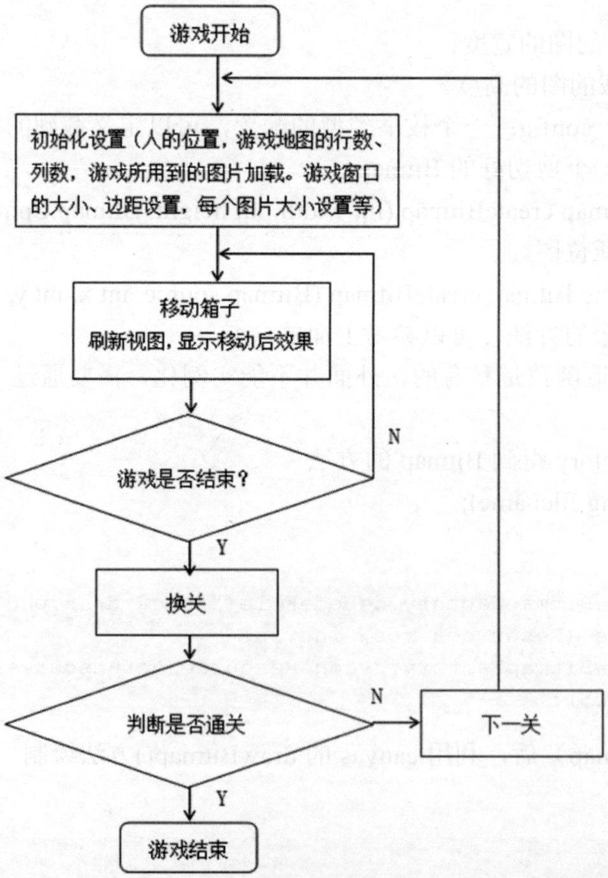

图 4-11

当我们移送箱子时，需要讨论人所在的位置原来是什么（路还是目标区域）、箱子前面是什么（目标区域还是路），具体流程如图 4-12 所示。

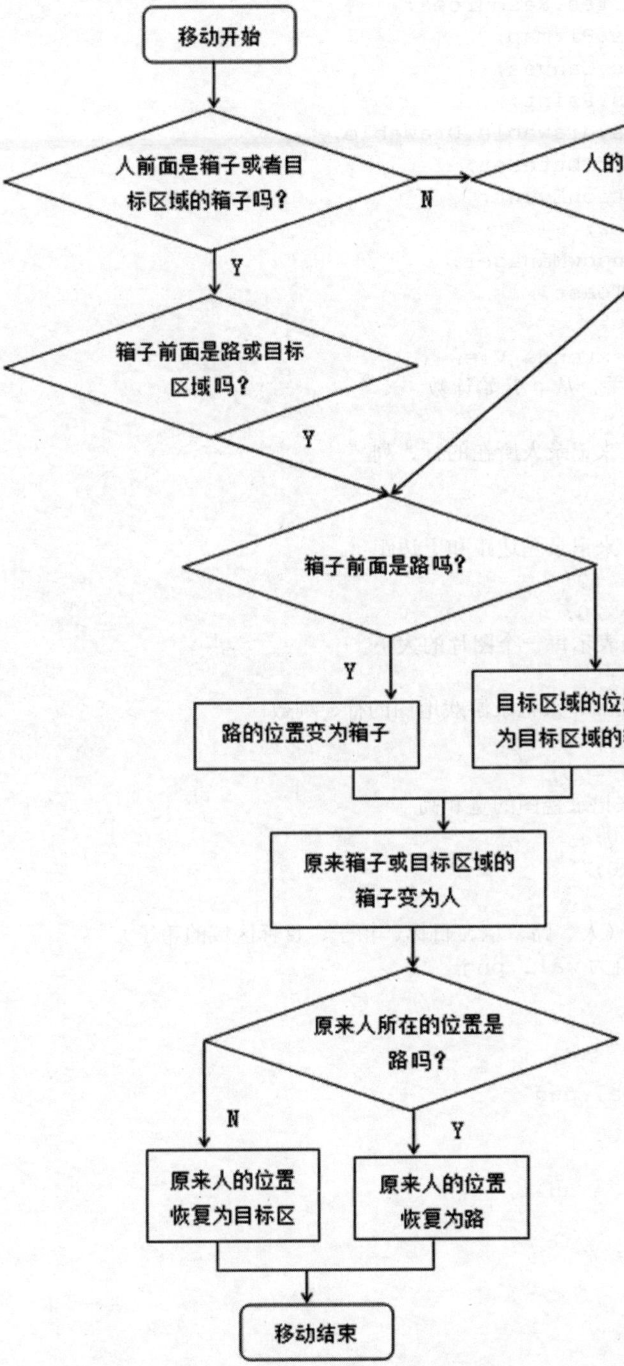

图 4-12

明白了游戏的基本流程后，我们来编写 GameView.java 类，具体代码及注释如下：

```
package lesson.game.pushbox;

import android.content.Context;
import android.content.res.Resources;
import android.graphics.Bitmap;
import android.graphics.Canvas;
import android.graphics.Paint;
import android.graphics.drawable.Drawable;
import android.util.AttributeSet;
import android.view.MotionEvent;
import android.view.View;
import android.view.WindowManager;
import android.widget.Toast;

public class GameView extends View {
    // 设置游戏的关数为第一关，从 0 开始计数
    private int gate = 0;
    // 定义变量 manX、manY 来记录人所在的行、列
    private int manX;
    private int manY;
    // 定义变量 xOff、yOff 来记录左边距和上边距
    private float xOff = 10;
    private float yOff = 20;
    // 定义变量 tileSize 来表示每一个图片的大小
    private int tileSize;
    // 变量 mapRow、mapColumn 来记录游戏地图的行、列数
    public int mapRow = 0;
    public int mapColumn = 0;
    // 变量 width、hight 来记录视图的宽和高
    private int width = 0;
    private int hight = 0;
    /**
     * pic[]来保存几个位图（人、路、墙、目标、箱子、目标区域的箱子）
     * pic[0]为空值 pic[1]为 wall.png
     * pic[2]为 goal.png
     * pic[3]为 road.png
     * pic[4]为 box.png
     * pic[5]为 box_at_goal.png
     * pic[6]为 man.png
     * */
    private Bitmap pic[] = null;
    // 定义常量，方便引用
    final int WALL = 1;
    final int GOAL = 2;
    final int ROAD = 3;
    final int BOX = 4;
    final int BOXATGOAL = 5;
    final int MAN = 6;
    // 定义画笔，在 onDraw()方法中使用
    private Paint paint;
```

```
// 定义game，在构造方法中实例化
private Game game = null;
// 定义二维数组map代表当前关的二维地图
public int[][] map = null;
/**
 * 这个tem为当前关的原始地图
 * 当地图移动后，我们不知道人所在的位置原来是什么样子，怎么办呢？
 * 我们拿人的位置与原始地图（ tem）比较
 * 如果人所在的位置原来是路，人移后，人的位置恢复为路
 * 如果人所在的位置原来是目标，人移动后，人的位置恢复为目标
 * */
private int[][] tem;
/**
 * currentX、currentY记录用户单击的位置
 * 根据用户单击的位置与人所在的位置比较结果，决定移动方向
 * */
float currentX;
float currentY;

public GameView(Context context, AttributeSet attrs) {
  super(context, attrs);
  // 实例化game，方便后面使用
  game = (Game) context;
  // 获得当前游戏屏幕的宽和高
  WindowManager manager = game.getWindowManager();
  width = manager.getDefaultDisplay().getWidth();
  hight = manager.getDefaultDisplay().getHeight();
  this.setFocusable(true);
  // 初始化地图和图片
  initMap();
  initPic();

}

public void initMap() {
  // 根据游戏的关数（gate）获得当前游戏地图
  map = getMap(gate);
  // 获得游戏地图及人的详细信息
  getMapDetail();
  getManPosition();

}

public int[][] getMap(int grade) {
  return MapList.getMap(grade);
}

/**
 * 获取地图的行列数，地图边距、每个图片的大小 保存当前游戏的原始地图tem
 * */
```

```
private void getMapDetail() {
  mapRow = map.length;
  mapColumn = map[gate].length;
  xOff = 30;
  yOff = 60;
  int t = mapRow > mapColumn ? mapRow : mapColumn;
  int s1 = (int) Math.floor((width - 2 * xOff) / t);
  int s2 = (int) Math.floor((hight - yOff) / t);
  tileSize = s1 < s2 ? s1 : s2;
  tem = MapList.getMap(gate);

}

// 找出人的位置
public void getManPosition() {
  for (int i = 0; i < map.length; i++)
      for (int j = 0; j < map[0].length; j++)
          if (map[i][j] == MAN) {
              manX = i;
              manY = j;
              break;
          }
}

/**
 * 初始化几种图片，保存在 pic 中
 * 使用 loadPic () 方法可以把 drawable 资源转化为 Bitmap 资源
 * 然后在 onDraw()方法中我们才能使用 Canvas 类中的 drawBitmap()方法绘制
 * */
public void initPic() {
  pic = new Bitmap[7];
  Resources r = this.getContext().getResources();
  loadPic(WALL, r.getDrawable(R.drawable.wall));
  loadPic(GOAL, r.getDrawable(R.drawable.goal));
  loadPic(ROAD, r.getDrawable(R.drawable.road));
  loadPic(BOX, r.getDrawable(R.drawable.box));
  loadPic(BOXATGOAL, r.getDrawable(R.drawable.box_at_goal));
  loadPic(MAN, r.getDrawable(R.drawable.man));

}

// 把 drawable 资源转化为 Bitmap 资源
public void loadPic(int key, Drawable tile) {
  Bitmap bitmap = Bitmap.createBitmap(tileSize, tileSize,
          Bitmap.Config.ARGB_8888);
  Canvas canvas = new Canvas(bitmap);
  tile.setBounds(0, 0, tileSize, tileSize);
  tile.draw(canvas);

  pic[key] = bitmap;
}
```

```
// 用户的点触交互处理，根据用户的点触来移动箱子
@Override
public boolean onTouchEvent(MotionEvent event) {
  // 得到用户点触的具体位置
  currentX = event.getX();
  currentY = event.getY();
  // 恢复人所处的具体坐标值
  float x = (float) (xOff + manY * tileSize);
  float y = (float) (yOff + manX * tileSize);
  /**
   * 判断当前点触点在人的哪个位置
   * 如果单击点在人的上方，向上移动；
   * 在人的下方，向下移动；
   * 在人的左侧，向左移动；
   * 在人的右侧，向右移动。
   * */
  if (currentY > y && (currentY < y + tileSize)) {
      if (currentX > x + tileSize) {
          moveRight();
      }
      if (currentX < x) {
          moveLeft();
      }
  }
  if (currentX > x && (currentX < x + tileSize)) {
      if (currentY > y + tileSize) {
          moveDown();
      }
      if (currentY < y) {
          moveUp();
      }
  }
  //判断本关是否结束
  if (finished()) {
      nextGate();
  }
  //刷新屏幕，获得新的状态（移动后，或换关后）
  this.invalidate();

  return super.onTouchEvent(event);

}
/**
 * moveUp()根据条件，把箱子上移
 * moveDown()根据条件，把箱子下移
 * moveLeft()根据条件，把箱子左移
 * moveRight()根据条件，把箱子右移
 * */
private void moveUp() {
```

```
    //如果人的前面是箱子或者是目标区域的箱子则进行下一步
    if (map[manX - 1][manY] == BOX || map[manX - 1][manY] == BOXATGOAL) {
        //看箱子（或目标区域的箱子）前面是不是目标或路，是，则进行移动
        if (map[manX - 2][manY] == GOAL || map[manX - 2][manY] == ROAD) {
            /**这是一个三项表达式
             * 如果箱子前是路，则用箱子（BOX）替代
             * 如果是目标，则用目标区域的箱子（BOXATGOAL）替代*/
            map[manX - 2][manY] = map[manX - 2][manY] == GOAL ? BOXATGOAL
                    : BOX;
            //箱子移动后的位置由人来替代
            map[manX - 1][manY] = MAN;
            //人所在的位置是恢复为路还是目标区域，要通过 roadOrGoal（）方法判断
            map[manX][manY] = roadOrGoal(manX, manY);
            manX--;
        }
    } else {
        //如果人前面是路或者是目标，则直接移动
        if (map[manX - 1][manY] == ROAD || map[manX - 1][manY] == GOAL) {
            map[manX - 1][manY] = MAN;
            map[manX][manY] = roadOrGoal(manX, manY);
            manX--;
        }
    }
}

private void moveDown() {
    if (map[manX + 1][manY] == BOX || map[manX + 1][manY] == BOXATGOAL) {
        if (map[manX + 2][manY] == GOAL || map[manX + 2][manY] == ROAD) {
            map[manX + 2][manY] = map[manX + 2][manY] == GOAL ? BOXATGOAL
                    : BOX;
            map[manX + 1][manY] = MAN;
            map[manX][manY] = roadOrGoal(manX, manY);
            manX++;
        }
    } else {
    if (map[manX + 1][manY] == ROAD || map[manX + 1][manY] == GOAL) {
            map[manX + 1][manY] = MAN;
            map[manX][manY] = roadOrGoal(manX, manY);
            manX++;
        }
    }
}

private void moveLeft() {
    if (map[manX][manY - 1] == BOX || map[manX][manY - 1] == BOXATGOAL) {
        if (map[manX][manY - 2] == GOAL || map[manX][manY - 2] == ROAD) {
            map[manX][manY - 2] = map[manX][manY - 2] == GOAL ? BOXATGOAL
                    : BOX;
            map[manX][manY - 1] = MAN;
            map[manX][manY] = roadOrGoal(manX, manY);
```

```
            manY--;
        }
    } else {
        if (map[manX][manY - 1] == ROAD || map[manX][manY - 1] == GOAL) {
            map[manX][manY - 1] = MAN;
            map[manX][manY] = roadOrGoal(manX, manY);
            manY--;
        }
    }
}

private void moveRight() {
    if (map[manX][manY + 1] == BOX || map[manX][manY + 1] == BOXATGOAL) {
        if (map[manX][manY + 2] == GOAL || map[manX][manY + 2] == ROAD) {
            map[manX][manY + 2] = map[manX][manY + 2] == GOAL ? BOXATGOAL
                    : BOX;
            map[manX][manY + 1] = MAN;
            map[manX][manY] = roadOrGoal(manX, manY);
            manY++;
        }
    } else {
        if (map[manX][manY + 1] == ROAD || map[manX][manY + 1] == GOAL) {
            map[manX][manY + 1] = MAN;
            map[manX][manY] = roadOrGoal(manX, manY);
            manY++;
        }
    }
}
//判断是否本关完成的标准是：在地图上找不到空的目标区域、或没有可移动的箱子
private boolean finished() {
    boolean finish = true;
    for (int i = 0; i < mapRow; i++)
        for (int j = 0; j < mapColumn; j++) {
            if (map[i][j] == GOAL || map[i][j] == BOX)
                finish = false;
        }
    return finish;
}
//使用 gate++及 reinitMap()来变换关数
public void nextGate() {
    if (gate < MapList.getCount() - 1)
        gate++;
    else
        Toast.makeText(this.getContext(), "It's the last gate",
                Toast.LENGTH_SHORT).show();
    reinitMap();
}
/**人所在的位置原来是路还是目标区域呢？
 * 使用原始地图 tem 来判断
 * 看新地图中人所在的位置在原始地图中是什么角色
```

```
 * */
public int roadOrGoal(int x, int y) {
  int result = ROAD;
  if (tem[x][y] == GOAL)
      result = GOAL;
  return result;
}

private void reinitMap() {
  initMap();
  initPic();
}
/**
 * 在 onDraw () 方法中根据 map[i][j]里面的值（0、1、…、6 中的任一种）
 * 来调用 pic[]中的位图（Bitmap）进行绘制
 * 视图每刷新一次(invalidate),onDraw()方法被执行一次
 * */
@Override
protected void onDraw(Canvas canvas) {
  super.onDraw(canvas);
  // draw box game map
  for (int i = 0; i < mapRow; i++)
      for (int j = 0; j < mapColumn; j++) {
          if (map[i][j] != 0)
              canvas.drawBitmap(pic[map[i][j]], xOff + j * tileSize, yOff
                      + i * tileSize, paint);
      }
}

}
```

运行效果如图 4-13 所示。

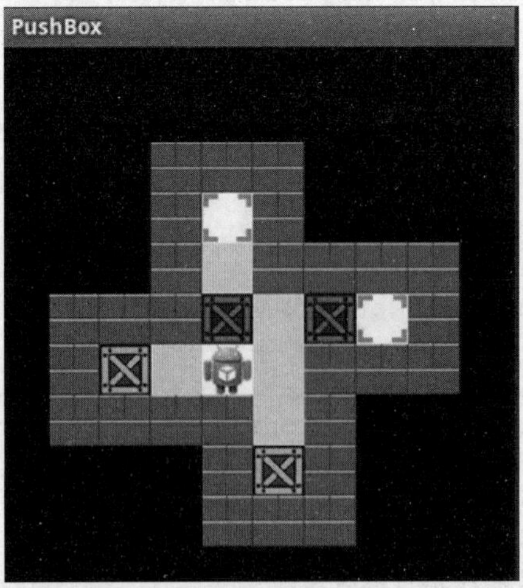

图 4-13

这个项目可以在你的手机上运行了，直接使用真机测试即可。

4.3 在项目中使用音频

Android 的多媒体较为丰富其中音频占有较重的一个部分，项目中使用音频较多的是音乐的播放。本节重点介绍如何播放音频。

4.3.1 学习目标

通过本节学习以下内容。

音频播放的基本方法。

4.3.2 相关知识

Android 中音频和视频的播放我们最先想到的就是 MediaPlayer 类了，该类提供了播放、暂停、停止、和重复播放等方法。该类位于 android.media 包下，详见 API 文档。

MediaPlayer：

此类适合播放较大文件，此类文件应该存储在 SD 卡上，而不是在资源文件里，还有此类每次只能播放一个音频文件。

Android 通过控制播放器的状态的方式来控制媒体文件的播放，其中 MediaPlayer 的常用方法如下：

prepare()和 prepareAsync() 提供了同步和异步两种方式设置播放器进入 prepare 状态，需要注意的是，如果 MediaPlayer 实例是由 create 方法创建的，那么第一次启动播放前不需要再调用 prepare()了，因为 create 方法里已经调用过了。

start()是真正启动文件播放的方法。

pause()和 stop()比较简单，起到暂停和停止播放的作用。

seekTo()是定位方法，可以让播放器从指定的位置开始播放，需要注意的是该方法是个异步方法，也就是说该方法返回时并不意味着定位完成，尤其是播放的网络文件，真正定位完成时会触发 OnSeekComplete.onSeekComplete()，如果需要是可以调用 setOnSeekCompleteListener(OnSeekCompleteListener)设置监听器来处理的。

release()可以释放播放器占用的资源，一旦确定不再使用播放器时应当尽早调用它释放资源。

reset()可以使播放器从 Error 状态中恢复过来，重新会到 Idle 状态。

MediaPlayer 类用法如下：

（1） 从资源文件中播放（文件存放在 res/raw 文件夹中）。

```
MediaPlayer   player  =
 new MediaPlayer.create(this,R.raw.test);
player.stare();
```

（2） 从文件系统播放。

```
MediaPlayer   player  =   new MediaPlayer();
String  path   =  "/sdcard/test.mp3";
```

```
player.setDataSource(path);
player.prepare();
player.start();
```

（3） 从网络播放。

① 通过 URI 的方式。

```
        String path="http://*************.mp3";
//这里给一个歌曲的网络地址就行了
        Uri  uri  =  Uri.parse(path);
        MediaPlayer  player  =  new MediaPlayer.create(this,uri);
        player.start();
```

② 通过设置数据源的方式。

```
        MediaPlayer  player  =  new MediaPlayer.create();
        String path="http://*************.mp3";
    //这里给一个歌曲的网络地址就行了
        player.setDataSource(path);
        player.prepare();
        player.start();
```

4.3.3 项目任务——在游戏中添加背景音乐

在第 3.3.3 节中，我们已经完成了背景音乐的基本设置，下面利用本节的多媒体知识，我们完成背景音乐的全部设置，具体步骤如下：

（1） 建立文件夹，复制背景音乐到项目目录。

在 res 下，右击 new->folder，建立一个名为 raw 的文件夹，把背景音乐（bg.mp3,，读者可以在光盘中的 ch4 文件夹下找到）复制到该文件夹下，这是一首轻音乐——夜的钢琴曲，很适合做背景音乐。

（2） 在包 lesson.game.pushbox 下建立一个类 MusicHandle.java，处理音乐的播放与停止，具体代码如下。

```
package lesson.game.pushbox;
import android.content.Context;
import android.media.MediaPlayer;
public class MusicHandle {
   private static MediaPlayer mp = null;
      public static void play(Context context, int resource) {
         //先停止原有的音乐
        stop(context);
         //根据用户的选择来决定是否播放音乐
         if (Music.isMusicChecked(context)) {
            mp = MediaPlayer.create(context, resource);
            mp.setLooping(true);
            mp.start();
         }
      }
```

```
    //停止音乐播放，释放内存资源
    public static void stop(Context context) {
        if (mp != null) {
            mp.stop();
            mp.release();
            mp = null;
        }
    }
}
```

（3） 改写 Game.java 类，使之能够响应 menu 菜单并根据用户选择播放背景音乐，具体代码如下。

```
package lesson.game.pushbox;
import android.app.Activity;
import android.content.Intent;
import android.os.Bundle;
import android.view.Menu;
import android.view.MenuInflater;
import android.view.MenuItem;
public class Game extends Activity {
   @Override
   protected void onCreate(Bundle savedInstanceState) {
      // TODO Auto-generated method stub
      super.onCreate(savedInstanceState);
      setContentView(R.layout.game);
   }
   /**当界面运行时，根据用户的喜好
    * 调用 MusicHandle 类的 play（）方法决定是否播放音乐*/
   @Override
   protected void onResume() {
      // TODO Auto-generated method stub
      super.onResume();
      MusicHandle.play(this, R.raw.bg);
   }
   /**游戏暂停，调用 MusicHandle 类的 stop（）方法停止音乐*/
   @Override
   protected void onPause() {
      // TODO Auto-generated method stub
      super.onPause();
      MusicHandle.stop(this);
   }

   //在本类中也添加 menu 菜单，使用音乐的控制
   @Override
   public boolean onCreateOptionsMenu(Menu menu) {
      // 使用 MenuInflater 类来实例化菜单 XML 文件成菜单对象
      MenuInflater inflater=new MenuInflater(this);
      inflater.inflate(R.menu.game_menu, menu);
      return super.onCreateOptionsMenu(menu);
```

```
    }
    //响应 menu 菜单的选项
    @Override
    public boolean onOptionsItemSelected(MenuItem item) {
        // TODO Auto-generated method stub
        switch(item.getItemId())
        {
        case R.id.music:
            Intent intent1=new Intent(Game.this,Music.class);
            startActivity(intent1);
            break;
        }
        return super.onOptionsItemSelected(item);
    }

}
```

运行项目，然后选择 New Game，在新游戏界面下，按 Menu 键，出现如图 4-14 所示的界面。

选择 Music Setting，出现如图 4-15 所示的界面。

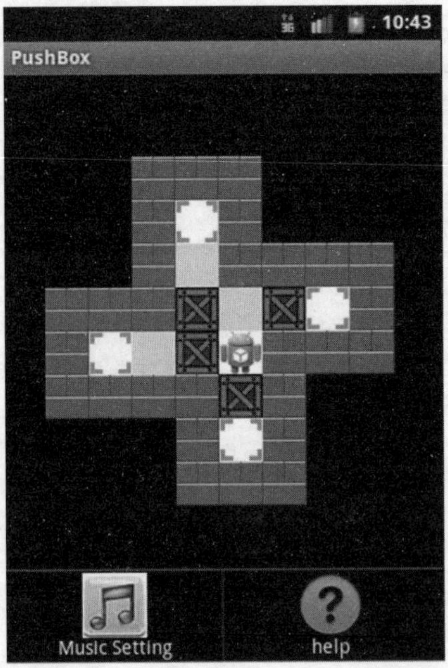

图 4-14

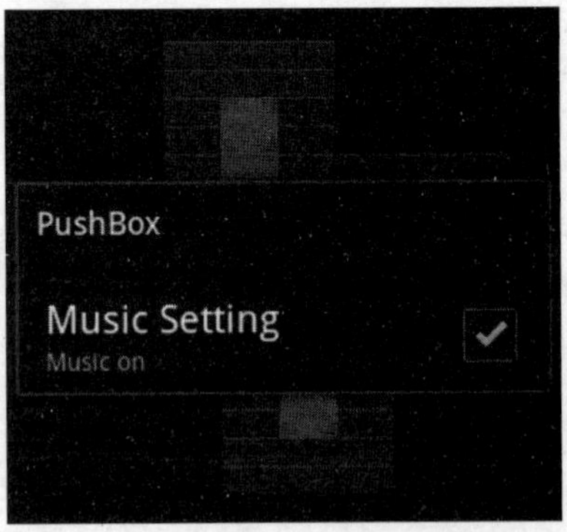

图 4-15

勾选 Music Setting，并返回游戏，则可听到优美的背景音乐。

4.4 视频的使用

视频播放在 Android 系统中也有着广泛的应用，本节介绍如何播放视频文件。

4.4.1 学习目标

通过本节学习以下内容。

视频的播放方法。

4.4.2 相关知识

在 Android 中，我们有三种方式来实现视频的播放。

使用其自带的播放器。指定 Action 为 ACTION_VIEW,Data 为 Uri，Type 为其 MIME 类型。

使用 VideoView 来播放。在布局文件中使用 VideoView 结合 MediaController 来实现对其控制。

使用 MediaPlayer 类和 SurfaceView 来实现，这种方式很灵活。

在介绍三种用法之前,用户要导入模拟器的 SDCard 根目录下一个名为 Test_Movie.mp4 的视频格式（如果读者找不到这个格式的文件，把光盘 code/ch4 文件夹下的 gate1.mp4 重命名为 Test_Movie.mp4）。

1. 调用其自带的播放器

```
    Uri uri = Uri.parse(Environment.getExternalStorageDirectory().getPath()+
"/ Test_Movie.mp4");
        //调用系统自带的播放器
         Intent intent = new Intent(Intent.ACTION_VIEW);
         intent.setDataAndType(uri, "video/mp4");
         startActivity(intent);
```

2. 使用 VideoView 来实现

```
    Uri uri = Uri.parse(Environment.getExternalStorageDirectory().getPath()+
"/Test_Movie.mp4");
    VideoView videoView = (VideoView)this.findViewById(R.id.video_view);
    videoView.setMediaController(new MediaController(this));
    videoView.setVideoURI(uri);
    videoView.start();
    videoView.requestFocus();
```

此时需要在布局文件中添加一个 id 为 video_view 的 VideoView 控件。

3. 使用 MediaPlayer

```
   public class VideoSurfaceDemo extends Activity implements OnCompletion
Listener, OnErrorListener,OnInfoListener,
        OnPreparedListener,
OnSeekCompleteListener,OnVideoSizeChangedListener,SurfaceHolder.Callback{
        private Display currDisplay;
        private SurfaceView surfaceView;
        private SurfaceHolder holder;
```

```
    private MediaPlayer player;
    private int vWidth,vHeight;
    //private boolean readyToPlay = false;

    public void onCreate(Bundle savedInstanceState){
        super.onCreate(savedInstanceState);
        this.setContentView(R.layout.video_surface);

        surfaceView = (SurfaceView)this.findViewById(R.id.video_surface);
        //给 SurfaceView 添加 CallBack 监听
        holder = surfaceView.getHolder();
        holder.addCallback(this);
        //为了可以播放视频或者使用 Camera 预览，我们需要指定其 Buffer 类型
        holder.setType(SurfaceHolder.SURFACE_TYPE_PUSH_BUFFERS);

        //下面开始实例化 MediaPlayer 对象
        player = new MediaPlayer();
        player.setOnCompletionListener(this);
        player.setOnErrorListener(this);
        player.setOnInfoListener(this);
        player.setOnPreparedListener(this);
        player.setOnSeekCompleteListener(this);
        player.setOnVideoSizeChangedListener(this);
        Log.v("Begin:::", "surfaceDestroyed called");
        //然后指定需要播放文件的路径，初始化 MediaPlayer
        String dataPath = Environment.getExternalStorageDirectory().getPath()+
"/Test_Movie.m4v";
        try {
            player.setDataSource(dataPath);
            Log.v("Next:::", "surfaceDestroyed called");
        } catch (IllegalArgumentException e) {
            e.printStackTrace();
        } catch (IllegalStateException e) {
            e.printStackTrace();
        } catch (IOException e) {
            e.printStackTrace();
        }
        //然后，我们取得当前 Display 对象
        currDisplay = this.getWindowManager().getDefaultDisplay();
    }

    @Override
    public void surfaceChanged(SurfaceHolder arg0, int arg1, int arg2,
int arg3) {
        // 当 Surface 尺寸等参数改变时触发
        Log.v("Surface Change:::", "surfaceChanged called");
    }
    @Override
    public void surfaceCreated(SurfaceHolder holder) {
```

```
            // 当 SurfaceView 中的 Surface 被创建的时候被调用
            //在这里我们指定 MediaPlayer 在当前的 Surface 中进行播放
            player.setDisplay(holder);
            //在指定了 MediaPlayer 播放的容器后，我们就可以使用 prepare 或者
prepareAsync 来准备播放了
            player.prepareAsync();

        }
        @Override
        public void surfaceDestroyed(SurfaceHolder holder) {

            Log.v("Surface Destory:::", "surfaceDestroyed called");
        }
        @Override
        public void onVideoSizeChanged(MediaPlayer arg0, int arg1, int arg2)
{
            // 当 video 大小改变时触发
            //这个方法在设置 player 的 source 后至少触发一次
            Log.v("Video Size Change", "onVideoSizeChanged called");

        }
        @Override
        public void onSeekComplete(MediaPlayer arg0) {
            // seek 操作完成时触发
            Log.v("Seek Completion", "onSeekComplete called");

        }
        @Override
        public void onPrepared(MediaPlayer player) {
            // 当 prepare 完成后，该方法触发，在这里我们播放视频

            //首先取得 video 的宽和高
            vWidth = player.getVideoWidth();
            vHeight = player.getVideoHeight();

            if(vWidth > currDisplay.getWidth() || vHeight > currDisplay.
getHeight()){
                //如果 video 的宽或者高超出了当前屏幕的大小，则要进行缩放
                float wRatio = (float)vWidth/(float)currDisplay.getWidth();
               float hRatio = (float)vHeight/(float)currDisplay.getHeight();

                //选择大的一个进行缩放
                float ratio = Math.max(wRatio, hRatio);

                vWidth = (int)Math.ceil((float)vWidth/ratio);
                vHeight = (int)Math.ceil((float)vHeight/ratio);

                //设置 surfaceView 的布局参数
              surfaceView.setLayoutParams(new LinearLayout.LayoutParams(vWidth,
vHeight));
```

```
                //然后开始播放视频

                player.start();
            }
        }
        @Override
        public boolean onInfo(MediaPlayer player, int whatInfo, int extra)
{
            // 当一些特定信息出现或者警告时触发
            switch(whatInfo){
            case MediaPlayer.MEDIA_INFO_BAD_INTERLEAVING:
                break;
            case MediaPlayer.MEDIA_INFO_METADATA_UPDATE:
                break;
            case MediaPlayer.MEDIA_INFO_VIDEO_TRACK_LAGGING:
                break;
            case MediaPlayer.MEDIA_INFO_NOT_SEEKABLE:
                break;
            }
            return false;
        }
        @Override
        public boolean onError(MediaPlayer player, int whatError, int extra)
{
            Log.v("Play Error:::", "onError called");
            switch (whatError) {
            case MediaPlayer.MEDIA_ERROR_SERVER_DIED:
                Log.v("Play Error:::", "MEDIA_ERROR_SERVER_DIED");
                break;
            case MediaPlayer.MEDIA_ERROR_UNKNOWN:
                Log.v("Play Error:::", "MEDIA_ERROR_UNKNOWN");
                break;
            default:
                break;
            }
            return false;
        }
        @Override
        public void onCompletion(MediaPlayer player) {
            // 当 MediaPlayer 播放完成后触发
            Log.v("Play Over:::", "onComletion called");
            this.finish();
        }
    }
```

使用 MediaPlay 与 SurfaceView 结合，视频播放控制灵活，但是代码较长，需要读者在实践中去理解。

4.4.3　项目任务——在游戏中使用视频（*）

假如用户不能顺利通过某一关，而想获得帮助的时候，我们最直接有效的办法是，给它视频帮助，可以快速地帮助其通关。

本次项目任务，为了介绍视频的使用，我们把视频导入到项目内了，因视频文件较小，这样做尚可，如果视频文件较大，应该把视频文件放在网络服务器上，让用户通过 URI 去获取视频资源，详细情况请查阅网络存储相关方面的资料。

我们还是回到本次任务上吧，具体实施步骤如下。

（1）　把视频文件复制到 raw 文件夹下。

本次视频文件名为 gate.mp4 文件，读者可以在资料 ch4 文件夹下找到

（2）　修改 layout 文件夹下的 help.xml 布局文件，具体代码如下。

```
<FrameLayout xmlns:android="http://schemas.android.com/apk/res/android"
   android:layout_width="fill_parent"
   android:layout_height="fill_parent" >
   <VideoView
      android:id="@+id/videoView1"
      android:layout_width="match_parent"
      android:layout_height="match_parent" />
</FrameLayout>
```

我们使用帧布局，使用 VideoView 控件来控制视频播放。

（3）　改变 helper.java 类的内容。

```
package lesson.game.pushbox;

import android.app.Activity;
import android.os.Bundle;
import android.widget.MediaController;
import android.widget.VideoView;

public class Helper extends Activity {
   //定义 VideoView vv
   VideoView vv=null;
   @Override
   protected void onCreate(Bundle savedInstanceState) {
     super.onCreate(savedInstanceState);
     setContentView(R.layout.help);
     //实例化 vv
     vv=(VideoView)findViewById(R.id.videoView1);
     /**设置视频资源的路径
      * 如果是网络资源，或是 SDcard 资源时，
      * 可以使用 vv.setVideoURI(uri)来设置资源位置
      * */
     vv.setVideoPath("android.resource://" + getPackageName() +"/"+R.raw.gate1);
     //给资源设置媒体控制器，可以控制媒体的播放与暂停等
     vv.setMediaController(new MediaController(this));
```

```
        //播放视频
        vv.start();
        //视频获得焦点
        vv.requestFocus();

    }

}
```

（4） 运行效果如图 4-16 所示。

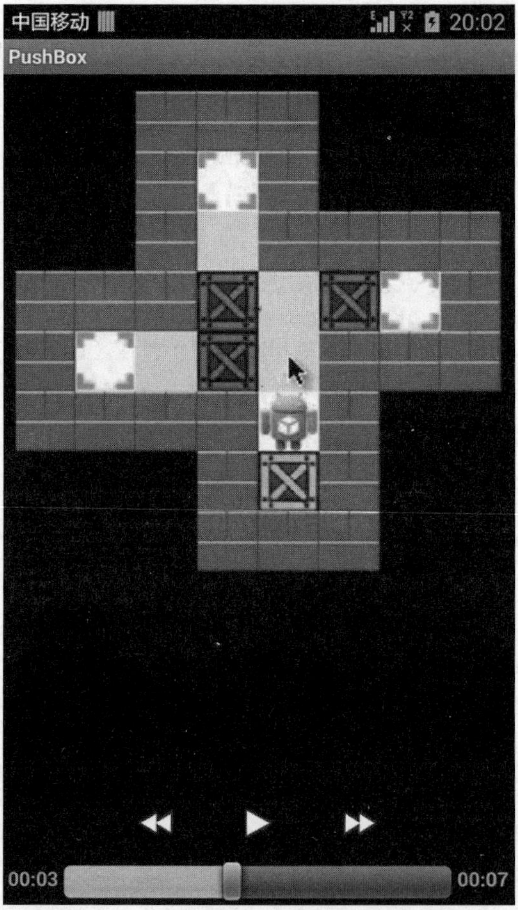

图 4-16

说明一下：模拟器解码问题，可以播放 SDcard 的视频，不能播放 raw 文件夹下的视频，需要使用真机测试，具体实现方法如下：

（1） 关闭模拟器，使用数据线把真机与电脑相连，真机中选择“设置” –>“开发人员选项”，勾选“USB 调试”及“保持屏幕唤醒状态”。

（2） 给真机安装驱动，可以使用手机助手来进行（360、腾讯、金山等都有手机助手）

（3） 在 Eclipse 的 DDMS 中如果能看到真机名字（如图 4-17 所示），则说明驱动安装成功。

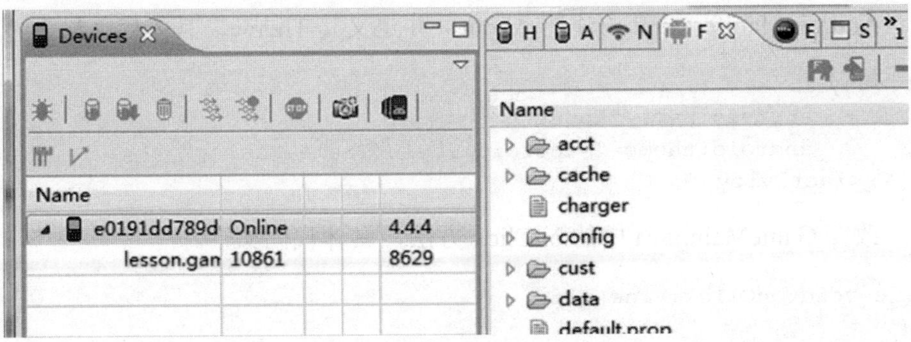

图 4-17

（4） 在 Eclipse 中运行项目，即可在真机中看到结果，在此运行结果不再展示。

下面我们讨论另一个问题：About 按钮有何作用呢？我们可以把 About 按钮设置为，介绍游戏的界面。

设置步骤如下。

（1） 在 layout 文件夹下建立一个 about.xml 布局文件，具体代码如下。

```
<?xml version="1.0" encoding="utf-8"?>
<LinearLayout xmlns:android="http://schemas.android.com/apk/res/android"
   android:layout_width="match_parent"
   android:layout_height="match_parent"
   android:orientation="vertical" >

   <TextView
      android:id="@+id/textView1"
      android:layout_width="wrap_content"
      android:layout_height="wrap_content"
      android:text="@string/help_content" />

</LinearLayout>
```

（2） 在 lesson.game.pushbox 包下建立 About.java 类，具体代码如下。

```
package lesson.game.pushbox;

import android.app.Activity;
import android.os.Bundle;

public class About extends Activity{

   @Override
   protected void onCreate(Bundle savedInstanceState) {
     // TODO Auto-generated method stub
     super.onCreate(savedInstanceState);
     setContentView(R.layout.about);
   }
}
```

（3） AndroidManifest.xml 内注册 About，并定义其 Theme，具体代码如下。

```
<activity
        android:name="About"
        android:theme="@android:style/Theme.Dialog" >
    </activity>
```

（4） 改变 GameMain.java 中的 onClick 方法，具体代码如下。

```
public void onClick(View view)
    {
     Intent in=null;
     switch(view.getId())
     {
     case R.id.btn_new_game:
         in=new Intent(GameMain.this,Game.class);
         startActivity(in);
         break;
     case R.id.btn_exit:
         isFinish();
         break;
     case R.id.btn_about:
         in=new Intent(GameMain.this,About.class);
         startActivity(in);
         break;
     }
```

（5） 运行，单击 About 按钮，可以见到图 4-18 所示的按钮。

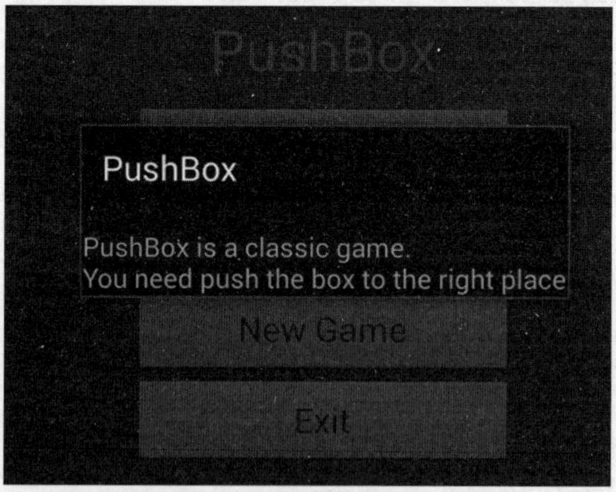

图 4-18

这样一来，About 是介绍游戏的，help 是帮助用户过关的设置，各司其职。

最后一点：游戏的关数，本教材只给了 4 关的二维数组，其实读者有兴趣的话，可以在网络上边玩推箱子边把该关的游戏写成二维数组，你只要对照下面这个法则即可。

0 nothing（围墙之外的方格）;

1 wall（每一个围墙方格）;

2 goal（目标区域，箱子将推往该区域）；

3 road（路，箱子和人走动的格子）；

4 box（箱子，在路上的状态）；

5 box at goal（箱子，在目标区域时的状态）；

6 man（推箱子的人）。

例如，看到图 4-19 所示的一关，可以很快的写出该关的地图。

图 4-19

对应的地图数组如下。

```
{
        { 0, 1, 1, 1, 1, 1, 1, 0 },
        { 1, 1, 3, 3, 3, 3, 1, 1 },
        { 1, 3, 4, 3, 4, 4, 3, 1 },
        { 1, 2, 2, 2, 2, 2, 2, 1 },
        { 1, 3, 4, 4, 3, 4, 3, 1 },
        { 1, 1, 1, 3, 6, 1, 1, 1 },
        { 0, 0, 1, 1, 1, 1, 0, 0 },
}
```

把这个数组加在 MapList.java 类中的三维数组 map[][][]中即可成为一关。以此类推，我们可以把推箱子的关卡地图一个个地写出来。

小结

Android 的多媒体较为丰富，既有图片、图形又有音、视频等，在项目使用时，需多加小心，它们容易占据较大的内存，造成内存溢出等问题，有兴趣的读者可以研究一下内存溢出问题。本章介绍的是基本知识，主要做了以下几个方面的知识阐述：

自定义视图的三种方法介绍

2D 绘图的相关基础知识，其中重点介绍了 Color 类、Paint 类、canvas 类、Path 类、

Bitmap 类的主要方法及使用

多媒体中的视频、音频播放，介绍了 MediaPlayer 类的主要方法及使用。

习题

（1） 请你给自己设计一个自定义视图的项目，并添加背景音乐控制。

（2）请你根据本章知识，使用 MediaPlayer 及 SurfaceView 完成视频文件的播放控制。

第 5 章　项目中的数据存储

一个项目的好坏，往往是由细节决定的。在上一章中，我们已经把推箱子游戏的主要功能实现了，但是这还不够。大家玩的时候不知道注意没有，当我们某一步失败后，不能返回上一步，若想返回上一步，那么就需要预先把移动前的游戏状态存储起来。另外，如果将每一关的游戏用时、操作步数都记录下来，就可以使游戏玩家一较高下，增加游戏乐趣。而以上种种，都需要 Android 中的数据存储来实现，本章就来介绍数据存储功能。

5.1　内部存储

内部存储有多种形式，一种是开发者可以直接使用设备的内部存储器中保存文件；另外一种是使用内存。本节简单介绍二者的使用。

5.1.1　学习目标

通过本节学习以下内容。

（1）　使用文件在内部存储中存储数据。

（2）　使用堆栈来存储数据。

5.1.2　相关知识

1.　使用文件在内部存储中存储数据

内部存储，在 Android 中，开发者可以直接在设备的内部存储器中保存文件，默认情况下，以这种方式保存的数据是只能被当前程序访问，而当用户卸载该程序的时候，这些文件也会随之被删除。

使用内部存储保存数据的方式，基本上也是先获得一个文件的输出流，然后以 write() 的方式把待写入的信息写入到该输出流中，最后关闭流即可。这些都是 Java 中 IO 流的操作。

内部文件有普通文件和临时文件，分别使用 getFilesDir()和 getCacheDir()获取内部文件和临时文件所在的存储目录。

然后再在这些目录里创建文件进行存取，举例如下。

```
File file = new File(context.getFilesDir(), filename);
```

然后使用 openFileOutput()（得到一个 FileOutputStream）openFileInput()（得到一个

FileInputStream）或来读写数据，举例如下。

```
String filename = "myfile";
String string = "Hello world!";
FileOutputStream outputStream;
try {
  outputStream = openFileOutput(filename, Context.MODE_PRIVATE);
  outputStream.write(string.getBytes());
  outputStream.close();
} catch (Exception e) {
  e.printStackTrace();
}
```

如果缓存一些文件，我们可以使用 createTempFile()来创建文件，举例如下。

```
public File getTempFile(Context context, String url) {
File file;
    try {
       String fileName = Uri.parse(url).getLastPathSegment();
      file = File.createTempFile(fileName, null, context.getCacheDir());
    catch (IOException e) {
       // Error while creating file
    }
    return file;
}
```

2. 使用堆栈来临时存储数据

使用数组等存储数据时，一般保存在堆栈中，这些数据读取方便，但是易丢失。不过在有些场合，我们可以利用这些特点来编程，比如 List、ArrayList 等。

5.1.3 项目任务——使用内存存储数据

用户由于操作失误，把箱子推到墙边或和另一个箱子靠近时，如果从头开始，则浪费时间，简洁有效的办法是允许用户返回最近的一个游戏状态，给个他“改过”的机会。本节就来实现这个功能。

需要说明的是，内部存储方法较多，我们可以使用文件的形式存储在内部存储里，也可以直接在堆栈里存储少量数据，本项目使用后者，利用链表可以动态地存、取数据。

（1） 在 GameView.java 中增加内部类，添加一个 ArrayList。

我们知道 Arraylist 存储的是一个数据对象，要想让这个对象是一个二维数组，那么就需要使用类中的泛型（关于类的泛型，读者可以去了解一下 Java 的相关知识）。

定义在推箱子游戏 GameView.java 类中的内部类，具体代码如下。

```
class CurrentMap {
    //定义一个二维数组，稍后赋值
    int[][] currMap;
    //内部类的构造方法
    public CurrentMap(int[][] maps) {
        int row = maps.length;
```

```
            int column = maps[0].length;
            int[][] temp = new int[row][column];
            for (int i = 0; i < row; i++)
                for (int j = 0; j < column; j++) {
                    temp[i][j] = maps[i][j];
                }
            //给 currMap 赋值
            this.currMap = temp;
        }
        //调取赋值后的 currMap
        public int[][] getMap() {
            return currMap;
        }
    }
public ArrayList<CurrentMap> list = new ArrayList<CurrentMap>();
```

以上这些代码，直接写在 GameView.java 类的最后一个“}”之前即可。

（2） GameView.java 中增加存储和恢复游戏的方法，具体代码如下。

```
//定义 back()方法，恢复游戏
  public void back() {
    if (list.size() > 0) {
        CurrentMap prioMap = list.get(list.size() - 1);
        map = prioMap.getMap();
        getManPosition();
        // reinitMap();
        list.remove(list.size() - 1);
    } else {
        Toast.makeText(this.getContext(), "you can't back",
                Toast.LENGTH_SHORT).show();
    }
  }
  //存储游戏地图，只存储最近的十步
  public void storyMap(int[][] map) {
    CurrentMap cuMap = new CurrentMap(map);
    list.add(cuMap);
    if (list.size() > 10)
        list.remove(0);
  }
```

storyMap()方法应用在每一次移动之前，这里仅给出在 moveDown()方法中的具体使用方法，moveUp()、moveLeft()、moveRight()几个方法中，请读者自己添加，也可直接参加本章的源程序（见光盘 code/ch5/PushBox_Preferences）。

```
  private void moveDown() {
      if (map[manX + 1][manY] == BOX || map[manX + 1][manY] == BOXATGOAL) {
          if (map[manX + 2][manY] == GOAL || map[manX + 2][manY] == ROAD) {
              storyMap(map);
              map[manX + 2][manY] = map[manX + 2][manY] == GOAL ? BOXATGOAL
                  : BOX;
```

```
                map[manX + 1][manY] = MAN;
                map[manX][manY] = roadOrGoal(manX, manY);
                manX++;
            }
        } else {
            if (map[manX + 1][manY] == ROAD || map[manX + 1][manY] == GOAL) {
                storyMap(map);
                map[manX + 1][manY] = MAN;
                map[manX][manY] = roadOrGoal(manX, manY);
                manX++;
            }
        }
    }
```

（3） 把游戏恢复应用在 menu 菜单中。

游戏中如果用户错推了箱子，可以按 menu 菜单，然后选择 back，进行后退一步或多步（再次按 menu 键选择 back，最多后退十步），要实现该功能，请参照下面的步骤。

① 定义 String.xml 定义 string。

```
<string name="back_text">back</string>
```

② 复制图片 back.png（如图 5-1 所示）到 drawable 文件夹。

back.png

图 5-1

③ 改写 menu 文件夹下的 game_menu.xml 文件，具体代码如下。

```
<menu xmlns:android="http://schemas.android.com/apk/res/android" >

    <item
        android:id="@+id/music"
        android:icon="@drawable/music"
        android:title="@string/music_text"/>
    <item
        android:id="@+id/help"
        android:icon="@drawable/help"
        android:title="@string/help_text"/>
    <item
        android:id="@+id/back"
        android:icon="@drawable/back"
        android:title="@string/back_text"/>
</menu>
```

④ 改写 Game.java 类，具体代码如下。

```
package lesson.game.pushbox;

import android.app.Activity;
import android.content.Intent;
import android.os.Bundle;
import android.view.Menu;
import android.view.MenuInflater;
import android.view.MenuItem;
import android.view.View;
public class Game extends Activity implements View.OnLongClickListener{
   GameView gameView=null;
   @Override
   protected void onCreate(Bundle savedInstanceState) {
      // TODO Auto-generated method stub
      super.onCreate(savedInstanceState);
      setContentView(R.layout.game);
      gameView=(GameView)findViewById(R.id.myGameView);
   }
   /**当界面运行时，根据用户的喜好
    * 调用 MusicHandle 类的 play（）方法决定是否播放音乐*/
   @Override
   protected void onResume() {
      // TODO Auto-generated method stub
      super.onResume();
      MusicHandle.play(this, R.raw.bg);
   }
   /**游戏暂停，调用 MusicHandle 类的 stop（）方法停止音乐*/
   @Override
   protected void onPause() {
      // TODO Auto-generated method stub
      super.onPause();
      MusicHandle.stop(this);
   }

    //在本类中也添加 menu 菜单，使用音乐的控制
   @Override
   public boolean onCreateOptionsMenu(Menu menu) {
      // 使用 MenuInflater 类来实例化菜单 XML 文件成菜单对象
      MenuInflater inflater=new MenuInflater(this);
      inflater.inflate(R.menu.game_menu, menu);
      return super.onCreateOptionsMenu(menu);
   }
   //响应 menu 菜单的选项
   @Override
   public boolean onOptionsItemSelected(MenuItem item) {
      // TODO Auto-generated method stub
      switch(item.getItemId())
      {
      case R.id.music:
          Intent intent1=new Intent(Game.this,Music.class);
```

```
            startActivity(intent1);
            break;
        case R.id.help:
            Intent intent2=new Intent(Game.this,Helper.class);
            startActivity(intent2);
            break;
        case R.id.back:
            gameView.back();
            gameView.invalidate();
            break;
        }
        return super.onOptionsItemSelected(item);
    }
    @Override
    public boolean onLongClick(View v) {
        // TODO Auto-generated method stub

        return false;
    }
}
```

（4） 运行，测试。

我们运行项目后，在游戏中单击 menu 菜单，可见到如图 5-2 所示的界面。

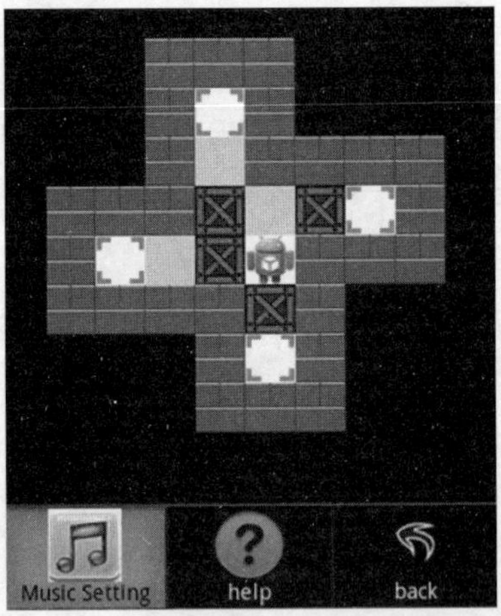

图 5-2

单击 back，可以看到游戏向前恢复一步（如果不能恢复，则会出现提示）。

需要说明的是，本项目中产生的数据量较小（多余十步，就从链表中删除了），如果数据较多，应该使用 SDcard 或者网络存储。

5.2 外部存储

内部存储空间有限，保存大量数据时，不再适合，这个时候外部存储（比如 SDCard）比较适合。

5.2.1 学习目标

通过本节学习以下内容。

访问 SDCard。

5.2.2 相关知识

Android 模拟器支持 SD 卡，但模拟器中没有默认的 SD 卡，开发人员须在模拟器中手工添加 SD 卡的映像文件。

添加方法是：打开 Eclipse，在 Windows 菜单中选择“Android Virtual Device Manager”，弹出如图 5-3 所示的界面。

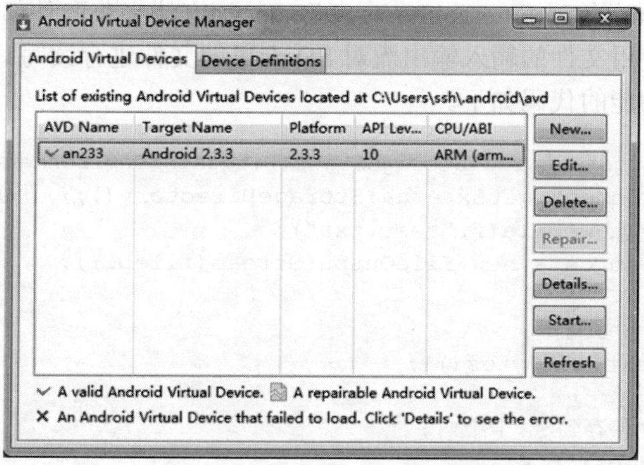

图 5-3

在弹出的对话框中选中需要修改的模拟器（例如图 5-3 中的 an233），单击右侧的“Edit”按钮，出现如图 5-4 所示的对话框。

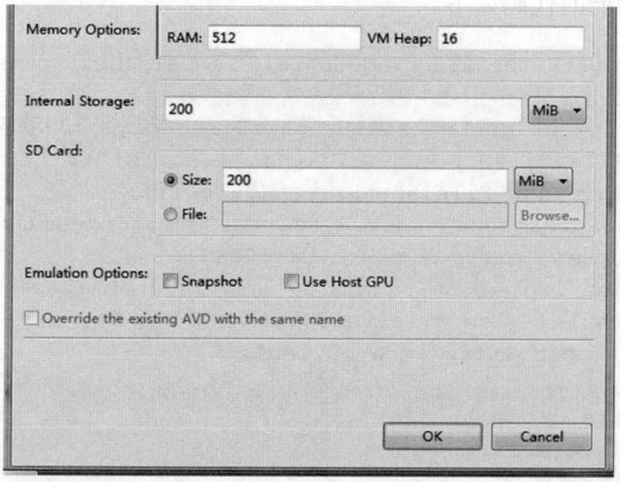

图 5-4

在 SD Card 选项中的 Size 部分输入一个数字，即 SDCard 的存储大小，单击 OK 确定。

为了读\写 SD 卡上的文件，必须在 AndroidManifest.xml 中添加读\写 SD 卡的权限。

在 SD 卡上创建与删除文件的权限需添加以下代码。

```
Android.permission.MOUNT_UNMOUNT_FIFESYSTEMS
```

向 SD 卡写入数据的权限需添加以下代码。

```
Android.permission.WRITE_EXTERNAL_STORAGE
```

另外在程序中需要判断 SDCard 是否存在（SDCard 物理损坏、人为卸载）。此时调用 Environment 的 getExternalStorageState()方法判断手机上是否有 SD 卡，并且应用程序具有读写 SD 卡的权限，代码如下。

Environment.getExternalStorageState().equals(Environment.MEDIA_MOUNTED)

调用 Environment 的 getExternalStorageDirectory()方法来获取外部存储器，也就是 SD 卡的根目录，然后使用文件的输入输出流对 SD 卡里的文件进行读写。

实现写入文件功能的代码如下。

```
if (Environment.getExternalStorageState().equals(Environment.MEDIA_MOUNTED)){
File f = Environment.getExternalStorageDirectory();//获取 SD 卡目录
File fileDir = new File(f,"test.txt");
FileOutputStream os = new FileOutputStream(fileDir);
try {
    // text 为一个字符串
    os.write(text.getBytes());
    os.close();
    showToast("保存到 SD 卡中");
} catch (IOException e) {
    // TODO Auto-generated catch block
    e.printStackTrace();
}
}
```

实现读取文件功能的代码如下。

```
if (Environment.getExternalStorageState() .equals(Environment.MEDIA_MOUNTED))
{
File f = Environment.getExternalStorageDirectory();//获取 SD 卡目录
            File fileDir = new File(f,"test.txt");
            is = new FileInputStream(fileDir);
ByteArrayOutputStream bos = new ByteArrayOutputStream();
            byte[] array = new byte[1024];
            int len = -1;
            while( (len = is.read(array)) != -1){
                bos.write(array,0,len);
            }
            bos.close();
            is.close();
//text 为一个字符串变量
            text=bos.toString();
}
```

最后要注意：在 Android 项目中要想使用 SDCard 需要在 AndroidManifest.xml 中加入访问 SDCard 的权限，具体代码如下。

```
    <!-- 在 SDCard 中创建与删除文件权限 -->
    <uses-permission
android:name="android.permission.MOUNT_UNMOUNT_FILESYSTEMS"/>
    <!-- 往 SDCard 写入数据权限 -->
    <uses-permission
android:name="android.permission.WRITE_EXTERNAL_STORAGE"/>
```

添加的位置在<application>标签之外。

5.2.3 项目任务——使用 SDCard 存储数据（*）

本节来讨论一下 SDCard 存储的使用，如果读者想继续学习推箱子游戏，可先跳过本节内容。

（1） 新建项目，如图 5-5 所示。

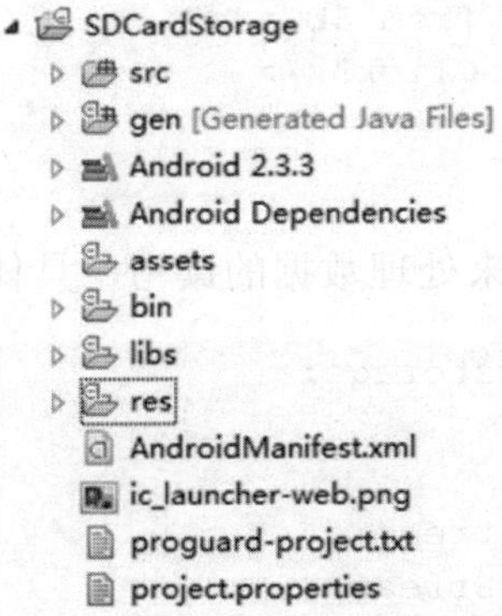

图 5-5

（2） 改写布局文件，具体代码如下。

```
    <LinearLayout xmlns:android="http://schemas.android.com/apk/res/android"
        android:layout_width="fill_parent"
        android:layout_height="fill_parent"
        android:orientation="vertical" >

        <TextView
            android:id="@+id/textView1"
            android:layout_width="wrap_content"
            android:layout_height="wrap_content"
            android:text="Input data" />

        <EditText
            android:id="@+id/editText1"
            android:layout_width="match_parent"
            android:layout_height="wrap_content"
            android:ems="10" >
```

```
    </EditText>

    <TextView
        android:id="@+id/result"
        android:layout_width="wrap_content"
        android:layout_height="wrap_content" />

    <Button
        android:id="@+id/write"
        android:layout_width="wrap_content"
        android:layout_height="wrap_content"
        android:text="Write to SDCard"
        android:onClick="onClick" />

    <Button
        android:id="@+id/read"
        android:layout_width="wrap_content"
        android:layout_height="wrap_content"
        android:text="Read from SDCard"
        android:onClick="onClick" />

</LinearLayout>
```

（3） 编写 MainActivity.java 来处理数据的读写，具体代码如下。

```
package cn.edu.ssh.sdcardstorage;

import java.io.File;
import java.io.FileInputStream;
import java.io.FileOutputStream;
import java.io.IOException;

import android.os.Bundle;
import android.os.Environment;
import android.app.Activity;
import android.view.Menu;
import android.view.View;
import android.widget.EditText;
import android.widget.TextView;
import android.widget.Toast;

public class MainActivity extends Activity {
   TextView result;
   EditText user_data;
   String s ;

   @Override
   protected void onCreate(Bundle savedInstanceState) {
     super.onCreate(savedInstanceState);
     setContentView(R.layout.activity_main);
     /**
```

```
    * 实例化 result、user_data result 用来显示从 SDCard 读取的内容
    * user_data 是用户输入的内容，将保存在 SDCard 的 record.doc 文件中
    * */
   result = (TextView) findViewById(R.id.result);
   user_data = (EditText) findViewById(R.id.editText1);
 }

 // 定义字符串常量，表示文件名
 final String FILE = "record.doc";

 // 处理用户的单击
 public void onClick(View v) {
   // 创建文件 file，路径在 SDCard 中
   File file = new File(Environment.getExternalStorageDirectory(), FILE);
   switch (v.getId()) {
   case R.id.write:
       // 获取用户输入的值
       s = user_data.getText().toString();
       // 判断外部 SDCard 是否存在，存在则存储
       if (Environment.getExternalStorageState().equals(
               Environment.MEDIA_MOUNTED)) {
           //使用 try…catch 块处理 I/O 操作
       try {
       //定义文件输出流，是用于将数据写入 file
       FileOutputStream fos = new FileOutputStream(file, true);
       /**写入数据，数据类型是 Byte，所以需要将字符串 s 转化
        * String 类中的 getBytes()可将字符串转化为字节
           * */
           fos.write(s.getBytes());
           fos.close();
           //提示写入成功
           Toast.makeText(this, "Write to SDCard successfully",
                   Toast.LENGTH_LONG).show();
           } catch (IOException e) {
               //异常出现时，提示 SDCard 不存在
               Toast.makeText(this, "There is no SDCard",
                       Toast.LENGTH_LONG).show();
           }
       }
       break;
   case R.id.read:
       if (Environment.getExternalStorageState().equals(
               Environment.MEDIA_MOUNTED)) {
   try {
       //定义文件输入流，是用于从 file 中读取数据，以字节为单位
       FileInputStream fis = new FileInputStream(file);
           //判断文件的长度
           int len=fis.available();
           //定义接收输入流的字节类型的数组
           byte[] ss=new byte[len];
```

```
                //读取数据
                fis.read(ss);
                fis.close();
                //将字节类型的数组转化为字符串，使用的构造方法
                s=new String(ss);
                //显示读取的数据
                result.setText(s);
            } catch (IOException e) {
                Toast.makeText(this, "It's fail to read from SDCard",
                        Toast.LENGTH_LONG).show();
            }
        }
        break;

        }
    }
}
```

（4） AndroidManifest.xml 中申明使用权限，具体代码如下。

```
<uses-permission android:name="android.permission.WRITE_EXTERNAL_STORAGE"/>
    <uses-permission
android:name="android.permission.MOUNT_UNMOUNT_FILESYSTEMS"/>
```

这两条语句写在 application 标签的上部即可，位置可参考如图 5-6 所示的画线位置。

```
<uses-sdk
    android:minSdkVersion="10"
    android:targetSdkVersion="10" />
<uses-permission android:name="android.permission.WRITE_EXTERNAL_STORAGE"/>
<uses-permission android:name="android.permission.MOUNT_UNMOUNT_FILESYSTEMS"/>

<application
    android:allowBackup="true"
```

图 5-6

（5） 运行并输入数据，并单击“Write to SDCard”，出现如图 5-7 所示的效果。单击 Read from SDCard，出现如图 5-8 所示的效果。

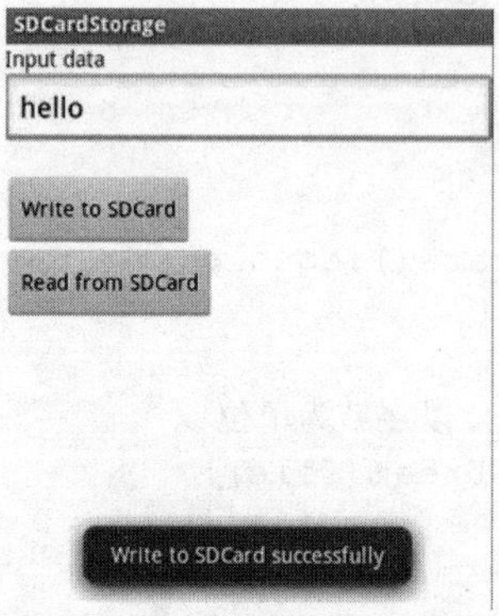

图 5-7

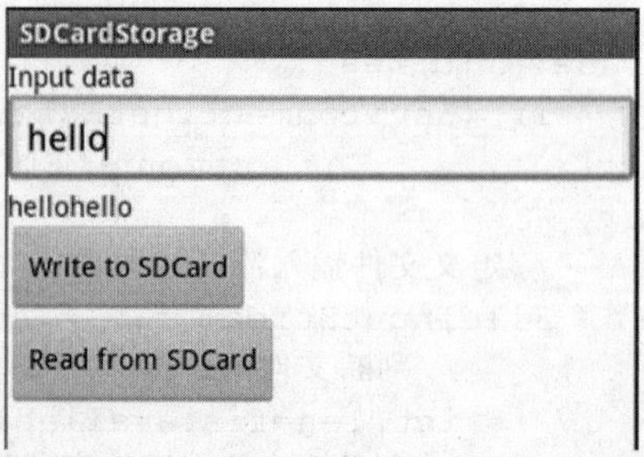

图 5-8

我们可以看到刚才输入的内容已经被显示出来（显示两个 hello，说明输入单击了两个 Write to SDCard）。如果没有出现上面的结果，请按照下面步骤检查：

确保你的模拟器或真机已经装载 SDCard。

真机检查不再赘述，模拟器如何虚拟 SDCard 呢？我们在 Eclipse 中找到 Windows-Android Virture Device。单击它，出现如图 5-9 所示的对话框。

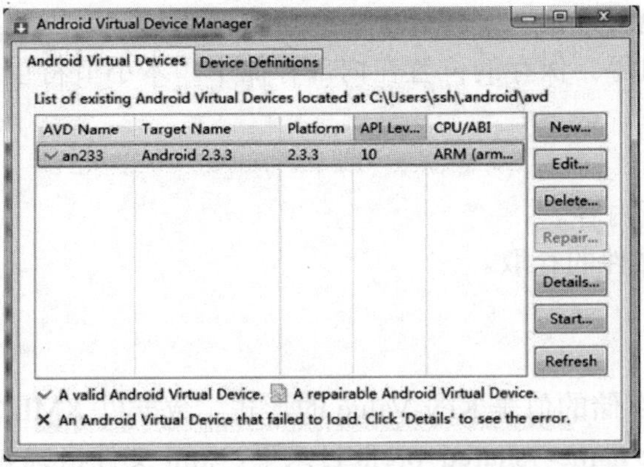

图 5-9

选中模拟设备（本例是 an233），单击 Edit 按钮，出现如图 5-10 所示的效果。

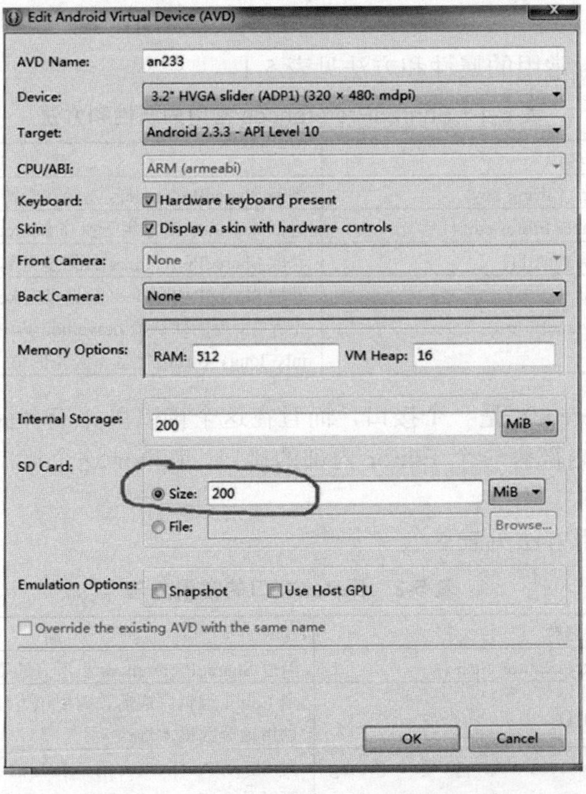

图 5-10

在图 5-10 的 SDCard 选项的 Size 中输入一个数字，如 200，代表 SDCard 的大小，单击 OK 按钮即可。关闭你原有的模拟器，再次运行，将会出现正确结果。

5.3 SharedPreference

SharedPreference 在 Android 中用来存储少量的数据信息，通常用于存储用户特定的设置，如：用户选择的色彩方案、字体大小、系统窗口布局等。主要存储字符串、数字和布尔值，简单的字节数组等。保存的位置在内部存储中。本小节将重点介绍它的用法。

5.3.1 学习目标

通过本节学习以下内容。

SharePreferences 文件的存取。

5.3.2 相关知识

SharePreferences 存储的值是 Key-Value 的形式。数据以 XML 文件形式储存，文件存放在/data/data/<package name>/shared_prefs 目录下，xml 文件格式如下：

```
<?xml version="1.0" encoding="utf-8" standalone="yes" ?>
<map>
  <boolean name="music" value="true"/>
</map>
```

SharedPreferences 常用的属性和方法见表 5-1。

表 5-1 SharedPreferences 常用的属性和方法

方法名称	描　述
public abstract boolean contains (String key)	判断 SharedPreferences 是否包含特定 key 的数据
public abstract SharedPreferences.Editor edit ()	返回一个 Edit 对象用于操作 SharedPreferences
public abstract Map<String, ?> getAll ()	获取 SharedPreferences 数据里全部的 key-value 对
getXXX(String key,XXX defvlaue)	获取 SharedPreferences 数据指定 key 所对应的 value，如果该 key 不存在，返回默认值 defvalue。其中 XXX 可以是 boolean、float、int、long、String 等基本类型的值

由于 SharedPreference 是一个接口，而且在这个接口里并没有提供写入数据和读取数据的能力。但是在其内部有一个 Editor 内部的接口，Editor 这个接口有一系列的方法用于操作 SharedPreference。

Editor 接口的常用方法见表 5-2。

表 5-2 Editor 接口的常用方法

方法名称	描　述
public abstract SharedPreferences.Editor clear ()	清空 SharedPreferences 里所有的数据
public abstract boolean commit ()	当 Editor 编辑完成后，调用该方法可以提交修改，而且必须要调用这个数据才修改
public abstract SharedPreferences.Editor putXXX (String key, boolean XXX)	向 SharedPreferences 存入指定的 key 对应的数据，其中 XXX 可以是 boolean、float、int、long、String 等基本类型的值
public abstract SharedPreferences.Editor remove (String key)	删除 SharedPreferences 里指定 key 对应的数据项

SharedPreferences 是一个接口，程序是无法创建 SharedPreferences 实例的，可以通过以下方法来得到一个 SharedPreferences 实例。

（1） getPreferences(int MODE)。

获取到作用域是本 Activity 的 preference，通过 Activity 对象获取，获取的是本 Activity 私有 Preference，文件的名称为这个 Activity 的名字，因此一个 Activity 只能有一个，属于这个 Activity。

比如我们在 MainActivity 中写入以下代码。

```
SharedPreferences sp=this.getPreferences(MODE_PRIVATE);
```

这样将在 /data/data/<package name>/shared_prefs 这个文件夹内将出项一个以 MainActivity.xml 命名的文件。利用 DDMS 的 FileExplorer 窗口可以查看该文件夹，如图 5-11 所示。

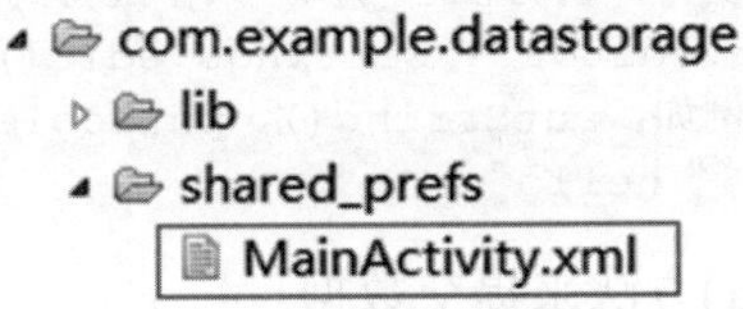

图 5-11

也可以利用 DDMS 的导入选项，导出该 xml 文件。

mode：是指定读写方式，其值有三种，分别如下。

Context.MODE_PRIVATE：指定该 SharedPreferences 数据只能被本应用程序读、写。

Context.MODE_WORLD_READABLE：指定该 SharedPreferences 数据能被其他应用程序读，但不能写。

Context.MODE_WORLD_WRITEABLE：指定该 SharedPreferences 数据能被其他应用程序读写。

（2） getSharedPreferences(String name, int mode)。

通过 Activity 对象获取，但是属于整个应用程序，可以有多个，以第一参数的 name 为文件名(文件名不需要加后缀名)保存在系统中。例如：

```
SharedPreferences sp=this.getPreferences("game",MODE_WORLD_WRITEABLE);
```

使用上面这行代码，可以在/data/data/<package name>/shared_prefs 下自动生成的 shared_prefs 文件夹，在这个文件夹内将出现一个以 MainActivity.xml 命名的文件，如图 5-12 所示。

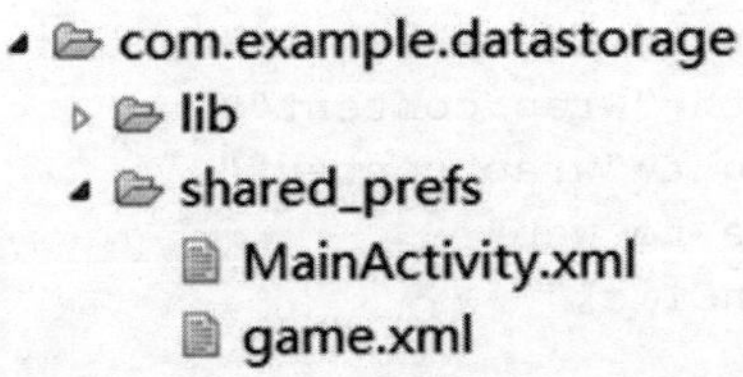

图 5-12

（3） getDefaultSharedPreferences (Context context)。

context 是指要获取的值所在 preference 文件的抽象，context 允许获取以应用为特征的资源和类型。这种方法一般是对用户已经定义好的 preferenceScreen（XML 类型）的文件的操作。例如：

```
PreferenceManager.getDefaultSharedPreferences(context)
   .getBoolean("music", true);
```

这个方法需要事先定义好一个 XML 类型的 PreferenceScreen 布局，然后利用这个方法调取布局内的用户取值，请参考 5.3.3 节的项目实例。

写入数据。

使用 edit()方法来得到 SharedPreferences.Editor 接口。

```
 SharedPreferences settings = getSharedPreferences(“game”, 0);
 //使用 getPreferences()或另外一种方法也可以，只不过得到的文件不同
 SharedPreferences.Editor editor = settings.edit();
添加数据时使用 putxx()方法，例如，putString()、putBoolean()等
Editor.putString(“key1”,” hello”);
```

添加完数据后，使用 commit()方法来提交数据。

```
  editor.commit();
```

读取数据。

使用 getSharedPreferences()来打开内存文件。

```
  SharedPreferences settings = getSharedPreferences("game", 0);
```

使用 getxx()方法来得到对应 key 的值（value），例如 getString()、getBoolean()。

例：

（1） 新建一个项目，布局文件中的代码如下。

```
<LinearLayout xmlns:android="http://schemas.android.com/apk/res/android"
   android:layout_width="fill_parent"
   android:layout_height="fill_parent"
   android:orientation="vertical" >
   <TextView
      android:id="@+id/textView1"
      android:layout_width="wrap_content"
      android:layout_height="wrap_content" />

   <Button
      android:id="@+id/button1"
      android:layout_width="wrap_content"
      android:layout_height="wrap_content"
      android:text="write to web"
      android:onClick="onClick" />

   <Button
```

```
        android:id="@+id/button2"
        android:layout_width="wrap_content"
        android:layout_height="wrap_content"
        android:text="read from web"
        android:onClick="onClick" />

</LinearLayout>
```

（2） 改写 MainActivity.java 类的内容如下。

```
public class MainActivity extends Activity
{
   TextView tv;
   Sttring s;
   @Overrride
   Protected void onCreate(Bundle savedInstanceState)
   {
     super.onCreate(savedInstanceState);
     setContentView(R.layout.act_main);
     tv=(TextView)findViewById(R.id.textView1);
   }
   public void onClick(View v)
   {
     SharedPreferences sp=
         this.getPreferences(MODE_PRIVATE);
     switch(v.getId())
     {
     casse R.id.button1:
         sp.edit().putString("hi","hello").commit();
         Toast.makeText(MainActivity.this,"write data ok",1000).show();
         Break;
     case R.id.button2:
         s=sp.getString("hi","");
         tv.setText(s);
         break;
     }
   }
}
```

（3） 运行，单击 write 按钮。

可以在 DDMS 的 File Explorer 中看到如图 5-13 所示的结果。

（4） 单击 read 按钮，textView1 中出现 hello 语句，效果如图 5-14 所示。

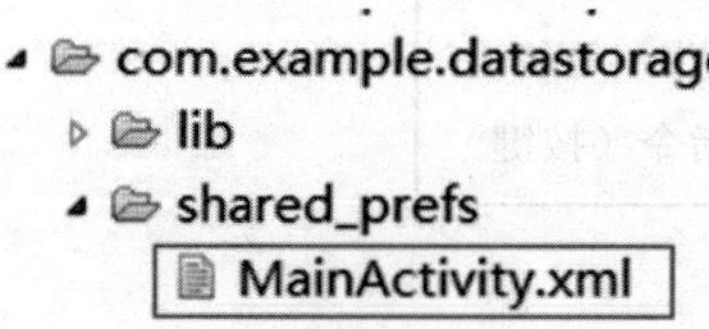

图 5-13

图 5-14

5.3.3 项目任务——存储游戏数据

目前，我们的游戏主要功能只剩下 Continue 按钮功能没有实现了。这个按钮的功能是当用户在任意的一步退出后，下一次启动游戏并想接着玩时，按 Continue 即可。这需要游戏开发者把用户最后一步的状态存储起来（不能在内存里了，应用程序关闭，存储资源就释放了）。我们可以把这些需要长久保存的少量数据存放在内部存储中，使用 Preferences 较为合适。在给出代码前，我们讨论一下这个游戏的流程，如图 5-15 所示。

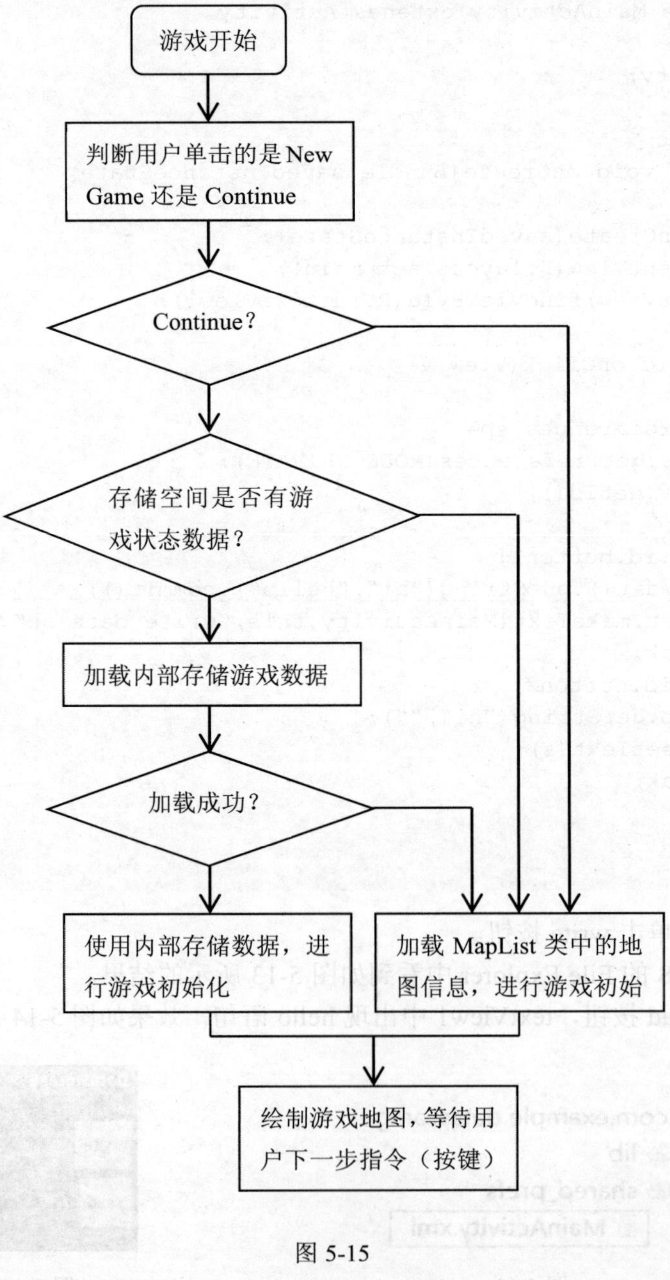

图 5-15

根据上面的分析，我们按下面步骤来实现。

（1） 改写 GameMain.java 中的 onClick 方法，来处理用户的按键。

```
/**
 * 通过判断用户单击按钮来做相应的动作
 * 通过 Intent 携带数据，Game 类根据数据判断应该加载那类游戏视图
 * continue=no 是新游戏
 * continue=yes 需要加载存储的游戏状态，来继续上一次未完成的游戏
 * */
public void onClick(View view)
{
 Intent in=null;
 switch(view.getId())
 {
 case R.id.btn_new_game:
     in=new Intent(GameMain.this,Game.class);
     in.putExtra("continue", "no");
     startActivity(in);
     break;
 case R.id.btn_exit:
     isFinish();
     break;
 case R.id.btn_about:
     in=new Intent(GameMain.this,About.class);
     startActivity(in);
     break;
 case R.id.btn_continue:
     in = new Intent(this, Game.class);
      in.putExtra("continue", "yes");
      startActivity(in);
     break;
 }
}
```

（2） 改写 Game.java 类，根据用户单击按钮及 Intent 传递的不同值，来判断是使用新的游戏视图还是加载内部存储的游戏数据。

```
package lesson.game.pushbox;

import android.app.Activity;
import android.content.Intent;
import android.os.Bundle;
import android.view.Menu;
import android.view.MenuInflater;
import android.view.MenuItem;
public class Game extends Activity{
  GameView gameView=null;
  // 定义布尔值，表示游戏是继续 还是新游戏
  public boolean continue_game;
  //s 用来接收 Intent 传递的数据
```

```
private String s;
@Override
protected void onCreate(Bundle savedInstanceState) {
  // TODO Auto-generated method stub
  super.onCreate(savedInstanceState);
  //默认是新游戏，continue_game=false
  continue_game=false;
  //接收 Intent 传递过来的数据
  s=getIntent().getStringExtra("continue");
  /**假如接收的是 yes，说明用户单击的是 continue 按钮
   * 那么，continue_game=true，继续游戏为真
   * continue_game 为真时，使用 loadMap()来加载内存数据。
   * */
  if(s.equals("yes"))
      continue_game=true;
  if(continue_game)
      loadMap();
  setContentView(R.layout.game);
  gameView=(GameView)findViewById(R.id.myGameView);
}
/**当界面运行时，根据用户的喜好
 * 调用 MusicHandle 类的 play（）方法决定是否播放音乐*/
@Override
protected void onResume() {
  // TODO Auto-generated method stub
  super.onResume();
  MusicHandle.play(this, R.raw.bg);
}

/**游戏暂停，调用 MusicHandle 类的 stop（）方法停止音乐*/
@Override
protected void onPause() {
  // TODO Auto-generated method stub
  super.onPause();
  MusicHandle.stop(this);
  /**
   * 游戏暂停时，游戏数据需要存储，游戏的地图信息，行列书都要存储
   * saveGame()的返回值是一个字符串，它的功能就是把二维数组转化为字符串
   * maprow、mapcolumn 保存的是游戏的行列数
   * */
  getPreferences(MODE_PRIVATE).edit().putString("maps",
          saveGame()).commit();
  getPreferences(MODE_PRIVATE).edit().putLong("maprow",
          gameView.mapRow).commit();
  getPreferences(MODE_PRIVATE).edit().putLong("mapcolumn",
          gameView.mapColumn).commit();
}
/**
```

```
  * saveGame()的返回值是一个字符串，它的功能就是把二维数组转化为字符串
  * 先把二维数组转化为一维数组
  * 然后把一维数组使用 StringBuilder 类的 append()方法变为一个 StringBuilder
  * 最后使用 Object 类中的 toString()方法把 StringBuilder 转化为 String 对象
  * */
 public String saveGame() {
   int[] saved = new int[gameView.mapRow * gameView.mapColumn];
   for (int i = 0; i < gameView.mapRow; i++)
       for (int j = 0; j < gameView.mapColumn; j++) {
           saved[i * gameView.mapRow + j] = gameView.map[i][j];
       }
   StringBuilder buf = new StringBuilder();
      for (int element : saved) {
        buf.append(element);
      }
      String s=buf.toString();

      return s;
 }
 /**如果取值不成功，则还是第一关
  * first 就是第一关转化的字符串
  * */
 String
first="0011100000121000001311111114342112346111111410000012100000011100";
 public int[][]stored;
 /**loadMap()的作用是在存储空间里取出字符串的游戏数值，并还原为二维数组
  * */
 public void loadMap()
 {
   String mapstring=getPreferences(MODE_PRIVATE).getString("maps",
        first);
   int ii=(int) getPreferences(MODE_PRIVATE).getLong("maprow", 8);
   int jj=(int) getPreferences(MODE_PRIVATE).getLong("mapcolumn", 8);
   int[] maps = new int[mapstring.length()];
      for (int i = 0; i < maps.length; i++) {
        maps[i] = mapstring.charAt(i) - '0';

 }
      stored=new int[ii][jj];
         int a=0;
         for(int m=0;m<ii;m++)
            for(int n=0;n<jj;n++)
            {
                stored[m][n]=maps[a];
                a++;
            }
 }
  //在本类中也添加 menu 菜单，使用音乐的控制
```

```
    @Override
    public boolean onCreateOptionsMenu(Menu menu) {
      // 使用MenuInflater类来实例化菜单XML文件成菜单对象
      MenuInflater inflater=new MenuInflater(this);
      inflater.inflate(R.menu.game_menu, menu);
      return super.onCreateOptionsMenu(menu);
    }
    //响应menu菜单的选项
    @Override
    public boolean onOptionsItemSelected(MenuItem item) {
      // TODO Auto-generated method stub
      switch(item.getItemId())
      {
      case R.id.music:
          Intent intent1=new Intent(Game.this,Music.class);
          startActivity(intent1);
          break;
      case R.id.help:
          Intent intent2=new Intent(Game.this,Helper.class);
          startActivity(intent2);
          break;
      case R.id.back:
          gameView.back();
          gameView.invalidate();
          break;
      }
      return super.onOptionsItemSelected(item);
    }
}
```

（3） 重新在 GameView.java 的构造方法中初始化游戏数据（仅给出了构造方法，其他方法没有变动）。

```
public GameView(Context context, AttributeSet attrs) {
    super(context, attrs);
    // 实例化game，方便后面使用
    game = (Game) context;
    // 获得当前游戏屏幕的宽和高
    WindowManager manager = game.getWindowManager();
    width = manager.getDefaultDisplay().getWidth();
    hight = manager.getDefaultDisplay().getHeight();
    this.setFocusable(true);
    // 初始化地图和图片
    /**
     * 这里不再是initMap();
     * 我们需要判断一下，用户单击了哪个按钮
     * 如果是continue按钮，则需要使用存储的地图game.stored
     * 如果是New Game按钮，则直接使用initMap()从MapList中调取地图
     * */
```

```
        if(game.continue_game)
        {
            map=game.stored;
            getMapDetail();
            getManPosition();
        }
        else
        {
        initMap();
        }
        initPic();

    }
```

（4） 保存项目，并运行。

我们直接单击 Continue，会发现是第一关的地图，原因是我们内部存储文件此时无数据。

单击 New Game 玩几步，然后按返回键，再按 Continue，会发现游戏的状态还是刚才退出前的状态。

至此，我们本次项目的目的已达到。

5.4 网络存储

网络数据的存储有多种方法，Java 在 Java.io 和 java.net 等包中提供多种方法供我们使用，本节简单介绍如何读取网络存储数据。

5.4.1 学习目标

通过本节学习以下内容。

网络上读取数据。

5.4.2 相关知识

Android 系统可以通过多种类及方法与网络互联，HttpURLConnection 是其中重要一个。HttpURLConnection 的 GET 方式获取网络数据，get 方式将参数放在 url 后一起传递过去，而且会被看到，一般不太安全，但是 get 方式只获取数据，不会更新数据。

实现步骤如下。

（1） 建立 URL，利用 URL url=new URL(urltmp);，urltmp 是一个网络文件的地址。

（2） 使用 URL 建立连接，利用 HttpURLConnection urlcon=url.openConnection()。

（3） 连接，并获取数据流，利用以下代码。

```
InputStreamReader reader=new InputStreamReader(urlcon.getInputStream());
```

（4） 使用 I/O 流处理数据，这里以 BufferedReader 为例，BufferedReader bf=new BufferedReader(reader);

第 6 章将介绍 Socket 及其他网络访问，本节主要让读者认识到：利用网络也可以存储数据。

5.4.3 项目任务——在项目中使用网络存储

有时游戏的数据需要保存在网络上，客户端可以读取网络的数据，比如游戏玩家之间的一些游戏信息（姓名、级别、游戏用时等）内容。

本项目介绍如何从网络服务器上读取存储的内容。在介绍存储之前，我们把网络服务器搭建好。

搭建步骤：

（1） 下载一个 Tomcat 服务器，下载地址：http://tomcat.apache.org/download-80.cgi 下载后，安装到你电脑的某个目录，笔者的在 C:\Tomcat 8.0 下。

（2） 安装 JDK 和 JRE 并设置环境变量。

（3） 配置 server.xml。

打开你的安装目录内的 conf 文件夹，找到 server.xml，用记事本或 Eclipse 打开，并找到如下代码。

```
<Connector port="8080" protocol="HTTP/1.1"
           connectionTimeout="20000"
           redirectPort="8443" />
```

把其中的 port="8080"修改为 port="80"。

找到下面代码。

```
<Engine name="Catalina" defaultHost="localhost">
```

修改如下。

```
<Engine name="Catalina" defaultHost="192.168.1.102">
```

找到如下代码。

```
<Host name=" localhost"  appBase="webapps"
        unpackWARs="true" autoDeploy="true">
```

修改如下。

```
<Host name="192.168.1.102"  appBase="webapps"
        unpackWARs="true" autoDeploy="true">
```

其中 192.168.1.102 为你的服务器地址，可以在 CMD 中使用 ipconfig/all 命令查看自己的 ip 地址。

（4） 在电脑的左下角开始选项中找到 Configure Tomcat 项，打开，出现如图 5-16 所示的对话框。

单击 Start，启动 Tomcat 服务。

打开 IE 浏览器，输入 http://192.168.1.102，可以看到主页内容（你也可以修改主页内容，图 5-17 是修改后的主页内容）

图 5-17 中的主页内容是修改过的，主页上只有“123”这三个字符。

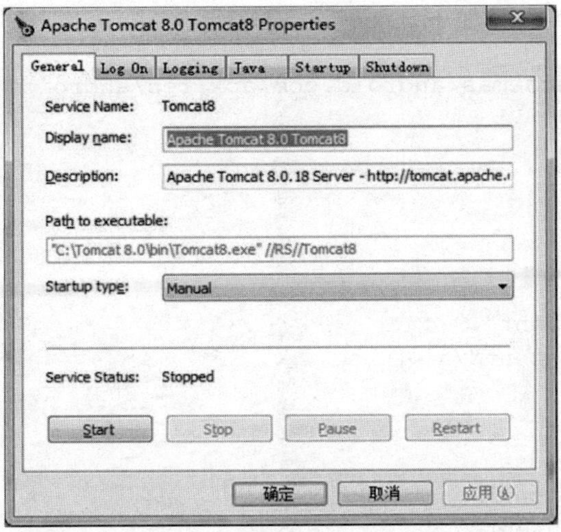

图 5-16

图 5-17

下面是 Android 中的网络数据读取项目实验了，实验前，我们用记事本书写如图 5-18 所示的内容，并将其命名为 record.txt，保存在 tomcat 安装目录的\webapps\ROOT 目录下。

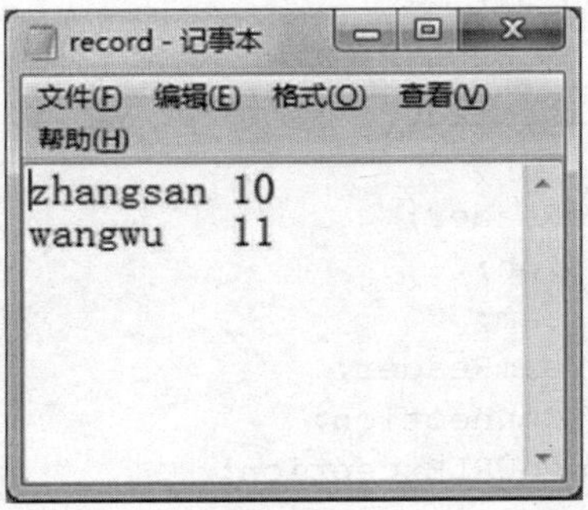

图 5-18

这样做的目的，是可以在 Android 项目中可以读取这些记录（假如这些记录是其他游戏玩家保存到网络上的记录）。

（1） 新建一个 Android 项目，信息如图 5-19 所示。

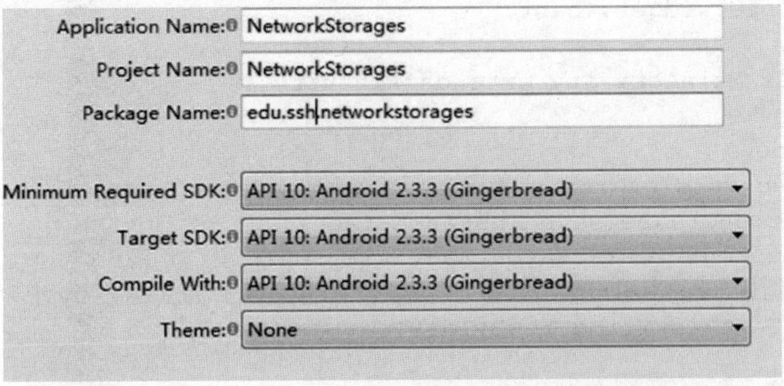

图 5-19

（2） 修改布局文件，activity_main.xml 文件内容如下。

```
<LinearLayout xmlns:android="http://schemas.android.com/apk/res/android"
    android:layout_width="fill_parent"
    android:layout_height="fill_parent"
    android:orientation="vertical" >

    <TextView
        android:id="@+id/textView1"
        android:layout_width="wrap_content"
        android:layout_height="wrap_content"/>

    <Button
        android:id="@+id/button1"
        android:layout_width="wrap_content"
        android:layout_height="wrap_content"
        android:text="Read from network"
        android:onClick="onClick" />
</LinearLayout>
```

（3） MainActivity.java 的内容如下。

```
package edu.ssh.networkstorage;

import java.io.BufferedReader;
import java.io.IOException;
import java.io.InputStream;
import java.io.InputStreamReader;
import java.net.HttpURLConnection;
import java.net.MalformedURLException;
import java.net.URL;

import android.os.Bundle;
import android.app.Activity;
import android.view.Menu;
import android.view.View;
import android.widget.TextView;
import android.widget.Toast;

public class MainActivity extends Activity {
   TextView tv;
    @Override
    protected void onCreate(Bundle savedInstanceState) {
        super.onCreate(savedInstanceState);
        setContentView(R.layout.activity_main);
        //实例化 tv，当用户单击按钮时，从网络获取的数据将显示在 tv 中
        tv=(TextView)findViewById(R.id.textView1);
    }
    public void onClick(View view)
    {
```

```
    String urlStr = "http://192.168.1.102/record.txt";
    try {
        // 设置 URL，为服务器上存储的文件地址
        URL url = new URL(urlStr);
        //建立 HTTP 连接
        HttpURLConnection conn =
  (HttpURLConnection) url.openConnection();
        conn.setConnectTimeout(60 * 1000);
        conn.setReadTimeout(60 * 1000);
        // 取得 inputStream，并进行读取
        InputStream input = conn.getInputStream();
        //使用 BufferedReader 获取输入流
        BufferedReader in =
  new BufferedReader(new InputStreamReader(input));
        String line = null;
        StringBuffer sb = new StringBuffer();
        while ((line = in.readLine()) != null) {
            //每读取一行，添加一个换行符"\n"
            sb.append(line+"\n");
        }
        //将读取内容转换为字符串（sb.toString()），并显示在 tv 中（tv.setText ()）
        tv.setText(sb.toString());
    } catch (IOException e) {
        //异常出现时，给予提示
        Toast.makeText(this, "Sorry! get data error"
 , Toast.LENGTH_LONG).show();
    }
  }
}
```

（4） 在 AndroidManifest.xml 中添加网络使用权限。

```
<uses-permission android:name="android.permission.INTERNET"/>
```

具体位置如图 5-20 中画线部分所示。

```
<uses-sdk
    android:minSdkVersion="10"
    android:targetSdkVersion="10" />
<uses-permission android:name="android.permission.INTERNET"/>

<application
    android:allowBackup="true"
```

图 5-20

（5） 运行，出现如图 5-21 所示的效果。

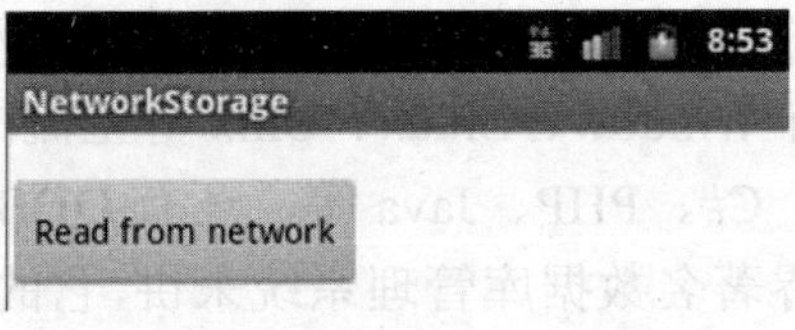

图 5-21

单击 Read from network 按钮，出现如图 5-22 所示的内容。

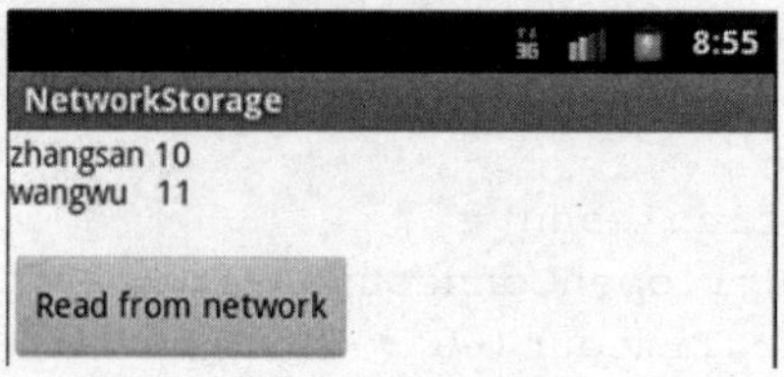

图 5-22

可以看到，已经从服务器上正确获取网络数据了。读者可能有疑问，如何将自己的数据写入到服务器呢？读者可以到官网研究一下 Android 的网络服务。

注意：

如果用真机测试，需做到以下两点。

（1） 你的 PC 服务器和真机在一个局域网内（都是用 WLAN 连接，使用笔记本电脑和手机测试最合适）。

（2） PC 机上防火墙要开放 Tomcat 定义的端口（笔者在测试时，直接把防火墙关闭。如果不关闭防火墙，那么在防火墙的出入站内允许 tomcat/bin/目录下的 tomcatx.exe 也可以，x 指代的是你安装的版本号，目前是 tomcat8.exe）。

5.5 SQLite

现在的主流移动设备例如 Android、iPhone 等都使用 SQLite 作为复杂数据的存储引擎，在我们为移动设备开发应用程序时，也许就要使用到 SQLite 来存储我们大量的数据，所以我们就需要掌握移动设备上的 SQLite 开发技巧。对于 Android 平台来说，系统内置了丰富的 API 来供开发人员操作 SQLite，我们可以轻松地完成对数据的存取。

本节就向大家介绍一下 SQLite 常用的操作方法及其在项目中应用。

5.5.1 学习目标

通过本节学习以下内容。

掌握如何在 Android 项目中的运用 SQLite 数据库。

5.5.2 相关知识

SQLite 是一款轻型数据库，是遵守 ACID 的关系型数据库管理系统，它包含在一个相对小的 C 库中。它是 D.RichardHipp 建立的公有领域项目。它的设计目标是嵌入式的，而且目前很多嵌入式产品使用了它。它占用资源非常低，在嵌入式设备中，可能只需要几百 K 的内存就够了。它能够支持 Window、Linux、Unix 等主流的操作系统，同时能够跟很多程序语言相结合，比如 TCL、C#、PHP、Java 等，还有 ODBC 接口，同样比起 MySQL、PostgreSQL 这两款开源的世界著名数据库管理系统来讲，它的处理速度比它们都快。SQLite 第一个 Alpha 版本诞生于 2000 年 5 月，至今已经有 15 个年头，SQLite 也迎来了一个版本

SQLite 3 已经发布。

学习 SQLite 时，最好有一点数据库的基础知识，知道数据库的建、删、改、查语句的使用，为了帮助读者快速上手，笔者在这里还是把 SQL 的三种基本语句再阐述一遍。

1. 三种 SQL 语句类型

（1） DDL（Data Definition Language）。

① 创建表。

```
Create table mytable(_id integer primary key autoincement,
name text,phone text)
Drop table
```

Drop Table 是表名称。

② 修改表的基本属性 alter table。

如需在表中添加列，请使用下列语法:

```
ALTER TABLE table_name ADD column_name datatype
```

要删除表中的列，请使用下列语法:

```
ALTER TABLE table_name DROP COLUMN column_name
```

要改变表中列的数据类型，请使用下列语法:

```
ALTER TABLE table_name ALTER COLUMN column_name datatype
```

（2） 修改语句。

① 插入语句 Insert。

INSERT INTO 表名称 VALUES（值 1，值 2，……）或 INSERT INTO table_name（列 1，列 2，……）VALUES（值 1，值 2，……）。

例:

```
INSERT INTO Persons VALUES ('Gates', 'Bill', 'Xuanwumen 10', 'Beijing')
INSERT INTO Persons (LastName, Address) VALUES ('Wilson', 'Champs-Elysees')
```

② 删除语句 DELETE。

DELETE * FROM table_name 或 DELETE FROM 表名称 WHERE 列名称=值。

例:

```
DELETE FROM Person WHERE LastName = 'Wilson'
```

③ 更新语句 Update。

```
UPDATE 表名称 SET 列名称 = 新值 WHERE 列名称 = 某值。
```

例:

```
UPDATE Person SET FirstName = 'Fred' WHERE LastName = 'Wilson'
```

（3） 查询语句。

① select。

SELECT 语句的完整语法为:

```
SELECT[ALL|DISTINCT|DISTINCTROW|TOP]
{*|talbe.*|[table.]field1[AS alias1][,[table.]field2[AS alias2][,…]]}
FROM table[,…]
[WHERE…]
[GROUP BY…]      聚合，有聚合函数（sum(),count(),avg()等）使用时
[HAVING…]      筛选聚合后的数据
[ORDER BY…]    升序(ASC)和降序（DESC ）排列
```

Orders 表和 Employees 表分别见表 5-3、表 5-4。

表 5-3　Orders 表

OrderID	CustomerID	EmployeeID	OrderDate	ShipperID
10248	90	5	1996-07-04	3
10249	81	6	1996-07-05	1
10250	34	4	1996-07-08	2

表 5-4　Employees 表

EmployeeID	LastName	FirstName	BirthDate	Photo	Notes
1	Davolio	Nancy	1968-12-08	EmpID1.pic	Education includes a BA…
2	Fuller	Andrew	1952-02-19	EmpID2.pic	Andrew received his BTS…
3	Leverling	Janet	1963-08-30	EmpID3.pic	Janet has a BS degree…

① 实例。

查一查雇员 Davolio 和 Fuller 谁的订单超过 25 个。

```
SELECT Employees.LastName, COUNT(Orders.OrderID) AS NumberOfOrders FROM
Orders
   INNER JOIN Employees
   ON Orders.EmployeeID=Employees.EmployeeID
   WHERE LastName='Davolio' OR LastName='Fuller'
   GROUP BY LastName
   HAVING COUNT(Orders.OrderID) > 25;
```

在 Android 项目中可以通过类来直接操作 SQLite 数据库，这两个常用的类是 SQLiteDatabase 和 SQLiteOpenHelper。

2. SQLiteDatabase 类

Android 中有一个 SQLiteDatabase 类，该类提供创建、删除、执行 SQL 语句的方法。

（1） public static SQLiteDatabase **openDatabase** (String path, SQLiteDatabase.CursorFactory factory, int flags)。

打开或创建一个数据库，返回值是数据库。

path:指定路径的数据库文件，如“/data/data/com.ssh.sql/databases/game.db”

Factory 构造查询时的返回对象，一般为 null。

Flag，打开模式，控制数据库的访问模式。

CREATE_IF_NECESSARY

OPEN_READONLY

OPEN_READWRITE

（2） public static SQLiteDatabase **openOrCreateDatabase** (String path, SQLiteDatabase. CursorFactory factory)。

创建或打开数据库。

path:包含路径的文件名。

与之类似的还有：

```
public static SQLiteDatabase openOrCreateDatabase (File file, SQLiteDatabase.
CursorFactory factory)
```

这里的 File 是一个包含路径的文件。

（3） public long insert **insert**(String table, String nullColumnHack, ContentValues values)。

其中，table 为表名。

nullColumnHack 为列名(当插入的值全为空时，将制定的列名设置为 null)。

Values 为 ContentValues，可以使用该类的 put(key,val)方法来进行插入值的设置，其中 key 为列名，val 的值可以为 SQLite 支持的数据类型。

返回值，为新插入的行 ID，-1 时插入错误。

例：

```
SQLiteDatabase db = mySqlite.getWritableDatabase();
ContentValues values = new ContentValues();
values.put("name", "zhangsan");
values.put("score", "100");
db.insert("person", null, values);
```

（4） public long **insertOrThrow** (String table, String nullColumnHack, ContentValues values)。

返回值，为新插入的行 ID，-1 时插入数据错误。插入数据错误时抛出 SQLException。

（5） public int **update**(String table, Contentvalues values, String whereClause, String whereArgs)。

whereClause 为条件语句，只需写出 where 后面的语句即可（不能写出 where）。

whereArgs，where 后面的语句值。

返回值为更新的行 ID。

例：

```
SQLiteDatabase db3=mySql.getWritableDatabase();
ContentValues values=new ContentValues();
values.put("name", "wangermazi");
values.put("score", "0");
db3.update("person", values, "score=?", new String[]{"100"});
```

（6） public int **delete**(String table, String whereClause, String whereArgs)。

返回值为删除的行数，0 时代表失败。

例：

```
SQLiteDatabase db2=mySql.getWritableDatabase();
db2.delete("person", "score=?", new String[]{"100"});
```

（7） public static boolean **deleteDatabase** (File file)。

File 为要删除的数据库极其路径。

返回值为 true 或 false，true 代表删除成功。

（8） public Cursor **query**(String table,String[] columns,String selection,String[] selectionArgs, String groupBy, String having, String orderBy)。

根据一定的条件查询数据，返回值为 cursor 对象。

例：

```
SQLiteDatabase db = mySql.getReadableDatabase();
String[] COLUMNS = { DataContacts._ID, DataContacts.NAME,
DataContacts.SCORE };
String ORDERBY = " score DESC";
Cursor cursor = db.query(DataContacts.TABLE_NAME, COLUMNS, null,
null, null, null, ORDERBY);
startManagingCursor(cursor);
```

这里需要注意 Cursor 为查询结果集，在稍后将介绍该类的用法。

（9） public void **execSQL** (String sql)。

执行指定的 SQL 标准语句。

例：

```
db2.execSQL("delete from "+DataContacts.TABLE_NAME+" where score="+key);
db.execSQL("CREATE TABLE " + TABLE_NAME+ "(" + _ID + " INTEGER PRIMARY KEY
AUTOINCREMENT," + NAME+ " TEXT," + SCORE + " TEXT" + ")");
db.execSQL("DROP TABLE IF EXIT " + TABLE_NAME);
```

（10） public void **close** ()

执行数据库的关闭操作，释放资源。

3. SQLiteOpenHelper

SQLiteOpenHelper 是 SQLiteDatabase 的一个帮助类，用来管理数据库的创建和版本的更新。一般是建立一个类继承它，并实现它的构造方法、onCreate()和 onUpgrade()方法，用这三个方法分别来创建 SQlite 数据库、创建表、更新表。

Android 应用程序创建的数据库保存在 data/data/<package name>/database/文件夹下，数据库后缀名为.db。

构造方法：

```
public SQLiteOpenHelper (Context context, String name, QLiteDatabase.
CursorFactory factory, int version)
```

name 指要创建数据库的名字，比如“game.db”，Version 指数据库的版本号。

onCreate()方法：

```
public void onCreate(SQLiteDatabase db)
{
//利用 SQLiteDatabase 的方法来创建数据表
}
```

```
onUpdagrade()方法：
public void onUpdagrade(SQLiteDatabase db,int oldVersion,int newVersion)
{
//利用 SQLiteDatabase 的方法来更新表
}
```

查询结果集 Cursor。

Cursor 类用于操作数据库查询结果的常用方法见表 5-5 所示。

表 5-5 Cursor 类用于操作数据库查询结果的常用方法

abstract void	close()	关闭 Cursor
abstract int	getColumnCount()	返回查询结果的总列数
abstract int	getColumnIndex(String columnName)	返回给定的列的索引
abstract String	getColumnName(int columnIndex)	根据索引返回列的名字
abstract String[]	getColumnNames()	返回所有列的名字
abstract int	getCount()	返回查询结果的总行数
abstract String	getString(int columnIndex)	返回指定列内存储的 string 类型的值
abstract int	getType (int columnIndex)	返回指定列的数据类型 FIELD_TYPE_NULL FIELD_TYPE_INTEGER FIELD_TYPE_FLOAT FIELD_TYPE_STRING FIELD_TYPE_BLOB
abstract short	getShort(int columnIndex)	得到该列的 short 类型的存储数据
abstract double	getDouble(int columnIndex)	
abstract float	getFloat(int columnIndex)	
abstract int	getInt(int columnIndex)	
abstract long	getLong(int columnIndex)	
abstract boolean	isAfterLast()	是不是在左后一行的之后
abstract boolean	isBeforeFirst()	判断是不是在第一行之前
abstract boolean	isClosed()	判断查询结果是否关闭
abstract boolean	isFirst()	是否是第一条记录
abstract boolean	isLast()	是否为最后一条记录
abstract boolean	moveToFirst()	移动到第一条，true 表示已移动
abstract boolean	moveToLast()	移动到最后一条
abstract boolean	moveToNext()	移动到下一条
abstract boolean	moveToPosition(int position)	移动到制定位置
abstract boolean	moveToPrevious()	移动到上一条

例：

```
ContentResolver cr = getContentResolver();
Cursor cursor = cr.query(ContactsContract.Contacts.CONTENT_URI, null, null,
null, null);
while (cursor.moveToNext())
{
```

```
int nameFieldColumnIndex = cursor.getColumnIndex(PhoneLookup.DISPLAY_NAME);
String name = cursor.getString(nameFieldColumnIndex);
string += (name);
}
```

查询通讯录的内容（这个实例在 5.6.3 节详细介绍）。

下面通过 5.5.3 节的实战项目提高对本节理论知识的认识。

5.5.3 项目任务——在项目中使用 SQLite（*）

本项目讨论 SQLite 的使用，与推箱子无关。如果读者想继续推箱子游戏，请跳过本项目即可。

项目的主要思想是通过一个具体案例，介绍 SQLite 的操作（建、增、删、查）。

项目的主页效果如图 5-23 所示。

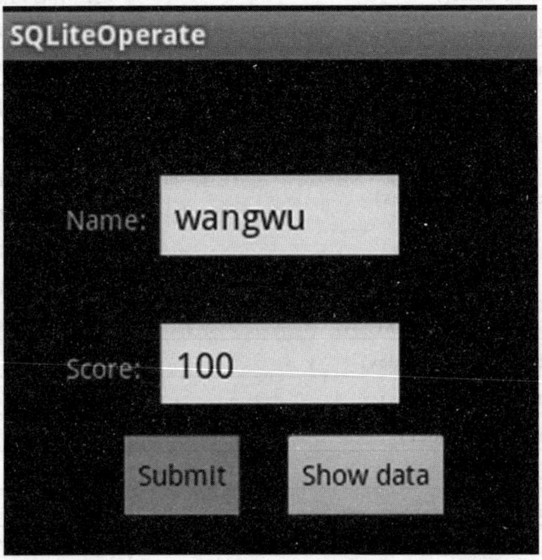

图 5-23

添加数据后，单击 Submit 后，单击 Show data 得到如图 5-24 所示的结果。

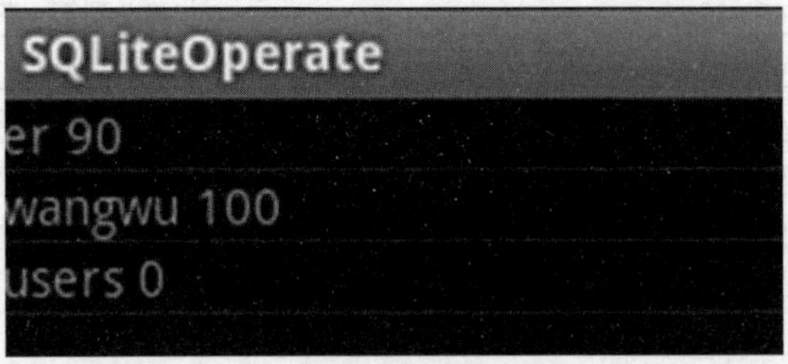

图 5-24

可以看到刚才添加的记录，如果长击 wangwu 选项，将出现如图 5-25 所示的结果。

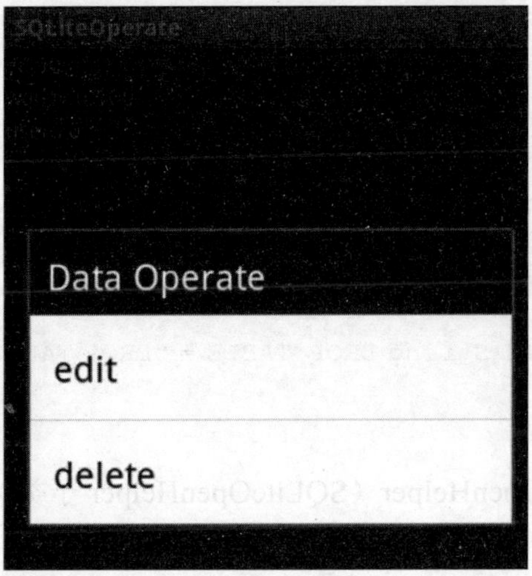

图 5-25

在这里我们可以删除或修改该项记录（修改时，将把该项记录变为 user 0）。

这个项目的具体实施步骤如下：

（1） 创建项目，具体信息如图 5-26 所示。

图 5-26

（2） 创建接口类 DataContacts，在接口类中把数据库的操作及字段数据库信息定义为常量，方便其他类引用。

```
package edu.example.sqliteoperate;

import android.provider.BaseColumns;
/**
 * 把数据库名、表名、列名定义在接口里，方便其他类引用
 * */
public interface DataContacts extends BaseColumns {
   //数据库名
   public static final String DATABASE_NAME = "game";
   //表名
```

```
    public static final String TABLE_NAME = "game_info";
    //列名
    public static final String NAME = "name";
    public static final String SCORE = "score";
    //创建表的字符串
    public static final String CREATE_TABLES = "CREATE TABLE " + TABLE_NAME
            + "(" + _ID + " INTEGER PRIMARY KEY AUTOINCREMENT," + NAME
            + " TEXT," + SCORE + " TEXT" + ")";
    //删除表的字符串
    public static final String DROP_TABLE = "DROP TABLE IF EXIT " + TABLE_NAME;

}
```

（3） 创建 MySQLiteOpenHelper（SQLiteOpenHelper 子类）类，对数据库进行操作。

```
package edu.example.sqliteoperate;

import android.content.Context;
import android.database.sqlite.SQLiteDatabase;
import android.database.sqlite.SQLiteDatabase.CursorFactory;
import android.database.sqlite.SQLiteOpenHelper;
//定义 SQLiteOpenHelper 的子类 MySQLiteOpenHelper，对数据库进行操作
public class MySQLiteOpenHelper extends SQLiteOpenHelper{
    //创建数据库
    public MySQLiteOpenHelper(Context context) {
        super(context, DataContacts.DATABASE_NAME, null, 1);
        // TODO Auto-generated constructor stub
    }
    //创建表
    @Override
    public void onCreate(SQLiteDatabase db) {
        // TODO Auto-generated method stub
        db.execSQL(DataContacts.CREATE_TABLES);
    }
    //更新表
    @Override
    public void onUpgrade(SQLiteDatabase db, int oldVersion, int newVersion)
{
        // TODO Auto-generated method stub
        db.execSQL(DataContacts.DROP_TABLE);
        onCreate(db);
    }
}
```

（4） 在 MainActivity.java 做独数据库的插入记录及显示数据操作，改变 activity_main.xml 文件的布局，具体代码如下。

```
<RelativeLayout xmlns:android="http://schemas.android.com/apk/res/android"
    xmlns:tools="http://schemas.android.com/tools"
    android:layout_width="match_parent"
    android:layout_height="match_parent"
```

```
    tools:context=".MainActivity" >

    <TextView
        android:id="@+id/textView1"
        android:layout_width="wrap_content"
        android:layout_height="wrap_content"
        android:layout_alignParentLeft="true"
        android:layout_alignParentTop="true"
        android:layout_marginLeft="34dp"
        android:layout_marginTop="72dp"
        android:text="Name: " />

    <TextView
        android:id="@+id/textView2"
        android:layout_width="wrap_content"
        android:layout_height="wrap_content"
        android:layout_alignLeft="@+id/textView1"
        android:layout_below="@+id/textView1"
        android:layout_marginTop="57dp"
        android:text="Score: " />

    <EditText
        android:id="@+id/editText1"
        android:layout_width="wrap_content"
        android:layout_height="wrap_content"
        android:layout_alignBaseline="@+id/textView1"
        android:layout_alignBottom="@+id/textView1"
        android:layout_toRightOf="@+id/textView1"
        android:ems="6" >
    </EditText>

    <EditText
        android:id="@+id/editText2"
        android:layout_width="wrap_content"
        android:layout_height="wrap_content"
        android:layout_alignBaseline="@+id/textView2"
        android:layout_alignBottom="@+id/textView2"
        android:layout_alignLeft="@+id/editText1"
        android:ems="6" />

    <Button
        android:id="@+id/button1"
        android:layout_width="wrap_content"
        android:layout_height="wrap_content"
        android:layout_alignLeft="@+id/textView2"
        android:layout_centerVertical="true"
        android:layout_marginLeft="26dp"
        android:onClick="onClick"
        android:text="Submit" />
```

```
    <Button
        android:id="@+id/button2"
        android:layout_width="wrap_content"
        android:layout_height="wrap_content"
        android:layout_alignBaseline="@+id/button1"
        android:layout_alignBottom="@+id/button1"
        android:layout_marginLeft="16dp"
        android:layout_toRightOf="@+id/button1"
        android:onClick="onClick"
        android:text="Show data" />

</RelativeLayout>
```

编写 MainActivity.java，具体代码如下。

```
package edu.example.sqliteoperate;

import android.app.Activity;
import android.content.ContentValues;
import android.content.Intent;
import android.database.sqlite.SQLiteDatabase;
import android.os.Bundle;
import android.view.View;
import android.widget.EditText;

public class MainActivity extends Activity {

    private EditText name_ed=null;
    private EditText score_ed=null;
    private MySQLiteOpenHelper mySqlite;
    @Override
    protected void onCreate(Bundle savedInstanceState) {
        super.onCreate(savedInstanceState);
        setContentView(R.layout.activity_main);
        name_ed=(EditText)findViewById(R.id.editText1);
        score_ed=(EditText)findViewById(R.id.editText2);
    }
    //根据用户的单击做出响应：添加数据或显示数据
    public void onClick(View v)
    {
     switch(v.getId())
     {
     case R.id.button1:
         mySqlite = new MySQLiteOpenHelper(this);
         try
         {
             addData();
         }finally
         {
             mySqlite.close();
         }
```

```
            break;
        case R.id.button2:
            Intent in=new Intent(MainActivity.this,OperateData.class);
            startActivity(in);
        }
      }
    private void addData() {
        // TODO Auto-generated method stub
        SQLiteDatabase db=mySqlite.getWritableDatabase();
        ContentValues values=new ContentValues();
        values.put(DataContacts.NAME, name_ed.getText().toString().trim());
        values.put(DataContacts.SCORE,
score_ed.getText().toString().trim());
        db.insert(DataContacts.TABLE_NAME, null, values);
      }
   }
```

（5） 定义 OperateData.java 做数据的更新及删除操作。

先在 res/layout/文件夹下定义 list.xml 布局文件，这个布局将被 SimpleCursorAdapter 引用，具体代码如下。

```
<?xml version="1.0" encoding="utf-8"?>
<LinearLayout xmlns:android="http://schemas.android.com/apk/res/android"
    android:layout_width="match_parent"
    android:layout_height="match_parent"
    android:orientation="horizontal" >

    <TextView
        android:id="@+id/names"
        android:layout_width="wrap_content"
        android:layout_height="wrap_content" />

    <TextView
        android:id="@+id/textView2"
        android:layout_width="wrap_content"
        android:layout_height="wrap_content"
        android:text=" " />

    <TextView
        android:id="@+id/scores"
        android:layout_width="wrap_content"
        android:layout_height="wrap_content"
        android:text="TextView" />

</LinearLayout>
```

定义 OperateData.java 做数据的更新及删除操作，具体代码如下。

```
package edu.example.sqliteoperate;
```

```
import android.app.Activity;
import android.app.AlertDialog;
import android.content.ContentValues;
import android.content.DialogInterface;
import android.database.Cursor;
import android.database.sqlite.SQLiteDatabase;
import android.os.Bundle;
import android.util.Log;
import android.view.View;
import android.widget.AdapterView;
import android.widget.AdapterView.OnItemLongClickListener;
import android.widget.LinearLayout;
import android.widget.ListView;
import android.widget.SimpleCursorAdapter;
import android.widget.TextView;

public class OperateData extends Activity {
   /***定义 ListView 方便后面引用，本活动的视图将使用实例化后的 lv
    * */
   private ListView lv = null;
   //定义 mySql，将使用 SQLiteOpenHelper 中的方法对数据库进行操作
   private MySQLiteOpenHelper mySql;
   //定义数组，查询时使用
   private static String[] COLUMNS = { DataContacts._ID, DataContacts.NAME,
         DataContacts.SCORE };
   //定义 TEXT_ID 数组，表的字段将要在那些组件里显示
   private static int[] TEXT_ID={0,R.id.names,R.id.scores};
   //数据库查询结果集的显示方法，以分数降序排列
   private static String ORDERBY = DataContacts.SCORE + " DESC";
   //定义数组，在 AlertDialog 在使用
   private static String[] items = { "edit", "delete" };
   //定义 key1，表示用户单击的具体项，根据这个具体项做进一步动作，比如：更新、删除等
   private static String key1 = null;
   /**
    * 在 onResume 方法中，做以下几个事情
    * 1、查询数据库，并把结果集（Cursor）托管给本活动
    * 2、定义 ListView 视图
    * 3、做好 ListView 视图的交互。用户长击后，做出响应
    * */
   @Override
   protected void onResume() {
      // TODO Auto-generated method stub
      lv = new ListView(this);
      //查询数据库，并把结果集（Cursor）托管给本活动
      mySql = new MySQLiteOpenHelper(this);
      try {
          SQLiteDatabase db = mySql.getReadableDatabase();
          Cursor cursor = db.query(DataContacts.TABLE_NAME, COLUMNS, null,
                null, null, null, ORDERBY);
          startManagingCursor(cursor);
```

```
        SimpleCursorAdapter adapter=new SimpleCursorAdapter(this,R.layout.
list,cursor,COLUMNS,TEXT_ID);
        lv.setAdapter(adapter);
      } finally {
        mySql.close();
      }
      //定义 ListView 视图
      setContentView(lv);
      //做好 ListView 视图的交互。用户长击后，做出响应
      lv.setOnItemLongClickListener(new OnItemLongClickListener(){

        @Override
        public boolean onItemLongClick(AdapterView<?> arg0, View arg1,
              int arg2, long arg3) {
          // TODO Auto-generated method stub
          LinearLayout ll=(LinearLayout)arg1;
          TextView tv=(TextView)ll.getChildAt(2);
          key1=tv.getText().toString().trim();
          createDialog(key1);
          lv.invalidate();
          return true;
        }
      });
      super.onResume();
    }

    //根据用户的长击创建 AlertDialog
    private void createDialog(final String keys) {
      // TODO Auto-generated method stub
      AlertDialog.Builder dl=new AlertDialog.Builder(this);
      dl.setTitle("Data Operate");
      dl.setItems(items, new DialogInterface.OnClickListener() {
        //响应 alertDialog 列表视图中的单击
        @Override
        public void onClick(DialogInterface dialog, int which) {
          // TODO Auto-generated method stub
          if(items[which].equals("delete"))
          {
            deleteData(keys);
          }
          else if(items[which].equals("edit"))
          {
            editData(keys);
          }
          onResume();
        }
      });
      dl.create();
      dl.show();
    }
```

```
    //根据条件删除数据
    private void deleteData(String key2) {
      // TODO Auto-generated method stub
      SQLiteDatabase db2=mySql.getWritableDatabase();
      db2.execSQL("delete from "+DataContacts.TABLE_NAME+" where score="+
key2);
      mySql.close();
    }
    //根据条件更新数据
    private void editData(String key3) {
      // TODO Auto-generated method stub
      SQLiteDatabase db3=mySql.getWritableDatabase();
      ContentValues values=new ContentValues();
      values.put("name", "users");
      values.put("score", "0");
      db3.update(DataContacts.TABLE_NAME, values, "score=?", new String[]
{key3});
      mySql.close();
    }
  }
```

（6） 在 AndroidManifest.xml 中注册新建的活动类 OperateData.java，具体代码如下。

```
  <activity android:name="OperateData">
  </activity>
```

（7） 运行，可以得到预期效果。

5.6 ContentProvide

Android 中两个不同应用程序之间不能直接进行数据共享，需要借助进程间通信（IPC）或者数据访问的一些统一接口，比如 ContentProvider。其他应用可以通过 ContentProvider 对你应用中的数据。

5.6.1 学习目标

通过本节学习以下内容。

ContentProvider 的应用。

5.6.2 相关知识

1. ContentProvider

ContentProvider：为存储和获取数据提供统一的接口。可以在不同的应用程序之间共享数据。Android 已经为常见的一些数据提供了默认的 ContentProvider。

（1） ContentProvider 使用表的形式来组织数据。

无论数据的来源是什么，ContentProvider 都会认为是一种表，然后把数据组织成表格

（2） ContentProvider 提供的方法。

query：查询。

insert：插入。

update：更新。

delete：删除。

getType：得到数据类型。

onCreate：创建数据时调用的回调函数。

（3）每个ContentProvider都有一个公共的URI，这个URI用于表示这个ContentProvider所提供的数据。Android所提供的ContentProvider都存放在android.provider包中。

2. ContentProvider 的使用

自定义一个ContentProvider，来实现内部原理。

步骤：

（1） 定义一个CONTENT_URI常量（里面的字符串必须是唯一）。

```
Public static final Uri CONTENT_URI =
Uri.parse("content://com.WangWeiDa.MyContentprovider");
```

如果有子表，URI为：

```
Public static final Uri CONTENT_URI =
Uri.parse("content://com.WangWeiDa.MyContentProvider/users");
```

（2） 定义一个类，继承ContentProvider。

```
Public class MyContentProvider extends ContentProvider
```

（3）实现ContentProvider的所有方法(query、insert、update、delete、getType、onCreate)。

3. Uri 类简介

Uri代表了要操作的数据，Uri主要包含了两部分信息：1.需要操作的ContentProvider，2.对ContentProvider中的什么数据进行操作，一个Uri由以下几部分组成。

（1） scheme：ContentProvider（内容提供者）的scheme已经由Android所规定为：content://。

（2） 主机名（或Authority）：用于唯一标识这个ContentProvider，外部调用者可以根据这个标识来找到它。

（3） 路径（path）：可以用来表示我们要操作的数据，路径的构建应根据业务而定，如下：

要操作contact表中id为10的记录，可以构建这样的路径:/contact/10。

要操作contact表中id为10的记录的name字段，contact/10/name。

要操作contact表中的所有记录，可以构建这样的路径:/contact。

要操作的数据不一定来自数据库，也可以是文件等他存储方式，如下：

要操作XML文件中contact节点下的name节点，可以构建这样的路径：/contact/name

如果要把一个字符串转换成Uri，可以使用Uri类中的parse()方法，如下：

```
Uri uri = Uri.parse("content://com.changcheng.provider.contactprovider/contact")
```

4. ContentResolver

ContentResolver：当外部应用需要对 ContentProvider 中的数据进行添加、删除、修改和查询操作时，可以使用 ContentResolver 类来完成，要获取 ContentResolver 对象，可以使用 Activity 提供的 getContentResolver()方法。ContentResolver 使用 insert、delete、update、query 方法，来操作数据。

注意：

由于现实中很少机会让自己定义 Contentprovider 来与其他应用程序共享数据（你的 URI、报名、类名等对其他应用程序都是未知的，别的应用程序无法获得你的访问权限），故此我们常常利用 ContentProvider 来访问一些公共数据，比如通讯录、多媒体等。下面的项目就是教大家如何获取通讯录内容。

5.6.3 项目任务——使用内容提供者在项目间共享数据

本项目讨论 SQLite 的使用，与推箱子无关。如果读者想继续推箱子游戏，请跳过本项目即可。

为了快速建立项目验证项目间数据共享，我们直接建立一个项目使用读取通讯录的记录（通讯录本身就是一个项目，新建立的应用程序读取它的数据）。

具体实施步骤如下：

（1） 新建立一个项目，信息如图 5-27 所示。

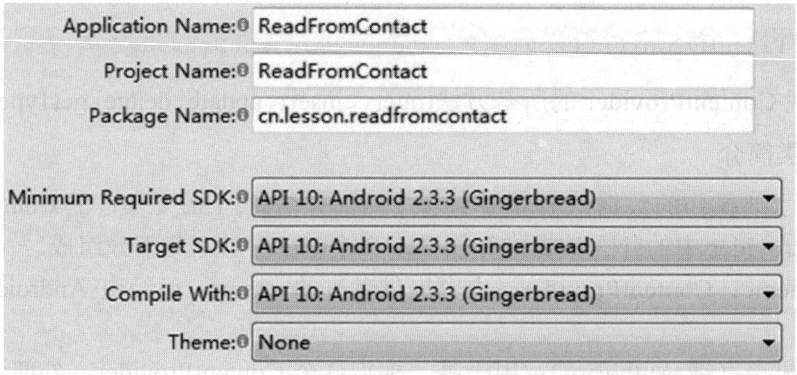

图 5-27

（2） 编写 MainActivity.java 的代码如下。

```
package cn.lesson.readfromcontact;

import android.os.Bundle;
import android.provider.ContactsContract;
import android.provider.ContactsContract.PhoneLookup;
import android.app.Activity;
import android.content.ContentResolver;
import android.database.Cursor;
import android.view.Menu;
```

```
import android.widget.TextView;

public class MainActivity extends Activity {
   @Override
   public void onCreate(Bundle savedInstanceState) {
     super.onCreate(savedInstanceState);
     /**定义 TextView tv，将使用该视图作为用户视图
      * tv 的内容来源于字符串 Str
      * */
     TextView tv = new TextView(this);
     //定义 str，内容来自查询结果
     String str = "";
     //实例化 ContentResolver cr
     ContentResolver cr = getContentResolver();
     //定义查询结果集，查询内容来自通讯录 Contacts 表
     Cursor cursor = cr.query(ContactsContract.Contacts.CONTENT_URI, null,
           null, null, null);
     //遍历查询结果集
     while (cursor.moveToNext()) {
         //获取结果集的 DISPLAY_NAME 列的列索引
         int nameColumIndex = cursor
                 .getColumnIndex(PhoneLookup.DISPLAY_NAME);
         //获取该行中的具体列（DISPLAY_NAME）的值
         String name = cursor.getString(nameColumIndex);
         //将查询的列值添加到空字符串 str 中
         str = str + name;
         //根据联系人的_ID(唯一)，查询该人的电话号码，可能有多个电话号码
         String contactId = cursor.getString(cursor
                 .getColumnIndex(ContactsContract.Contacts._ID));
         //查询条件是 Contacts 表和 Phone 表的 contactId 相同（对应关系）
         Cursor phone = cr.query(
                 ContactsContract.CommonDataKinds.Phone.CONTENT_URI, null,
                 ContactsContract.CommonDataKinds.Phone.CONTACT_ID + "="
                         + contactId, null, null);
         //遍历电话表的结果集
         while (phone.moveToNext()) {
             //获取电话号码
             String strPhoneNumber = phone
                     .getString(phone

  .getColumnIndex(ContactsContract.CommonDataKinds.Phone.NUMBER));
             //获取号码类型，比如家庭、工作单位、其他等类型
             String phTypes = phone
                     .getString(phone

  .getColumnIndex(ContactsContract.CommonDataKinds.Phone.TYPE));
             //根据号码类型确定显示字段
             int i = Integer.parseInt(phTypes);
             switch (i) {
             case 1:
```

```
                phTypes = "home";
                break;
            case 2:
                phTypes = "mobile";
                break;
            case 3:
                phTypes = "work";
                break;
            default:
                phTypes = "ohter";
                break;
            }
            //将电话号码及类型添加到str字符串中
            str = str + "\n     " + phTypes + ":" + strPhoneNumber;
        }
        //每一个联系人，换行显示
        str = str + "\n";
        //查询完phone结果集表即结束，为下此查询提供便利
        phone.close();
    }
    //遍历完所有的联系人后，联系人结果集关闭
    cursor.close();
    //设置tv的显示内容
    tv.setText(str);
    //用tv作为用户视图
    setContentView(tv);
  }
}
```

（3） 在 AndroidManifest.xml 中添加读取通讯录权限。

```
<uses-permission android:name="android.permission.READ_CONTACTS" >
    </uses-permission>
```

（4） 模拟测试。

在模拟器的通讯录里添加几个联系人及电话号码，如图 5-28 所示。

运行编写的项目，结果如图 5-29 所示。

图 5-28

图 5-29

可以看到通讯录的结果。

读者可能发现，这里面好多类是我们第一次接触。是的，Android 自定义的类和方法很多，当我们想了解这些的时候，可以到其官网 http://developer.android.com 进一步了解。

小结

本章把推箱子的主要功能实现了，你来到这一章，真的要感谢你的坚持了！本章主要介绍了存储的相关知识，着重介绍了以下内容。

（1） 内存的使用。

（2） SharePreferences 的应用。

（3） SDCard 的读取。

（4） 网络存储。

（5） ContentProvider。

看起来没多少页，细细一列举还真不少，希望读者能够在读完的基础上，动手做一遍。书每天不追求多，读懂就是收获。

习题

（1） 设计一个项目，通过用户的输入，把数据存储在 SharedPreference 中。

（2） 设计一个项目，通过用户的输入，把数据存储在 SDCard 中。

（3） 设计一个项目，通过用户的输入，把数据存储在 SQLite 中。

第6章 网络服务

Android 系统的一个主要特点是网络资源丰富，用户可以随时随地获取相关资源，Android 系统还提供了丰富的网络访问方法，本章主要介绍一些 Android 的网络服务的应用。

6.1 Socket 网络通信

本小节就介绍如何利用 Java 语言及 Socket 在 Android 项目中实现网络通信。

6.1.1 学习目标

通过本节学习以下内容。

Socket 编程在 Android 中的应用。

6.1.2 相关知识

Socket 又称“套接字”，应用程序通常通过“套接字”向网络发出请求或者应答网络请求。抽象出来，Socket 实质上是提供了进程通信的端点。在进程通信之前，双方首先必须各自创建一个端点，否则是没有办法建立联系并相互通信的。正如打电话之前，双方必须各自拥有一台电话机一样。

每一个 Socket 有一个相关描述，这个描述包含：协议，本地地址，本地端口三个内容。

一个完整的 Socket 有一个本地唯一的 Socket 号，由操作系统分配。

最重要的是，Socket 是面向客户/服务器模型而设计的，针对客户和服务器程序提供不同的 Socket 系统调用。客户随机申请一个 Socket（相当于一个想打电话的人可以在任何一台入网电话上拨号呼叫），系统为之分配一个 Socket 号；服务器拥有全局公认的 Socket，任何客户都可以向它发出连接请求和信息请求（相当于一个被呼叫的电话拥有一个呼叫方知道的电话号码）。Socket 利用客户/服务器模式巧妙地解决了进程之间建立通信连接的问题。

1. 连接过程

根据连接启动的方式以及本地套接字要连接的目标，套接字之间的连接过程可以分为三个步骤：服务器监听、客户端请求、连接确认。

（1） 服务器监听：此时服务器端套接字并不定位具体的客户端套接字，而是处于等待连接的状态，实时监控网络状态。

（2） 客户端请求：是指由客户端的套接字提出连接请求，要连接的目标是服务器端的套接字。为此，客户端的套接字必须首先描述它要连接的服务器的套接字，指出服务器端套接字的地址和端口号，然后再向服务器端套接字提出连接请求。

（3） 连接确认：是指当服务器端套接字监听到（或者说接收到）客户端套接字的连接请求，它就响应客户端套接字的请求，建立一个新的线程，把服务器端套接字的描述发给客户端，一旦客户端确认了此描述，连接就建立好了。而服务器端套接字继续处于监听状态，继续接收其他客户端套接字的连接请求。

Java 中的 Socket 的工作过程可以分为四个基本步骤：

（1） 创建 Socket；

（2） 打开连接 Socket 的输入流或输出流；

（3） 对 Socket 输入/输出流进行处理（读/写操作）；

（4） 关闭 Socket。

在 Java.net 包中，有 Socket 和 SocketServer 两个类，它们分别负责客户端和服务器端。它们二者的构造方法如下：

```
Socket();
Socket(InetAddress address, int port);
Socket(InetAddress address, int port, boolean stream);
Socket(String host, int prot);
Socket(String host, int prot, boolean stream);
Socket(SocketImpl impl)
Socket(String host, int port, InetAddress localAddr, int localPort)
Socket(InetAddress address, int port, InetAddress localAddr, int localPort)

ServerSocket(int port);
ServerSocket(int port, int backlog);
```

ServerSocket(int port, int backlog, InetAddress bindAddr) 只接收指定地址的指定接口发过来的数据。

其中 address、host 和 port 分别是双向连接中另一方的 IP 地址、主机名和端口号，stream 指明 socket 是流 socket 还是数据报 socket，localPort 表示本地主机的端口号，localAddr 和 bindAddr 是本地机器的地址（ServerSocket 的主机地址），impl 是 socket 的父类，既可以用来创建 serverSocket 又可以用来创建 Socket。count 则表示服务端所能支持的最大连接数。传入连接指示（对连接的请求）的最大队列长度被设置为 backlog 参数，如果队列满时收到连接指示，则拒绝该连接。

（1） 创建 Socket。

我们往往使用构造方法创建 Socket，例如：

```
Socket client = new Socket("127.0.01.", 80);
ServerSocket server = new ServerSocket(80);
```

也可以使用空的构造方法，例如：

```
Socket socket = new Socket();
SocketAddress remoteAddr = new InetSocketAddress("localhost",8000);
socket.connect(remoteAddr, 60000); //等待建立连接的超时时间为 1 分钟
```

以上代码用于连接到本地机器上的监听 8000 端口的服务器程序，等待连接的最长时间为 1 分钟。如果在 1 分钟内连接成功则 connet()方法顺利返回；如果在 1 分钟内出现某种异常，则抛出该异常；如果超过 1 分钟，即没有连接成功，也没有出现其他异常，那么会抛出 SocketTimeoutException. Socket 类的 connect(SocketAddress endpoint, int timeout)方法负责连接服务器，参数 endpoint 指定服务器的地址，参数 timeout 设定超时数据，以毫秒为单位。如果参数 timeout 设为 0，表示永远不会超时，默认是不会超时的。

注意，在选择端口时，必须小心。每一个端口提供一种特定的服务，只有给出正确的端口，才能获得相应的服务。0～1023 的端口号为系统所保留，例如 http 服务的端口号为 80，telnet 服务的端口号为 21，ftp 服务的端口号为 23，所以我们在选择端口号时，最好选择一个大于 1023 的数以防止发生冲突。

在创建 socket 时如果发生错误，将产生 IOException，在程序中必须对之作出处理。所以在创建 Socket 或 ServerSocket 是必须捕获或抛出例外。所以编程时常使用 try...catch 块。

例如：

```
try{
   //socket 的一些处理
          }catch(IOException e) {
   //捕获系统异常时的处理
          }
```

（2） 通过构造的 Socket 获取 Socket 的信息，如输入、输出流等。

在一个 Socket 对象中同时包含了远程服务器的 IP 地址和端口信息，以及客户本地的 IP 地址和端口信息。此外，从 Socket 对象中还可以获得输出流和输入流，分别用于向服务器发送数据，以及接收从服务器端发来的数据。以下方法用于获取 Socket 的有关信息：

getInetAddress()：获得远程服务器的 IP 地址。

getPort()：获得远程服务器的端口。

getLocalAddress()：获得客户本地的 IP 地址。

getLocalPort()：获得客户本地的端口。

getInputStream()：获得输入流。如果 Socket 还没有连接，或者已经关闭，或者已经通过 shutdownInput()方法关闭输入流，那么此方法会抛出 IOException。

getOutputStream()：获得输出流，如果 Socket 还没有连接，或者已经关闭，或者已经通过 shutdownOutput()方法关闭输出流，那么此方法会抛出 IOException。

记住：输入/输出流一般是以字节为单位的，我们有时需要把字符串转化为字节进行处理。

（3） 对 Socket 输入/输出流进行处理（读/写操作）。

使用 getInputStream()方法可以获得一个 InputStream 实例，然后使用 InputStream 的一些方法进行处理输入流。

使用 getOutputStream ()方法可以获得一个 OutputStream 实例，然后使用 OutputStream 的一些方法进行处理输入流。

2. 流的概念

流是字节序列的抽象概念。

文件是数据的静态存储形式，而流是指数据传输时的形态。

流分为两个大类：节点流和过滤流（过滤流也叫处理流）。

① InputStream 类。

程序可以从中连续读取字节的对象叫输入流，在 JAVA 中，用 InputStream 类来描述所有输入流的抽象概念。FileInputStream 类是 InputStream 类的。

InputStream 类的方法：

int read() 从输入流中读取一个字节的内容，并且把这个内容以整数的形式返回。如果碰到流的结束处，那么返回的值就是“-1”；如果流没有结果，但临时没有数据可读，那 read 方法就将阻塞运行程序的执行过程，直到流中有新的数据可读。(流可以看作是一个通道)。read 方法将读取的每一个字节复制到 int 类型(int 类型占用 4 个字节)中的最低字节，其他高字节的部分全部设置为零。

int read(byte[] b) 用于从输入流读取若干个字节的内容到字节数组 b 中，最多读取的字节个数就是这个字节数组的长度，由于这个流中不一定有这么多的字节可读。

int read(byte[] b,int off,int len)这每次读取 len 个字节，并放入到字节数组 b 中，并且是以角标为 off 的位置依次放入。实际上读取的个数以返回值为准。

long skip(long n)跳过输入流中的 n 个字节，并返回实际跳过的字节数。这个方法主要用于包装流中，包装类中流可以跳跃，一般的低层流不能跳跃。

int available()返回当前输入流中可读的字节数，在使用时我们可以先用 available 方法来判断流中是否有可读数据，再用 read 方法进行读取，这样可以防止程序发生阻塞。(但一般笔者只使用 read 方法直接来读取)。

void mark(int readlimit)在输入流中建立一个标记，readlimit 表示在建立标记地方开始最多还能读取多少个字节的内容（用于包装类的方法）。

void reset()与 mark 方法配合使用，用 mark 方法在 a 处做标记后再读取 b 个字节并调用 reset 方法，当下次再读时就从 a 的地方开始读取。也就是说，reset 方法是让指针回到以前做的标记处。

boolean markSupported() 返回当前流对象是否支持 mark 和 reset 操作

void close() 用于完成一个流的所有操作以后，关闭这个流，放弃与这个流相关的所有资源。

InputStream 是抽象类，程序中实际使用的是 InputStream 的各种子类对象，不是所有的子类都会支持 InputStream 中定义的某些方法。比如 skip、mark、reset 在节点流中不适用，它们是用于包装输入流。

② OutputStream 类。

程序可以向其中连续写入字节的对象叫输出流，在 JAVA 中，用 OutputStream 类来描述所有输出流的抽象概念。FileOutputStream 类是 OutputStream 类的子类。

OutputStream 类的方法：

void write(int b)将一个整数中的最低一个字节中的内容写到输出流中，高字节部分被弃。

void write(byte[] b) 将字节数组中的所有内容写入到输出流对象中。

void write(byte[] b,int off,int len) 将字节数组 b 中从 off 位置开始的 len 个字节写入到输出流对象中。

void flush() 将内存缓冲区的内容完全清空，新输出到 I/O 设备当中。

void close() 关闭输出流对象。

（4） 关闭 Socket。

使用 close()方法关闭。

当客户与服务器的通信结束，应该及时关闭 Socket，以释放 Socket 占用的包括端口在内的各种资源。Socket 的 close() 方法负责关闭 Socket。当一个 Socket 对象被关闭，就不能再通过它的输入流和输出流进行 I/O 操作，否则会导致 IOException。

为了确保关闭 Socket 的操作总是被执行，强烈建议把这个操作放在 finally 代码块中:

```
Socket socket = null;
try{
socket = new Socket(127.0.0.1,80);
//执行接收和发送数据的操作
……
}catch(IOException e){
e.printStackTrace();
}finally{
try{
if(socket != null) socket.close();
}catch(IOException e){e.printStackTrace();}
}
```

6.1.3 项目任务——建立 Socket 通信应用（*）

本项目通过 Socket 通信建立服务器端同 Android 手机客户端、PC 客户端的一个通信。用手机客户端和 PC 客户端来模拟两个网友，进行一个简单的聊天手机客户端的效果如图 6-1 所示。

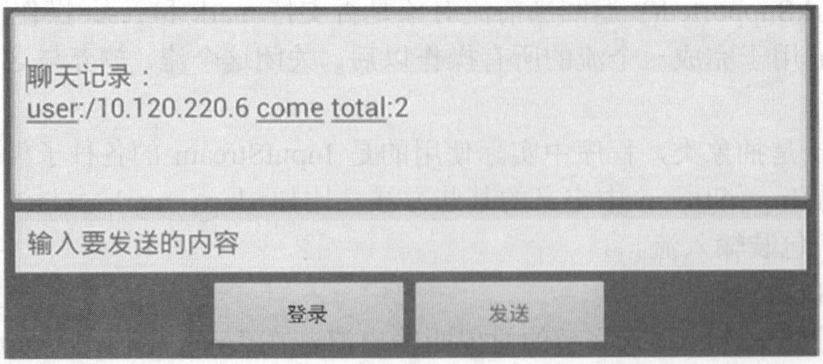

图 6-1

PC 客户端的效果如图 6-2 所示。

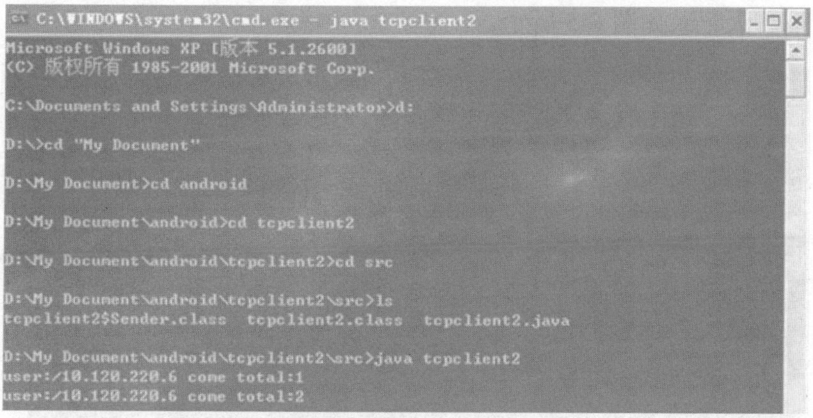

图 6-2

服务器端的效果如图 6-3 所示。

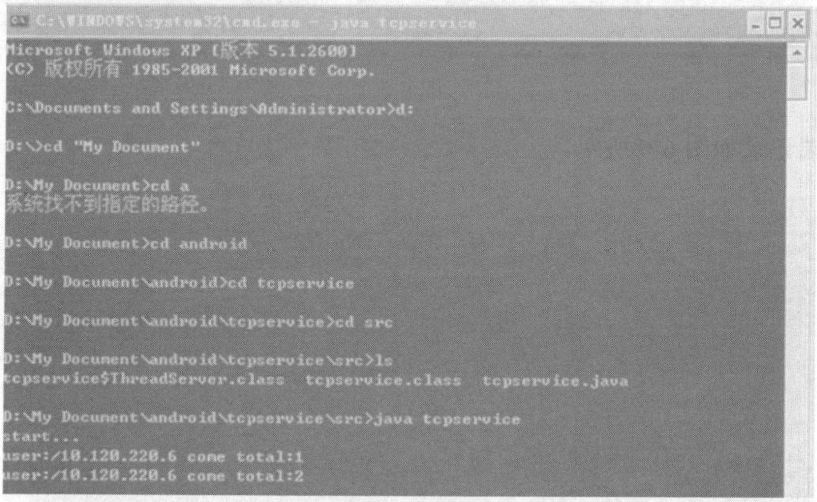

图 6-3

聊天开始后，Android 客户端的记录如图 6-4 所示。

图 6-4

PC 客户端聊天记录如图 6-5 所示。

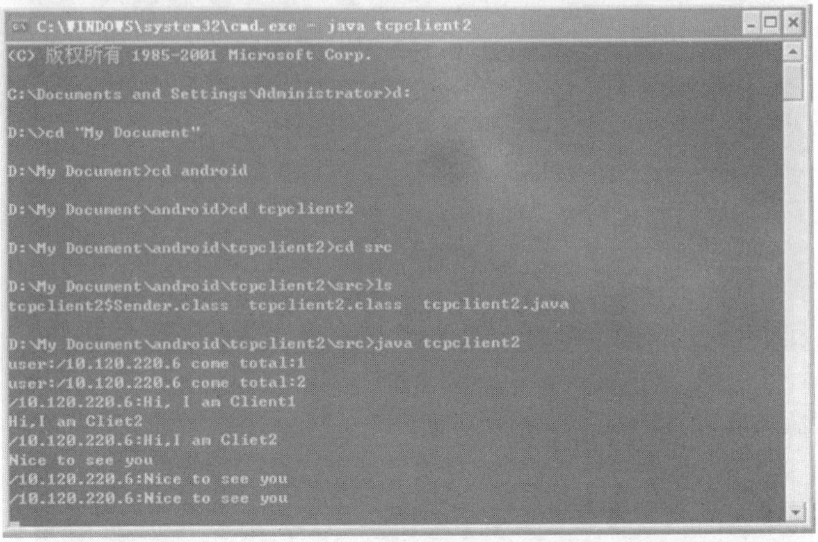

图 6-5

服务器端记录如图 6-6 所示。

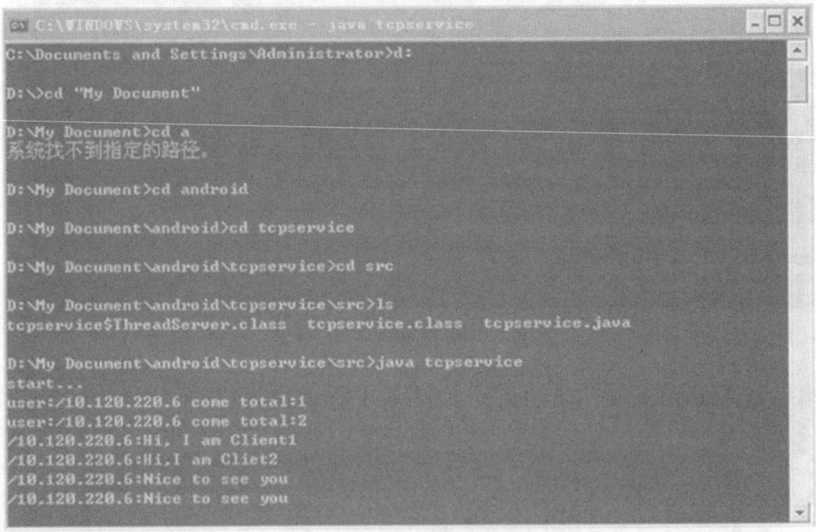

图 6-6

详细代码分别如下。

（1） 服务器端代码。首先建立一个服务器端的 Java 项目，在该项目里建一个类，叫 tcpservice.java，具体代码如下。

```
public class tcpservice
{
    //服务器端口
    private static final int SERVERPORT = 8888;
```

```
    //存储所有客户端 Socket 连接对象
    private static List<Socket> mClientList = new ArrayList<Socket>();
    //线程池
    private ExecutorService mExecutorService;
    //ServerSocket 对象
    private ServerSocket mServerSocket;
    //开启服务器
    public static void main(String[] args)
    {
        new tcpservice();
    }
    //
    public tcpservice()
    {
        try
        {
            //设置服务器端口
            mServerSocket = new ServerSocket(SERVERPORT);
            //创建一个线程池
            mExecutorService = Executors.newCachedThreadPool();
            System.out.println("start...");
            //用来临时保存客户端连接的 Socket 对象
            Socket client = null;
            while (true)
            {
                //接收客户连接并添加到 list 中
                client = mServerSocket.accept();
                mClientList.add(client);
                //开启一个客户端线程
                mExecutorService.execute(new ThreadServer(client));
            }
        }
        catch (IOException e)
        {
            e.printStackTrace();
        }
    }
    //每个客户端单独开启一个线程
    static class ThreadServer implements Runnable
    {
        private Socket          mSocket;
        private BufferedReader   mBufferedReader;
        private PrintWriter      mPrintWriter;
        private String          mStrMSG;

        public ThreadServer(Socket socket) throws IOException
        {
            this.mSocket = socket;
            mBufferedReader  =  new  BufferedReader(new  InputStreamReader
(socket.getInputStream()));
```

```
            mStrMSG = "user:"+this.mSocket.getInetAddress()+" come total:" +
mClientList.size();
            sendMessage();
        }
        public void run()
        {
            try
            {
                while ((mStrMSG = mBufferedReader.readLine()) != null)
                {
                    if (mStrMSG.trim().equals("exit"))
                    {
                        //当一个客户端退出时
                        mClientList.remove(mSocket);
                        mBufferedReader.close();
                        mPrintWriter.close();
                        mStrMSG = "user:"+this.mSocket.getInetAddress()+" exit
total:" + mClientList.size();
                        mSocket.close();
                        sendMessage();
                        break;
                    }
                    else
                    {
                        mStrMSG = mSocket.getInetAddress() + ":" + mStrMSG;
                        sendMessage();
                    }
                }
            }
            catch (IOException e)
            {
                e.printStackTrace();
            }
        }
        //发送消息给所有客户端
        private void sendMessage() throws IOException
        {
            System.out.println(mStrMSG);
            for (Socket client : mClientList)
            {
                mPrintWriter = new PrintWriter(client.getOutputStream(),
true);
                mPrintWriter.println(mStrMSG);
            }
        }
    }
}
```

（2） 建立一个普通的 Java 项目作为客户端，在该项目中建立一个类 tcpclient2.java，具体代码如下。

```
    public class tcpclient2
    {
        private static final int PORT = 8888;
        private static ExecutorService exec = Executors.newCachedThreadPool();

        public static void main(String[] args) throws Exception
        {
            new tcpclient2();
        }

        public tcpclient2()
        {
            try
            {
                Socket socket = new Socket("10.120.220.6", PORT);
                exec.execute(new Sender(socket));

                BufferedReader br = new BufferedReader(new InputStreamReader
(socket.getInputStream()));
                String msg;
                while ((msg = br.readLine()) != null)
                {
                    System.out.println(msg);
                }
            } catch (Exception e)
            {

            }
        }

        // 客户端线程获取控制台输入消息
        static class Sender implements Runnable
        {
            private Socket socket;

            public Sender(Socket socket)
            {
                this.socket = socket;
            }

            public void run()
            {
                try
                {
                    BufferedReader br = new BufferedReader(new InputStreamReader
(System.in));
                    PrintWriter pw = new PrintWriter(socket.getOutputStream(),
true);
                    String msg;
```

```
                while (true)
                {
                    msg = br.readLine();
                    pw.println(msg);

                    if (msg.trim().equals("exit"))
                    {
                        pw.close();
                        br.close();
                        exec.shutdownNow();
                        break;
                    }
                }
            } catch (Exception e)
            {
                e.printStackTrace();
            }
        }
    }
}
```

（3） 建立一个 Android 项目，主活动的名字为 tcpclient.java，布局文件默认名字即可，布局的代码如下。

```
<?xml version="1.0" encoding="utf-8"?>
<LinearLayout xmlns:android="http://schemas.android.com/apk/res/android"
    android:layout_width="fill_parent"
    android:layout_height="fill_parent"
    android:orientation="vertical" >

    <EditText
android:id="@+id/myinternet_tcpclient_EditText01"
        android:layout_width="fill_parent"
        android:layout_height="200px"
        android:text="聊天记录：\n" >
    </EditText>

    <EditText
android:id="@+id/myinternet_tcpclient_EditText02"
        android:layout_width="fill_parent"
        android:layout_height="wrap_content"
        android:text="输入要发送的内容" >
    </EditText>

    <LinearLayout
android:layout_width="fill_parent"
        android:layout_height="wrap_content"
        android:orientation="horizontal"
        android:gravity="center" >
```

```
        <Button
    android:id="@+id/myinternet_tcpclient_BtnIn"
            android:layout_width="200px"
            android:layout_height="wrap_content"
            android:text="登录" />

        <Button
    android:id="@+id/myinternet_tcpclient_BtnSend"
            android:layout_width="200px"
            android:layout_height="wrap_content"
            android:text="发送" />
      </LinearLayout>

    </LinearLayout>
```

（4） 修改主活动 tcpclient.java 的代码如下。

```
    public class tcpclient extends Activity
    {
        // 声明对象
        private Button mInButton, mSendButton;
        private EditText mEditText01, mEditText02;
        private static final String SERVERIP = "10.120.220.6";
        private static final int SERVERPORT = 8888;
        private Thread mThread = null;
        private Socket mSocket = null;
        private BufferedReader mBufferedReader = null;
        private PrintWriter mPrintWriter = null;
        private  String mStrMSG = "";
        private static String TAG = camera.class.getSimpleName();

        @Override
        protected void onCreate(Bundle savedInstanceState)
        {
            // TODO Auto-generated method stub
            super.onCreate(savedInstanceState);
            setContentView(R.layout.myinternet_tcpclient);

            mInButton = (Button) findViewById(R.id.myinternet_tcpclient_BtnIn);
            mSendButton   =   (Button)   findViewById(R.id.myinternet_tcpclient_
BtnSend);
            mEditText01   =  (EditText)  findViewById(R.id.myinternet_tcpclient_
EditText01);
            mEditText02   =  (EditText)  findViewById(R.id.myinternet_tcpclient_
EditText02);
    // 登录
            mInButton.setOnClickListener(new OnClickListener()
            {
                public void onClick(View v)
                {
```

```
                try
                {
                    // ①Socket 实例化，连接服务器
                    mSocket = new Socket(SERVERIP, SERVERPORT);
                    // ②获取 Socket 输入输出流进行读写操作
                    mBufferedReader = new BufferedReader(new InputStreamReader
(mSocket.getInputStream()));
                    mPrintWriter = new PrintWriter(mSocket.getOutputStream(),
true);
                } catch (Exception e)
                {
                    // TODO: handle exception
                    Log.e(TAG, e.toString());
                }
            }
        });
    // 发送消息
        mSendButton.setOnClickListener(new OnClickListener()
        {
            public void onClick(View v)
            {
                try
                {
                    // 取得编辑框中我们输入的内容
                    String str = mEditText02.getText().toString() + "\n";
                    // 发送给服务器
                    mPrintWriter.print(str);
                    mPrintWriter.flush();
                } catch (Exception e)
                {
                    // TODO: handle exception
                    Log.e(TAG, e.toString());
                }
            }
        });
        mThread = new Thread(mRunnable);
        mThread.start();
    }
    // 线程:监听服务器发来的消息
    private Runnable mRunnable = new Runnable()
    {
        public void run()
        {
            while (true)
            {
                try
                {
                    if ((mStrMSG = mBufferedReader.readLine()) != null)
                    {
                        // 消息换行
```

```
                        mStrMSG += "\n";
    // 发送消息
                        mHandler.sendMessage(mHandler.obtainMessage());
                    }
                } catch (Exception e)
                {
                    Log.e(TAG, e.toString());
                }
            }
        }
    };

    Handler mHandler = new Handler()//更新界面的显示（不能直接在线程中更新视图，
因为 Android 线程是安全的）
    {
        public void handleMessage(Message msg)
        {
            super.handleMessage(msg);
            // 刷新
            try
            {
                mEditText01.append(mStrMSG);// 将聊天记录添加进来
            } catch (Exception e)
            {
                Log.e(TAG, e.toString());
            }
        }
    };
}
```

（5） 分别运行服务器端、PC 客户端、Android 客户端，可以得到本节开头见到的效果。

6.2 通过 HTTP 获取网络资源

超文本传输协议（HTTP）是 Web 的一个重要基础，Android 应用程序也可以利用该协议进行应用开发，完成网络资源访问的目的。本节主要介绍 HTTP 协议中的 Get 和 Post 方法获取网络资源。

6.2.1 学习目标

通过本节学习以下内容。

（1） HTTP 的 Get 方法的使用。

（2） HTTP 的 Post 方法的使用。

6.2.2 相关知识

1. HTTP 协议简介

HTTP（Hypertext Transfer Protocol），是 Web 联网的基础，也是手机联网常用的协议之一，HTTP 协议是建立在 TCP 协议之上的一种协议。

HTTP 连接最显著的特点是客户端发送的每次请求都需要服务器回送响应，在请求结束后，会主动释放连接。从建立连接到关闭连接的过程称为“一次连接”。在 HTTP 1.0 中，客户端的每次请求都要求建立一次单独的连接，在处理完本次请求后，就自动释放连接。在 HTTP 1.1 中则可以在一次连接中处理多个请求，并且多个请求可以重叠进行，不需要等待一个请求结束后再发送下一个请求。

由于HTTP在每次请求结束后都会主动释放连接，因此HTTP连接是一种“短连接”、“无状态”，要保持客户端程序的在线状态，需要不断地向服务器发起连接请求。通常的做法是即使不需要获得任何数据，客户端也保持每隔一段固定的时间向服务器发送一次“保持连接”的请求，服务器在收到该请求后对客户端进行回复，表明知道客户端“在线”。若服务器长时间无法收到客户端的请求，则认为客户端“下线”，若客户端长时间无法收到服务器的回复，则认为网络已经断开。

基于 HTTP1.0 协议的客户端在每次向服务器发出请求后，服务器就会向客户端返回响应消息，在确认客户端已经收到响应消息后，服务端就会关闭网络连接。在这个数据传输过程中，并不保存任何历史信息和状态信息，因此，HTTP 协议也被认为是无状态的协议。

HTTP1.1 和 HTTP1.0 相比较而言，最大的区别就是增加了持久连接支持。当客户端使用 HTTP1.1 协议连接到服务器后，服务器就将关闭客户端连接的主动权交还给客户端；也就是说，只要不调用 Socket 类的 close 方法关闭网络连接，就可以继续向服务器发送 HTTP 请求。

HTTP 连接使用的是“请求—响应”的方式（2 次握手），不仅在请求时需要先建立连接，而且需要等客户端向服务器发出请求后，服务器端才能回复数据。而 Socket 连接在双方建立起连接后就可以直接进行数据的传输。

2. HTTP 协议的特点

支持 B/S 及 C/S 模式；

简单快速：客户向服务器请求服务时，只需传送请求方法和路径。请求方法常用的有 GET、HEAD、POST。

灵活：HTTP 允许传输任意类型的数据对象。正在传输的类型由 Content-Type 加以标记；

无状态：HTTP 协议是无状态协议。无状态是指协议对于事务处理没有记忆能力。缺少状态意味着如果后续处理需要前面的信息，则它必须重传，这样可能导致每次连接传送的数据量增大。

3. HTTP 协议请求方法

请求行中包括了请求方法，解释如下：

GET 请求获取 Request-URI 所标识的资源。

POST 在 Request-URI 所标识的资源后附加新的数据。

HEAD 请求获取由 Request-URI 所标识的资源的响应消息报头。

PUT 请求服务器存储一个资源，并用 Request-URI 作为其标识。

DELETE 请求服务器删除 Request-URI 所标识的资源。

TRACE 请求服务器回送收到的请求信息，主要用于测试或诊断。

CONNECT 保留将来使用。

OPTIONS 请求查询服务器的性能，或者查询与资源相关的选项和需求。

（1） GET 方式。

GET 机制用的是在 URL 地址里面通过问号（？）间隔，然后以 name=value 的形式给客户端传递参数。所以首先要在 Android 工程下的 AndroidGetTest.java 中 onCreate 方法定义好其 URL 地址以及要传递的参数，然后通过 URL 打开一个 HttpURLConnection 链接，此链接可以获得 InputStream 字节流对象，也是往服务端输出和从服务端返回数据的重要过程，而若服务端 response.getInputStream.write()往 andorid 返回信息时候，就可以通过 InputStreamReader 作转换，将返回来的数据用 BufferReader 显示出来。

（2） POST 方式。

POST 传输方式不在 URL 里传递，也正好解决了 get 传输量小、容易篡改及不安全等一系列不足。主要是通过对 HttpURLConnection 的设置，让其支持 post 传输方式，然后在通过相关属性传递参数（若需要传递中文字符，则可以通过 URLEncoder 编码，而在获取端采用 URLDecoder 解码即可）。

（3） GET 与 POST 请求区别。

POST 请求可以向服务器传送数据，而且数据放在 HTML HEADER 内一起传送到服务端 URL 地址，数据对用户不可见。而 GET 是把参数数据队列加到提交的 URL 中，值和表单内各个字段一一对应。

GET 传送的数据量较小，不能大于 2KB。post 传送的数据量较大，一般被默认为不受限制。但理论上，IIS4 中最大量为 80KB，IIS5 中为 100KB。

GET 安全性非常低，post 安全性较高。

6.2.3 项目任务——获取网站内容

下面通过一个例子来验证以上内容，这里需要读者对 PHP 网页设置有个了解（读者如果对 jsp 网页设计了解，可以把相关验证改为 jsp）。

（1） 在 PHP Web 服务器建立一个名为 android.php 网页，具体代码如下。

```
<?php
  $REQUEST_METHOD = $_SERVER['REQUEST_METHOD'];
  echo $REQUEST_METHOD;
  if($REQUEST_METHOD == 'GET'){
    $name = $_GET['name'];
    $pwd = $_GET['pwd'];

    if($name == 'Neeke' && $pwd == 'Neeke'){
```

```
        echo '你好：'.$name;
    }else{
        echo '登录失败！';
    }
  }else if($REQUEST_METHOD == 'POST'){
    $name = $_POST['name'];
    $pwd = $_POST['pwd'];

    if($name == 'Neeke' && $pwd == 'Neeke'){
        echo '你好：'.$name;
    }else{
        echo '登录失败！';
    }
  }
?>
```

（2） 建立一个 Android 项目，信息如图 6-7 所示。

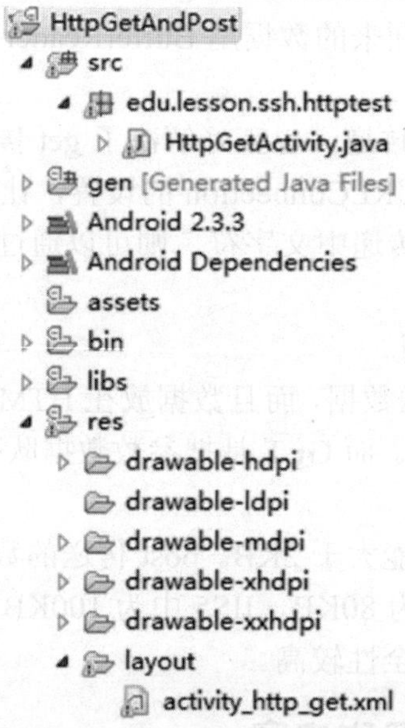

图 6-7

（3） 布局文件 activity_http_get.xml 的代码如下。

```
<RelativeLayout xmlns:android="http://schemas.android.com/apk/res/android"
    android:layout_width="fill_parent"
    android:layout_height="fill_parent" >

    <TextView
        android:id="@+id/textView1"
        android:layout_width="wrap_content"
        android:layout_height="wrap_content"
        android:layout_alignParentLeft="true"
        android:layout_alignParentTop="true"
```

```
    android:layout_marginTop="29dp"
    android:text="name:" />

<TextView
    android:id="@+id/textView2"
    android:layout_width="wrap_content"
    android:layout_height="wrap_content"
    android:layout_alignParentLeft="true"
    android:layout_below="@+id/textView1"
    android:layout_marginTop="32dp"
    android:text="pws:" />

<EditText
    android:id="@+id/name"
    android:layout_width="wrap_content"
    android:layout_height="wrap_content"
    android:layout_alignBaseline="@+id/textView1"
    android:layout_alignBottom="@+id/textView1"
    android:layout_toRightOf="@+id/textView1"
    android:ems="10" >
</EditText>

<EditText
    android:id="@+id/pws"
    android:layout_width="wrap_content"
    android:layout_height="wrap_content"
    android:layout_alignBaseline="@+id/textView2"
    android:layout_alignBottom="@+id/textView2"
    android:layout_toRightOf="@+id/textView2"
    android:ems="10"
    android:inputType="textPassword" />

<Button
    android:id="@+id/btn_get"
    android:layout_width="wrap_content"
    android:layout_height="wrap_content"
    android:layout_alignParentLeft="true"
    android:layout_below="@+id/pws"
    android:layout_marginLeft="40dp"
    android:layout_marginTop="32dp"
    android:text="get"
    android:onClick="onClick" />

<Button
    android:id="@+id/btn_post"
    android:layout_width="wrap_content"
    android:layout_height="wrap_content"
    android:layout_alignBaseline="@+id/btn_get"
    android:layout_alignBottom="@+id/btn_get"
    android:layout_marginLeft="45dp"
```

```
        android:layout_toRightOf="@+id/btn_get"
        android:text="post"
        android:onClick="onClick" />

</RelativeLayout>
```

（4） HttpGetActivity.java 的代码如下。

```
package edu.lesson.ssh.httptest;

import java.util.ArrayList;
import java.util.List;

import org.apache.http.HttpResponse;
import org.apache.http.NameValuePair;
import org.apache.http.client.entity.UrlEncodedFormEntity;
import org.apache.http.client.methods.HttpGet;
import org.apache.http.client.methods.HttpPost;
import org.apache.http.impl.client.DefaultHttpClient;
import org.apache.http.message.BasicNameValuePair;
import org.apache.http.protocol.HTTP;
import org.apache.http.util.EntityUtils;

import android.app.Activity;
import android.os.Bundle;
import android.view.View;
import android.widget.Button;
import android.widget.EditText;
import android.widget.Toast;
import edu.lesson.ssh.httpget.R;

public class HttpGetActivity extends Activity {
   private Button btnGet;
   private Button btnPost;
   private EditText etName;
   private EditText etPwd;

   @Override
   public void onCreate(Bundle savedInstanceState) {
     super.onCreate(savedInstanceState);
     setContentView(R.layout.activity_http_get);
     btnGet = (Button) findViewById(R.id.btn_get);
     btnPost = (Button) findViewById(R.id.btn_post);
     etName = (EditText) findViewById(R.id.name);
     etPwd = (EditText) findViewById(R.id.pws);

   }

   public void onClick(View view) {
```

```
        switch (view.getId()) {
        case R.id.btn_get:
            HttpGet request1 = new HttpGet(
                    //读者可自行搭建服务器，建立 PHP 页面
                    "http://192.168.1.103/android.php?name="
                            + etName.getText().toString() + "&pwd="
                            + etPwd.getText().toString());
            try {
                HttpResponse response = new DefaultHttpClient()
                        .execute(request1);
                if (response.getStatusLine().getStatusCode() == 200) {
                    String result = EntityUtils.toString(response.getEntity());
                    Toast.makeText(this, result, Toast.LENGTH_LONG).show();
                }

            } catch (Exception e) {

                Toast.makeText(this, e.getMessage().toString(),
                        Toast.LENGTH_LONG).show();
                e.printStackTrace();
            }
            break;
        case R.id.btn_post:
            HttpPost request2 = new HttpPost("http://192.168.1.103/android/
android.php");
            List<NameValuePair> params = new ArrayList<NameValuePair>();
            params.add(new  BasicNameValuePair("name",  etName.getText().
toString()));
            params.add(new BasicNameValuePair("pwd", etPwd.getText(). toString()));

            try {
                request2.setEntity(new UrlEncodedFormEntity(params, HTTP.UTF_8));
                HttpResponse  response  =  new  DefaultHttpClient().  execute
(request2);
                if(response.getStatusLine().getStatusCode() == 200){
                    String   result   =   EntityUtils.toString(response.
getEntity());
                    Toast.makeText(this, result, Toast.LENGTH_LONG).show();
                }
            } catch (Exception e) {

                Toast.makeText(this, e.getMessage().toString(), Toast. LENGTH_
LONG).show();
                e.printStackTrace();
            }
        }
    }
}
```

（5） 运行，效果如图 6-8 所示。

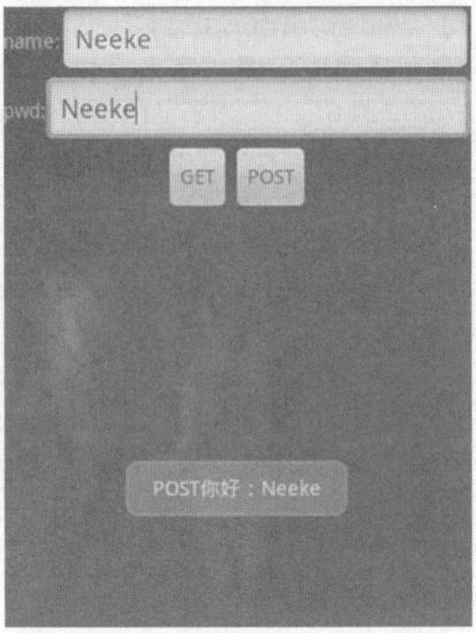

图 6-8

6.3 浏览网页

在 Android 项目中浏览网页的形式一般有两种，一种是使用系统安装的专业浏览器，一种是把网页内容解析到项目的内部指定界面上显示。本节介绍这两种方法的使用。

6.3.1 学习目标

通过本节学习以下内容。

（1） 使用 Intent 来启动系统浏览器浏览网页。

（2） 使用 WebView 浏览网页。

6.3.2 相关知识

1. 使用 Intent 来启动系统浏览器浏览网页

首先要定义 Intent，这个一般是间接意图，具体代码如下。

```
Intent intent=
 new Intent(Intent.ACTION_VIEW, Uri.parse("http://www.baidu.com"));
```

然后使用 startActivity(intent)即可。此时系统会自己解析每个项目的 androidmanifest.xml 查找 IntentFilter，根据 IntentFilter 内的匹配条件（数据格式、action 等）来选择合适的应用程序。

2. 使用 WebView 浏览网页

WebView 类是 View 类的扩展，允许你将 Web 页面作为一个 Activity 布局中的部分来显示。它不像 Web 浏览器，如没有导航栏或者地址栏。WebView 做的所有默认动作仅仅是显示一个网页。

Webview 常见的一个应用场景是：在你的 Android 应用程序中，你可以创建一个 Activity 包含一个 WebvView，然后用它来显示你的在线文档。

给你的应用程序增加一个 WebView，仅仅需要将<webview>标签包括进你的 Activity 布局中。例如，下面是一个布局文件的代码，它用 WebView 来填充整个屏幕。

```
<?xml version="1.0" encoding="utf-8"?>
<WebView xmlns:android="http://schemas.android.com/apk/res/android"
android:id="@+id/webview"
android:layout_width="fill_parent"
android:layout_height="fill_parent"
/>
```

这个组件还有一些常用属性。

（1） WebSettings 常用方法。

setAllowFileAccess 启用或禁止 WebView 访问文件数据。

setBlockNetworkImage 是否显示网络图像。

setBuiltInZoomControls 设置是否支持缩放。

setCacheMode 设置缓冲的模式。

setDefaultFontSize 设置默认的字体大小。

setDefaultTextEncodingName 设置在解码时使用的默认编码。

setFixedFontFamily 设置固定使用的字体。

setJavaSciptEnabled 设置是否支持 Javascript。

setLayoutAlgorithm 设置布局方式。

setLightTouchEnabled 设置用鼠标激活被选项。

setSupportZoom 设置是否支持变焦。

（2） WebViewClient 常用方法。

doUpdateVisitedHistory 更新历史记录。

onFormResubmission 应用程序重新请求网页数据。

onLoadResource 加载指定地址提供的资源。

onPageFinished 网页加载完毕。

onPageStarted 网页开始加载。

onReceivedError 报告错误信息。

onScaleChanged WebView 发生改变。

shouldOverrideUrlLoading 控制新的连接在当前 WebView 中打开。

（3） WebChromeClient 常用方法。

onCloseWindow 关闭 WebView。

onCreateWindow 创建 WebView。

onJsAlert 处理 Javascript 中的 Alert 对话框。

onJsConfirm 处理 Javascript 中的 Confirm 对话框。

onJsPrompt 处理 Javascript 中的 Prompt 对话框。

onProgressChanged 加载进度条改变。

onReceivedIcon 网页图标更改。

onReceivedTitle 网页 Title 更改。

onRequestFocus WebView 显示焦点。

在 WebView 中装载一个网页，可以使用 loadUrl()。例如以下代码。

```
WebView myWebView = (WebView) findViewById(R.id.webview);
myWebView.loadUrl("http://www.example.com");
```

在这个能够工作之前，你的应用必须有联网权限。获得联网权限，需要在你的 manifest 文件中添加 INTERNET permission 。例如：

```
<manifest ... >
<uses-permission android:name="android.permission.INTERNET" />
...
</manifest>
```

上面就是呈现一个网页，你所需要的所有基本 WebView 知识。

3. 在 WebView 中使用 JavaScript

如果你计划在 WebView 中装载的网页用到 JavaScript，你必须使 JavaScript 能够在你的 WebView 可用。一旦 JavaScript 可用，你也能够在你的应用程序代码和 JavaScript 代码之间建立接口。

使 JavaScript 可用 JavaScript 在 WebView 中默认是不可用的。你能够通过 WebSettings 与 WebView 来建立链接使它可用。你可以用 getSettings()来检索 WebSettings，然后用 setJavaScriptEnabled().使 JavaScript 可用。

例如：

```
WebView myWebView = (WebView) findViewById(R.id.webview);
WebSettings WebSettings = myWebView.getSettings();
WebSettings.setJavaScriptEnabled(true);
```

WebSettings 提供各种你可能发现有用的访问。例如，如果你正在用 WebView 特别开发的一个 Android 应用程序中，然后你就可以用 setUserAgentString()定义一个客户代理字符串，然后通过查询在你网页中的客户代理来验证你网页中的客户端请求是否真是你的 Android 应用程序。

4. 绑定 JavaScript 代码到 Android 代码中

若你正在用 WebView 开发的一个 Android 应用程序，你可以在你的 JavaScript 代码和客户端 Android 代码之间来创建接口。例如，你的 JavaScript 代码能够调用在 Android 代码中的一个函数来呈现一个 dialog，来代替 JavaScript's alert()函数。为了在你的 JavaScript 代码和客户端 Android 代码之间来创建接口，需要调用 addJavaScriptInterface()，给这个函数传递一个类的实例来捆绑到 JavaScript 上和一个 JavaScript 能够调用的接口名来获取类。

例如：

```
public class WebAppInterface {
Context mContext;
/** Instantiate the interface and set the context */
WebAppInterface(Context c) {
mContext = c;
}
/** Show a toast from the web page */
@JavaScriptInterface
public void showToast(String toast) {
Toast.makeText(mContext, toast, Toast.LENGTH_SHORT).show();
}
}
```

警告：如果你将你的 targetSdkVersion 到 17 或更高，你必须在你使用 JavaScript 的函数前添加@JavaScriptInterface，函数必须是 public。

在这个例子中的 WebAppInterface 类允许网页创建一个 Toast 信息，使用 showToast() 方法。你可以用这个 addJavaScriptInterface()将这个类绑定到运行在 WebView 上的 JavaScript，和给这个接口命名 Android。例如：

```
WebView WebView = (WebView) findViewById(R.id.webview);
WebView.addJavaScriptInterface(new WebAppInterface(this), "Android");
```

这为正运行于 WebView 上的 JavaScript 创建了一个名字为 Android 的接口。在这点上，你的 Web 应用程序能够使用 WebAppInterface 类。例如，这里的一些 HTML 和 JavaScript 创建一个使用新的接口，当用户单击一个按钮显示 toast 消息。具体代码如下。

```
<input type="button" value="Say hello" onClick="showAndroidToast('Hello Android!')" />
<script type="text/JavaScript">
function showAndroidToast(toast) {
Android.showToast(toast);
}
</script>
```

不需要你亲自从 JavaScript 初始化 Android 接口。WebView 会自动使它对你的网页可用。因此，在单击按钮时，showAndroidToast()函数用 Android 接口来调用 WebAppInterface.showToast()方法。

注：在另一个线程，而不是在它被修建的线程中的对象被绑定到你的 JavaScript 运行。

警告：使用 addJavaScriptInterface()会允许 JavaScript 控制你的 Android 应用。当在 WebView 中的 HTML 不可信任时（例如，部分 HTML 是被不知名的人或者进程提供的），这样攻击者可以执行你的客户端代码或 HTML 页面。因此，使用时需考虑利弊。

5. 处理页面导航

当用户从 WebView 的中网页点击一个链接时，对 Android 来说默认的行为是打开一个应用程序来处理 URL。通常的是默认的 Web 浏览器打开该 URL。然而，你可使用 WebView 打开 URL，并允许用户在你的应用程序中前进或者后退网页内容。为了打开用户点击的链接，仅仅用 setWebViewClient() 给 WebView 提供一个 WebViewClient 就可以了。

```
WebView myWebView = (WebView) findViewById(R.id.webview);
myWebView.setWebViewClient(new WebViewClient());
```

这就是了。现在用户单击的所有链接都在 WebView 中装载了。

如果你想更加有力的控制一个被单击的链接装载的地方，你可以创建你自己的 WebViewClient 重写 shouldOverrideUrlLoading() 方法。例如：

```
private class MyWebViewClient extends WebViewClient {
@Override
public boolean shouldOverrideUrlLoading(WebView view, String url) {
if (Uri.parse(url).getHost().equals("www.example.com")) {
// This is my web site, so do not override; let my WebView
load the page
return false;
}
// Otherwise, the link is not for a page on my site, so launch
another Activity that handles URLs
Intent intent = new Intent(Intent.ACTION_VIEW, Uri.parse(url));
startActivity(intent);
return true;
}
}
```

然后为这个 WebView 创建一个这个新的 WebViewClient 的实例。

```
WebView myWebView = (WebView) findViewById(R.id.webview);
myWebView.setWebViewClient(new MyWebViewClient());
```

现在当用户点击一个链接时，系统会调用 shouldOverrideUrlLoading()，它会检查 URL 是否符合特定的域。如果它匹配，这个方法会返回 false ，允许 WebView 来装载 URL。如果 URL 主机不匹配，然后 Android 使用 Intent 来处理 URL（解析到用户的默认浏览器，比如手机安装的 UC 浏览器）。

6. 网页浏览历史导航

当你的 WebView 重新 URL 装载时，以前访问的网页历史会自动积累。你能够用 GoBack 的()和 goForward()方法在这些积累的历史页记录里前进或者后退。

Activity 用设备的返回键来导航后退的代码如下。

```
@Override
public boolean onKeyDown(int keyCode, KeyEvent event) {
// Check if the key event was the Back button and if there's history
if ((keyCode == KeyEvent.KEYCODE_BACK) && myWebView.canGoBack()) {
myWebView.goBack();
return true;
}
// If it wasn't the Back key or there's no web page history, bubble up to
the default
```

```
    // system behavior (probably exit the activity)
    return super.onKeyDown(keyCode, event);
    }
```

canGoBack()方法返回 true 如果这儿确实有用户访问的历史记录。同理，也可用canGoForward()来检测是否有向前进的历史。如果你进行这项检查，然后当用户达到历史记录的尽头时，返回键或者前进键不会有任何作用。

6.3.3　项目任务——浏览网站内容

本项目介绍简单地应用 WebKit 浏览网页。

（1）　新建一个项目，项目信息如图 6-9 所示。

图 6-9

（2）　主活动的布局的具体代码如下。

```
<LinearLayout xmlns:android="http://schemas.android.com/apk/res/android"
    android:orientation="vertical"
    android:layout_width="fill_parent"
    android:layout_height="fill_parent"
    >

    <LinearLayout
        android:layout_width="match_parent"
        android:layout_height="wrap_content" >

        <EditText
            android:id="@+id/editText1"
            android:layout_width="wrap_content"
            android:layout_height="wrap_content"
            android:layout_weight="1"
            android:ems="10" >
        </EditText>

        <Button
            android:id="@+id/button1"
            android:layout_width="wrap_content"
            android:layout_height="wrap_content"
            android:layout_weight="1"
```

```
            android:text="Go"
            android:onClick="onClick" />

    </LinearLayout>

    <WebView
        android:id="@+id/WebView1"
        android:layout_width="match_parent"
        android:layout_height="match_parent" />

</LinearLayout>
```

效果如图 6-10 所示。

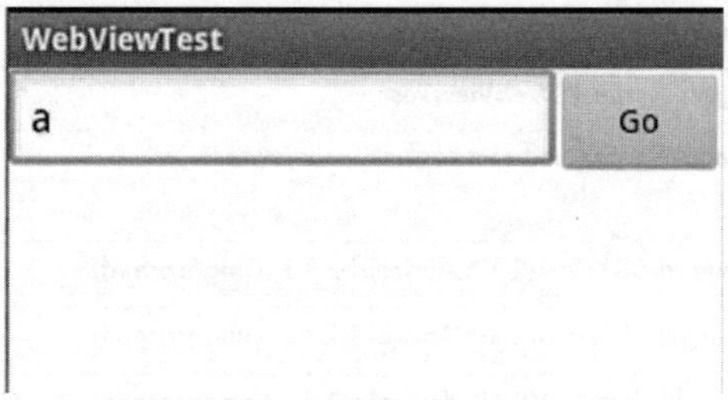

图 6-10

（3） 主活动的代码如下。

```
package edu.lesson.ssh.webviewtest;

import android.app.Activity;
import android.os.Bundle;
import android.view.View;
import android.webkit.WebView;
import android.widget.EditText;

public class MainActivity extends Activity {
   EditText ed;
   WebView WebView;
   @Override
   public void onCreate(Bundle icicle) {
     super.onCreate(icicle);
     setContentView(R.layout.activity_main);
     //实例化输入文本框，为获得用户输入地址做准备
     ed=(EditText)findViewById(R.id.editText1);
     //实例化 WebView，将根据用户输入加载网页
     WebView=(WebView)findViewById(R.id.WebView1);

   }
   //处理用户单击按钮“Go”
   public void onClick(View view)
   {
     //设置 WebView 的焦点
```

```
        WebView.setFocusable(true);
        //支持 JavaScript
        WebView.getSettings().setJavaScriptEnabled(true);
        /**把用户输入转化为字符串
         * 此处作者默认读者知道输入 http
         * 其实读者可以写一个判断语句,
         * 如果用户没有加入 http://, 则自动加上
         * */
        String s=ed.getText().toString().trim();
        //加载用户输入的网址的网页内容
        WebView.loadUrl(s);

    }
}
```

（4） 在 AndroidManifest.xml 加入网络使用权限。

```
<uses-permission android:name="android.permission.INTERNET"/>
```

（5） 运行，然后输入网址 www.qq.com，得到如图 6-11 所示的结果。

图 6-11

小结

本章简单介绍了网络在 Android 中的应用，其实 Android 上的网络开发远远不止如此。我们可以单独开一门课叫做移动 Web 开发，或 Android 移动开发等。

本章主要内容是介绍 Socket 的应用，HTTP 获取网络资源的方法及 WebView 的使用，旨在让读者对网络在 Android 中的引用有个了解。

习题

（1） 请读者使用 Socket 编程实现服务器及客户端的通信。

（2） 请自己使用 WebView 开发一个简单的浏览器。

第7章　项目的改进

手机用户的终端有一个重要的特点就是多样性：屏幕大小不同、分辨率各异、用户语言多样，等等。作为开发者如何面对这样的局面呢？本章主要介绍开发者如何解决这个问题。

7.1　多语言支持

在推箱子游戏里，所有的字符串值，我们几乎都是在 string.xml 中设置的，这样的好处就是，当开发用户或者 Android 系统需要做调整时，可以方便地做出选择。游戏的语言默认是英语，那么如何设置为中文呢？开发者通过一定的设置可以使得应用程序在不同语言之间随意切换。

7.1.1　学习目标

通过本节学习以下内容。

学会 Android 项目的多语言支持设置。

7.1.2　相关知识

建好一个 Android 的项目后，默认的 res 下面有 layout、values、drawable 等目录，这些都是程序默认的资源文件目录，如果要实现多语言版本的话，我们就要添加要实现语言的对应的资源文件。

当在 res/values 文件夹下右击选择“New”->“Android XML File”，弹出如图 7-1 所示的对话框。

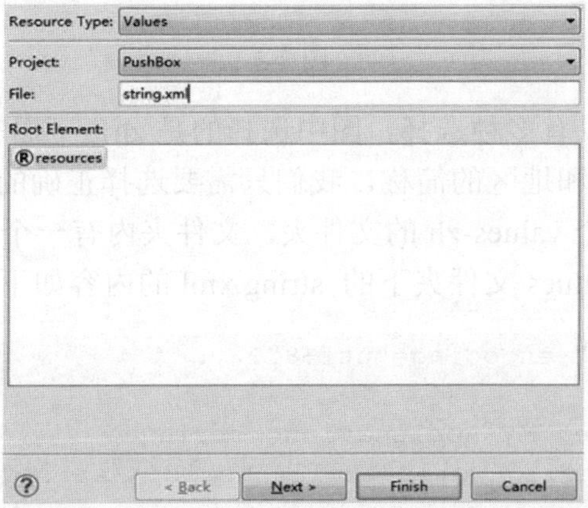

图 7-1

在 File 处，我们还命名为 string.xml，单击“Next”，弹出如图 7-2 所示的对话框。

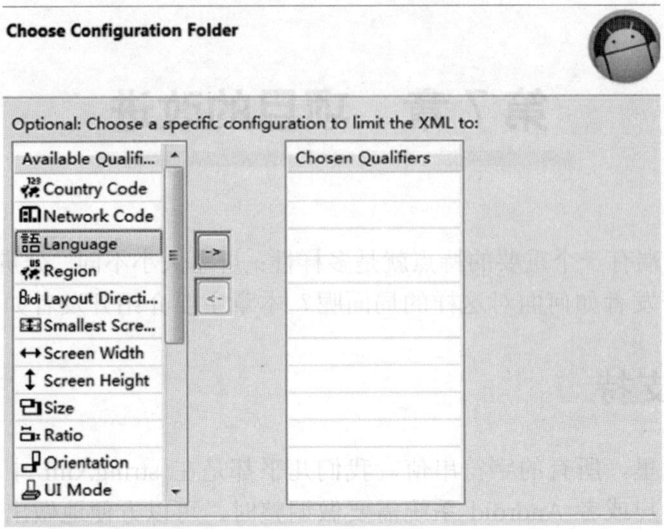

图 7-2

选择 Lanuage，单击图中的“->”按钮后，对话框如图 7-3 所示。

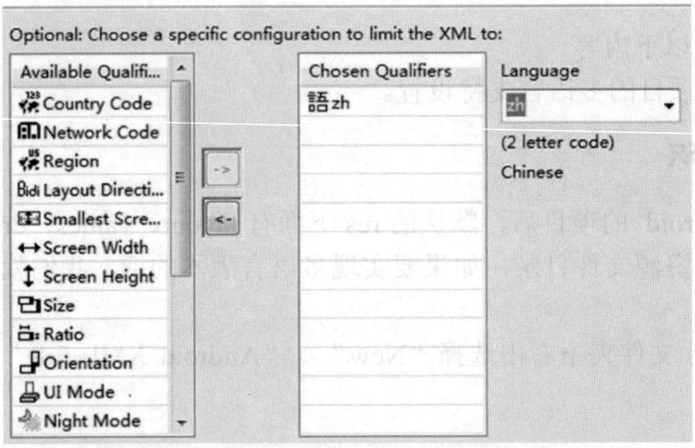

图 7-3

这里 Language 处可以有多种选择，图中选择的是 zh，下面有全称 Chinese，另外在下拉列表中有一百多个国家和地区的简称，我们只需要选择正确的国家语言即可，然后单击 Finish，项目中会出现一个 values-zh 的文件夹，文件夹内有一个空的 string.xml 文件。

假如你原来的默认 values 文件夹下的 string.xml 的内容如下。

```
<?xml version="1.0" encoding="utf-8"?>
<resources>
<string name="title">My Application</string>
    <string name="hello_world">Hello World!</string>
</resources>
```

那么在 values-zh 中的 string.xml 你需要把原来的代码修改如下。

```
<?xml version="1.0" encoding="utf-8"?>
<resources>
<string name="title">我的应用程序</string>
<string name="hello_world">你好，世界！</string>
</resources>
```

即把各个字符串代表的内容翻译成对应国家的语言即可。这些字符串引用时代码如下。

```
<TextView
android:layout_width="wrap_content"
android:layout_height="wrap_content"
android:text="@string/hello_world" />
```

Android 系统如何使用这些语言设置呢？当用户在系统的 setting->Language 中选择对应国家的语言时，Android 系统中的每一个项目将在自己的 res 文件夹下找对应的 string.xml 替换原有设置，如果找不到将使用默认的字符串（values/string.xml 中的内容）。

7.1.3 项目任务——给游戏添加多语言支持

本项目我们将设置推箱子游戏的中文支持（为了向世界推广，我们使用英文为默认字符串）。具体步骤如下。

（1） 建立 values-zh 文件夹。

在 res/values 文件夹下右击选择“New”->“Android XML File”，弹出如图 7-4 所示对话框。

图 7-4

填写文件名为 string.xml，单击“Next”，弹出如图 7-5 所示对话框。

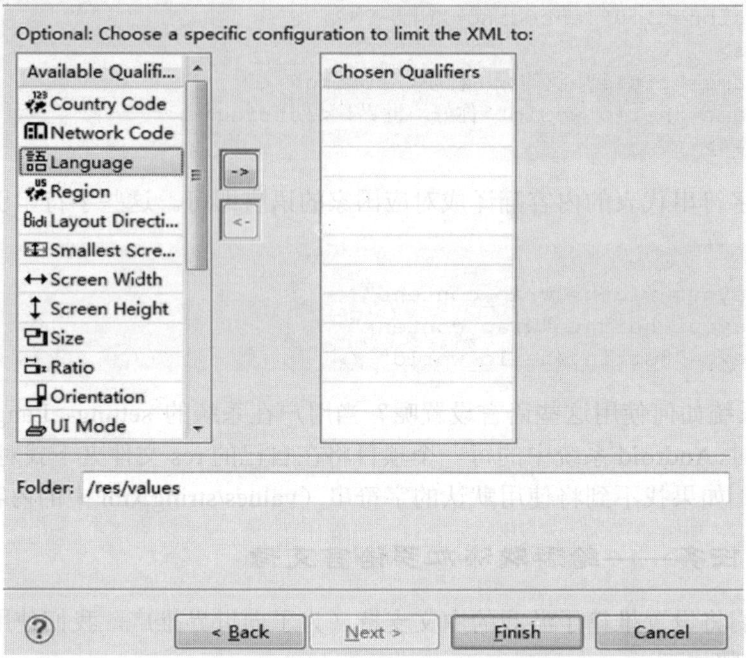

图 7-5

选择 Lanuage，单击图中的“->”按钮后如图 7-6 所示。

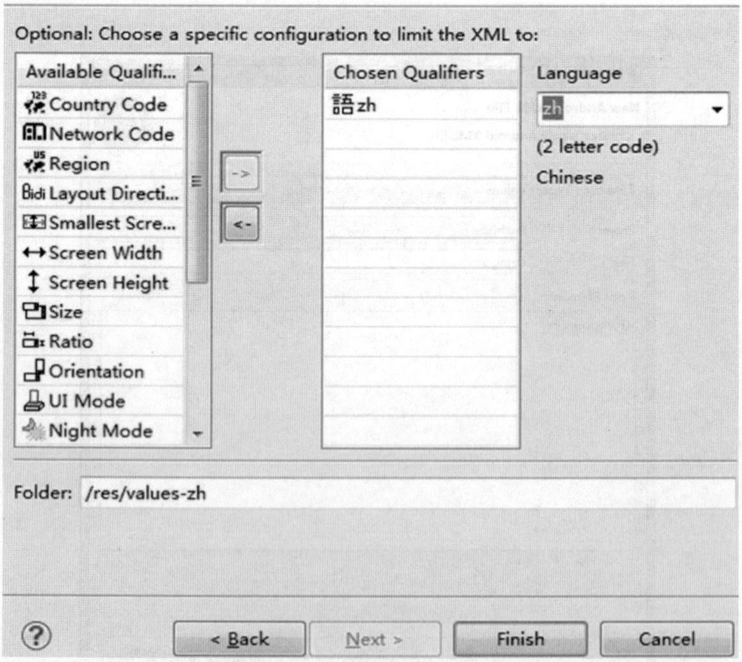

图 7-6

这里 Language 处选择的是 zh，然后单击 Finish，项目中会出现一个 values-zh 的文件夹，在该文件夹内有一个空的 string.xml。

（2） 改变 values-zh 文件夹下 string.xml 中的值。具体做法是，把 values-zh 文件夹中 string.xml 中的内容复制一遍并翻译字符串的值为中文。

values/string.xml 的内容如下。

```
<?xml version="1.0" encoding="utf-8"?>
<resources>

    <string name="app_name">PushBox</string>
    <string name="menu_settings">Settings</string>
    <string name="about_text">About</string>
    <string name="continue_text">Continue</string>
    <string name="new_game_text">New Game</string>
    <string name="exit_text">Exit</string>
    <color name="title_text_color">#FF8C00</color>
    <color name="bg_color">#006400</color>
    <color name="btn_text_color">#8B008B</color>
    <dimen name="title_text_size">30sp</dimen>
    <dimen name="btn_text_size">18sp</dimen>
    <dimen name="btn_width">200dp</dimen>
    <dimen name="title_height">50dp</dimen>

    <string name="music_text">Music Setting</string>
    <string name="help_text">help</string>
    <string name="help_content">PushBox is a classic game.\nYou need push the
box to the right place</string>

    <string name="music_key">music</string>
    <string name="music_title">Music Setting</string>
    <string name="music_on">Music on</string>
    <string name="music_off">Music off</string>

    <string name="back_text">back</string>
</resources>
```

Values-zh/string.xml 的内容如下。

```
<?xml version="1.0" encoding="utf-8"?>
<resources>

    <string name="app_name">推箱子</string>
    <string name="menu_settings">设置</string>
    <string name="about_text">关于推箱子</string>
    <string name="continue_text">继续游戏</string>
    <string name="new_game_text">新游戏</string>
    <string name="exit_text">退出游戏</string>
    <!-- 此处的颜色、尺寸等信息不需要翻译 -->
    <color name="title_text_color">#FF8C00</color>
    <color name="bg_color">#006400</color>
    <color name="btn_text_color">#8B008B</color>
```

```
    <dimen name="title_text_size">30sp</dimen>
    <dimen name="btn_text_size">18sp</dimen>
    <dimen name="btn_width">200dp</dimen>
    <dimen name="title_height">50dp</dimen>

    <string name="music_text">音乐设置</string>
    <string name="help_text">帮助</string>
    <string name="help_content">推箱子是一款经典的游戏\n 你需要把所有箱子推到指定
的位置</string>
  <!--此处的 music_key 不需翻译，我们在游戏中作为一个变量使用 -->
    <string name="music_key">music</string>
    <string name="music_title">音乐设置</string>
    <string name="music_on">音乐开启</string>
    <string name="music_off">音乐关闭</string>

    <string name="back_text">后退</string>
  </resources>
```

（3） 验证。

运行模拟器，然后把模拟器的默认语言设置为中文（Chinese simple），具体做法：在 Android 模拟器中查找“setting”->“Language&Keybord settings”->“select language”->“中文简体”。

Eclipse 中运行 PushBox 项目，模拟器中可以看到如图 7-7 所示的效果。

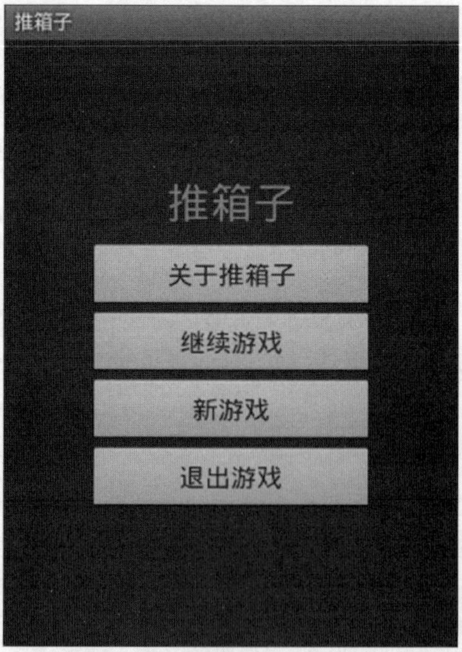

图 7-7

单击 menu 菜单键，选择音乐设置等可以看到都是中文显示，当我们把语言调到其他语言时，则又是英文显示，这是因为我们只设置了中文和默认设置，默认设置是英文，故此 Android 系统找不到代替语言只能使用默认语言了。读者也可以把这些翻译成日文、法文、俄文等，建立对应的语言支持。

7.2 多终端支持

客户的手机终端不尽相同，尺寸、大小各异，那么我们的图片该定义多大呢？我们的布局如何应对横屏和竖屏呢？答案将在本节内容中揭晓。

7.2.1 学习目标

通过本节学习以下内容。

（1） 创建不同的布局适应屏幕。

（2） 创建不同的图片，适应屏幕。

7.2.2 相关知识

Android 涉及各种各样的支持不同屏幕尺寸和密度的设备。对于应用程序，Android 系统通过设备和句柄提供了统一的开发环境，大部分工作是校正每一个应用程序的用户界面到它显示的屏上。与此同时，系统提供 APIs 允许你控制应用界面为特定的屏幕尺寸和密度，为不同屏幕的配置提供最优化的用户界面设计。例如，一个平板电脑的用户界面不同于手机的用户界面。

虽然系统能缩放，调整其尺寸，以使应用程序工作在不同屏上，但是应该尽量优化应用软件适应不同的屏幕尺寸和密度。为此，对所有设备的用户体验应最大化且应让用户们相信应用软件是真正为他们的设备设计的，而不是通过简单拉伸来适合他们的设备。

1. 术语和概念

（1） 屏幕尺寸（size）。

实际的物理尺寸，是按照屏幕的对角线计量的。

为简单起见，Android 把所有的屏幕尺寸划分为四种广义的尺寸：小、标准、大，特大号。

（2） 屏幕密度（density）。

屏幕占据的物理区域所含像素的个数；通常被称为 dpi（每英寸点数）。

例如在给定的物理区域中,与“标准的”或“高”密度屏幕相比，低密度屏幕具有较少的像素。

（3） 方向（Orientation）。

屏幕的方向来自于用户的角度。这是横向或纵向，分别指屏幕各个角度的比例，而不是宽或高。需要注意的是，不仅不同的设备在不同方向运行，而且当用户旋转设备时，方向也同时在改变。

（4） 分辨率（Resolution）。

屏幕上物理像素的总数。支持多屏时，应用程序不直接与分辨率有关，应用程序应该只关心屏幕的尺寸和密度，用指定的广义的尺寸和密度组。

（5） dp（Density-independent pixel）。

一种有效的在定义 UI 布局时应当使用的像素单位，以一种密度无关的方式表示布局的尺寸或者位置。

dp 相当于 160dpi 屏幕，它是系统为“中等的”密度屏设定的基准密度。同时，系统透明地处理任何一种 dp 单位，必要时，基于使用中的屏的实际密度。dp 单位根据公式 px = dp * (dpi / 160)简单地转化为屏像素。例如，一个 240dpi 的屏幕，1 dp 等于 1.5 个物理像素。定义应用程序的 UI 时，应该使用 dp 单位，以确保在不同密度的屏幕上正确地显示你的 UI。

（6） 支持的屏幕范围。

从 Android1.6（API 等级为 4）开始，Android 提供了支持多个屏幕的尺寸和密度，表明一种设备拥有许多不同的屏幕配置。你应该利用 Android 系统的这些特性去为每一个屏幕配置优化你的应用程序界面，并且应确保你的应用程序不仅能正常运行，而且应尽可能地在每一个屏幕上提供最好的用户体验。

为了简化为多个屏的用户界面设计方式，Android 系统将实际的屏幕尺寸和密度范围划分为：

① 屏幕尺寸。

小（small），正常尺寸（normal），大（large），特大（xlarge）。

② 密度。

密度：ldpi（低），mdpi（中等），hdpi（高），和 xhdpi（超高）。

每个广义的尺寸和密度跨越一套实际屏幕尺寸和密度。例如，当用手测量时，两种标准的屏幕尺寸的设备可能具有实际的稍微不同的屏幕尺寸和纵横比。同样，两种 hdpi 屏幕密度的设备可能包含稍微不同的实际像素密度。Android 制造这些差异使应用程序抽象化，所以，你可以提供设计的 UI 给广义的尺寸和密度，必要时让系统处理任何最后的调整。图 7-8 阐明了不同的尺寸和密度被如何大致归类到不同的尺寸和密度组。

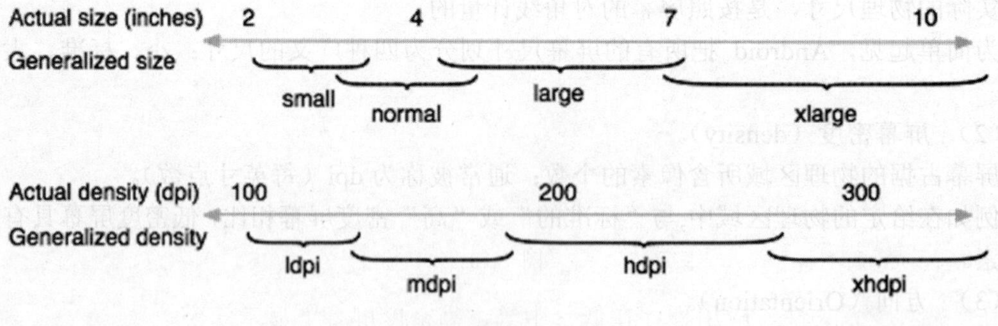

图 7-8

当为不同的屏幕尺寸设计 UI 时，会发现每个设计都需要最低限度的空间。因此，上面提到的每一个广义的屏幕尺寸都有系统定义的相关联的最小分辨率。这些最小尺寸在“dp”单位内，当设计布局时，应当使用相同的单位。

超大屏幕至少 960dp×720dp；

大屏幕至少 640dp×480dp；

标准屏幕至少 470dp×320dp；

小屏幕至少 426dp×320dp。

为了优化应用程序的 UI 适应不同的屏幕尺寸和密度，可以提供任何广义的尺寸和密度替代资源。一般来说，应当提供替代布局给不同屏幕尺寸和替代的位图图像给不同的屏幕密度。在运行时，基于当前设备屏幕的广义的尺寸或密度，系统会为你的应用程序使用适当的资源。

没有必要提供替代资源给每个屏幕尺寸和密度的组合。系统提供了强大的兼容特性，这些特性会处理大部分工作，使你的应用程序呈现在任何设备的屏幕上，前提是已经通过使用允许它适当地调整尺寸的技术实现了 UI。

（7） 密度无关性。

当应用程序保留了用户界面元素的物理尺寸以不同的密度显示在屏幕上（从用户的角度来看）时，它实现了“密度无关性”。维护密度无关系性很重要，因为，如果没有它，一个 UI 元素（如按钮）在一个低密度屏幕上看起来较大而在一个高密度屏幕上看起来很小。这样的密度相关的尺寸的改变影响应用程序的布局和使用。图 7-9 分别展示了当它不提供密度无关性和提供了密度无关性时，应用程序之间的差异。

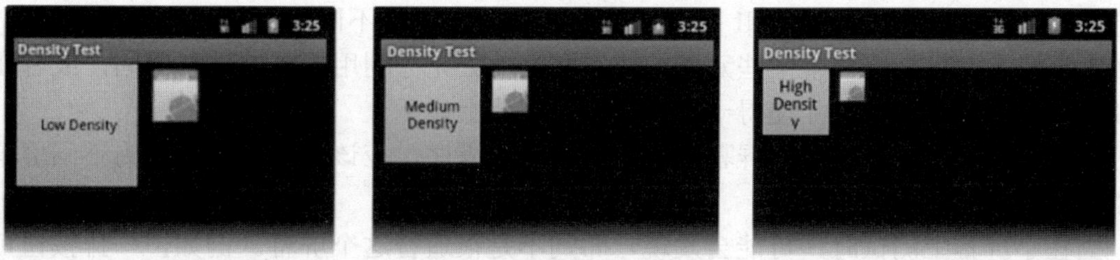

图 7-9

当不提供密度无关性，应用程序在低、中等、高密度屏幕上显示实例如图 7-10 所示。

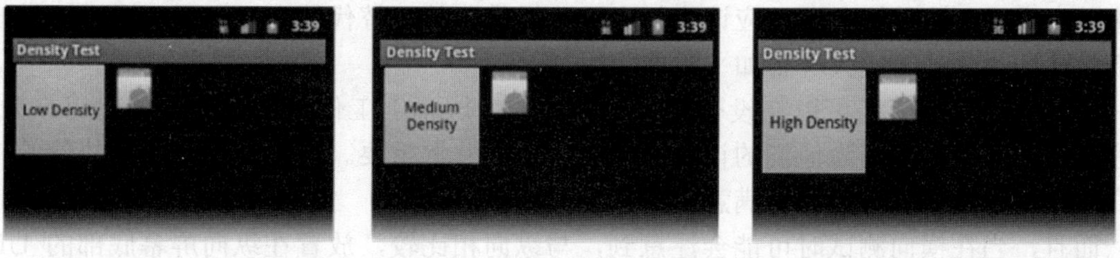

图 7-10

当提供密度无关性，应用程序在低、中等、高密度屏幕上显示实例。

Android 系统通过以下两种方式帮助应用程序实现密度无关性：

系统为当前屏幕密度调整 dp 单位到适当的值。

如有必要，系统会根据当前屏幕密度调整绘图资源到适当的尺寸。

在大多数情况下，你可以简单地在密度无关性像素里（dp 单位）指定所有的布局尺寸或者恰当地“包装内容”来确保应用程序的密度无关性。然后系统会根据恰当的缩放因子为当前屏幕密度调整位图视图以适当的尺寸显示出来。但是，位图缩放会导致图片模糊。

为了避免这些问题，应该为不同的密度提供替代位图资源。例如，应该给高密度屏幕提供更高分辨率的位图，系统会使用它们，而不是使用为中等密度屏幕设计的缩放位图。下面将介绍更多关于如何提供不同替代资源给不同的屏幕配置。

2. 如何支持多屏

Android 支持多屏的基础是它能够以适当的方式为当前屏幕设置管理应用程序的布局和位图绘图的渲染。根据实际情况，系统通过缩放布局去适应屏幕的尺寸/密度和为屏幕密度缩放位图绘图，处理大部分工作去适当地渲染应用程序到每一个屏幕配置。然而，为了更好地处理不同屏幕配置，应该做到以下几点：

（1） 在清单文件中明确申明应用程序支持哪种屏幕大小。

通过申明应用程序支持哪种屏幕尺寸，可以确保只有支持的屏幕尺寸的设备才能下载应用程序。声明支持不同屏幕尺寸也会影响系统如何在较大屏幕上运行应用程序，尤其是，不论应用程序是否运行在屏幕兼容模式。为了申明应用程序支持的屏幕大小，应该在 manifest 文件中包含<supports-screens>的元素。

（2） 为不同的屏幕尺寸提供不同的布局。

默认情况下，Android 会重新调整应用布局去适合当前设备屏幕。在大多数情况下，这样做很好。在其他情况下，UI 可能看上去不太好且可能不同屏幕尺寸需要调整。例如，在较大屏幕上，可能会调整某些元素的位置和尺寸去充分利用额外的屏幕空间，或者在一个较小屏幕上，会调整尺寸使得一切都可以在屏幕上显示。

一般情况下，一旦在不同屏幕配置上测试应用程序，应该知道是否需要为不同屏幕尺寸创建可替代的布局。例如：

当在小屏幕上测试时，可能会发现，布局不是很适合这个屏幕。例如，一排按钮可能不适合在小屏幕的设备的屏幕宽度内。这种情况下，应该为小屏幕提供一种可替代的布局，即通过调整这些按钮的大小或位置。

当在超大屏幕上测试时，可能会意识到，布局并没有有效地利用大屏幕，而是通过拉伸来填充它。在这种情况下，应该为超大屏幕提供一种可替代的布局，即可通过提供一种重新设计的最合适于较大屏幕如平板的 UI。

虽然应用程序应当可以在没有可替代布局的大屏幕上工作正常，但是，对用户来说，程序看起来好像是专门为他们的设备设计的这一点非常重要。如果是很明显被拉伸的 UI，用户对应用程序体验会更加不满意。

而且，当在横向测试时可能会注意到，与纵向相比较，放置在纵向屏幕底部的 UI 元素应该是在横向屏幕的右侧。

简而言之，应该确保应用程序的布局：

适合在小屏幕上（这样用户真正使用应用程序）；

优化大屏幕，充分利用额外的屏幕空间；

优化横向和纵向两个方向。

（3） 为不同的屏幕密度提供不同的位图绘图。

默认情况下，Android 调整你的位图绘图（.png, .jpg, and .gif 文件）和 9 补丁绘图（.9.png 文件），让它们在每个设备上以适当的物理尺寸呈现。例如，你用程序只为基线、中等屏幕密度（mdpi）提供了位图绘图，系统会调高高密度屏幕，降低低密度屏幕。这些调整会导致图片不真实。为了确保图片看起来更好，应当在不同分辨率下包含替代版本去适应不同的屏幕密度。可以用来指定密度资源的配置限定符有 ldpi（低）、mdpi（中等）、hdpi（高）和 xhdpi（超高）。例如，高密度屏幕的位图应该选 hdpi。尺寸和密度配置限定符与上面的支持的屏幕范围中描述的广义尺寸和密度一致。

（4） 系统使用适当的替代资源。

基于当前屏幕的尺寸和密度，系统会使用应用程序里的任何指定尺寸和密度的资源。例如，如果设备有一个高密度屏幕且应用程序请求绘图资源时，系统会在绘图资源目录寻找最匹配的设备配置。依赖于其他可用的替代资源，一个有 hdpi 限定符的资源目录（如 drawable-hdpi）可能是最匹配的，因此系统使用这个目录中的绘图资源。

如果没有匹配的资源可用，系统会使用默认资源且会调高或降低资源去匹配当前屏幕的尺寸和密度这些“默认”资源是指那些没有配置限定符标记的资源。例如在 drawable/ 中的资源就是默认的绘图资源。系统假定默认资源是为基准屏幕尺寸和密度设计的，即标准屏幕尺寸和中等密度。例如，系统会恰当地为高密度屏幕调高默认密度资源，为低密度屏幕降低默认资源。

然而，当系统在寻找一个指定密度的资源且在指定密度目录没找到它时，它不会总是使用默认资源。为了获取更好的效果，系统会使用一个其他指定密度资源。例如，当系统在寻找一个低密度资源且这个资源是不可用时，系统更喜欢降低高密度版本的资源，因为系统可以简单地乘以 0.5 系数将高密度资源降低为低密度，与调整中等密度资源乘以 0.75 系数相比，这样用到很少的工件。

几乎每个应用程序应该有对应于不同屏幕密度的可替代的绘图资源，因为几乎每个应用程序都有一个启动图标，而且图标应该在所有屏幕密度上看起来都很好。同样，如果在应用程序中包含了其他位图绘图（如菜单图标或应用程序的其他图像），应当提供可替代的版本或者每一个版本给不同的密度。

注：只需要给位图文件（.png, .jpg, or .gif）和九宫格文件（.9.png）提供指定密度的绘图。如果你使用 XML 去定义形状，颜色或者其他绘图资源，应该在默认的绘图目录（drawable/）做一个备份。

支持每个密度的位图绘图的相对尺寸如图 7-11 所示。

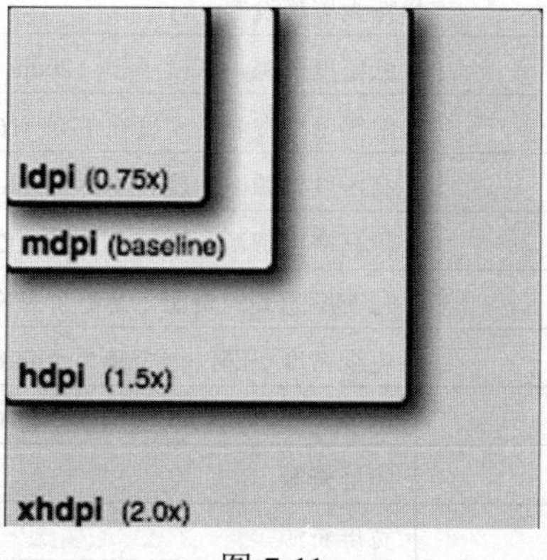

图 7-11

为了给不同密度创建可替代的位图绘图，应该遵循基于四种广义密度的3:4:6:8的缩放比例。例如，你有一个48×48像素的中等密度屏幕的位图绘图（一个启动图标的尺寸），所有不同的尺寸应该是：

36×36 适合于低密度；

48×48 适合于中等密度；

72×72 适合于高密度；

96×96 适合于超高密度。

（5） 使用配置限定符。

Android 支持多种配置限定符，让你控制系统如何基于当前设备屏幕的特征选择替代资源。一个配置限定符是一个字符串，你可以把它附加到你的 Android 工程的资源目录中并指定里面的资源是为此配置设计的。

为了使用配置限定符：

① 在你的工程的 res 目录创建一个新目录，并使用以下格式命名：

```
<resources_name>-<qualifier>
<resources_name>是标准的资源名称（如 drawable or layout）。
```

<qualifier>是下面表 1 中的配置限定符，指定这些资源将要被用的屏幕配置（如 hdpi or xlarge）。

② 保存这些适当的指定配置的资源到这个新目录。这些资源文件的命名必须严格与默认的资源文件名一样。

例如，xlarge 是用于超大屏幕的配置限定符。当你添加这些字符串到一个资源目录名（如 layout-xlarge）时，它告诉系统这些资源将被用到有超大屏幕的设备上允许提供指定资源给不同屏幕配置的配置限定符见表 7-1。

表 7-1　允许提供指定资源给不同屏幕配置的配置限定符

Screen characteristic	Qualifier	Description
Size	small	小屏幕设置
	normal	正常尺寸设置，大和小以正常尺寸为基准
	large	大屏幕设置
	xlarge	特大屏幕设置
Density	ldpi	低密度资源，密度小于 120dpi
	mdpi	中等密度资源，密度在 120～160dpi
	hdpi	高密度资源，密度在 160～240dpi
	xhdpi	特高密度资源，密度在 240～320dpi
	nodpi	与密度无关的资源，忽略屏幕密度
	tvdpi	电视密度资源，这个是为 Android TV 应用设置的
Orientation	land	横屏资源，我们在模拟器中按 Ctrl+F11 可以切换横屏和竖屏
	port	竖屏资源
Aspect ratio	long	宽屏资源
	notlong	非宽屏资源

例如，下面是应用程序中的资源目录列表，这个程序为中等、高及超高密度屏幕提供了为不同屏幕尺寸和位图绘图设计的布局。

```
res/layout/my_layout.xml // 标准屏幕尺寸的布局("默认")
res/layout-small/my_layout.xml // 小屏幕尺寸的布局
res/layout-large/my_layout.xml // 大屏幕尺寸的布局
res/layout-xlarge/my_layout.xml //超大屏幕尺寸的布局
res/layout-xlarge-land/my_layout.xml // 横向超大的屏幕布局
res/drawable-mdpi/my_icon.png // 中等密度的位图
res/drawable-hdpi/my_icon.png //高密度的位图
res/drawable-xhdpi/my_icon.png // 超高密度的位图
```

请注意，当 Android 系统挑选资源时，它采用一定的逻辑来判定“最匹配”资源。也就是说，使用的限定符没必要在所有情况下，为了系统能用到它而严格匹配当前屏幕配置。具体来说，当基于尺寸的限定符选择资源时，如果没有更匹配的资源，系统会使用比当前屏幕更小的屏幕资源（例如，必要时，大尺寸屏幕将会使用标准尺寸屏幕资源）。但是，如果唯一可用的屏幕资源比当前屏幕大，系统将不会使用它们，而且如果没有其他匹配设备的配置的话，应用程序将会崩溃（例如，如果所有布局资源都被标记为 xlarger 限定符，但是设备是一个标准尺寸的屏幕）。

对于第一代运行在 Android3.0 上的平板，正确声明平板布局的方法是把他们放到一个有 xlarge 配置限定符的目录里（例如，res/layout-xlarge/）。为了适应其他类型的平板和屏幕尺寸（尤其是 7 寸平板）Android3.2 为更多离散的屏幕尺寸引进了一种新的指定资源的方式。这项新技术是基于你的布局需要的空间（如 600dp 的宽度），而不是试图让你的布局去适合广义的尺寸组（如 large or xlarge）。

设计 7 寸平板的原因是非常复杂的，当时使用广义的尺寸组是指一个 7 寸的平板在技术上与一个 5 寸的手机在同一个组（大组）。虽然这两个设备在尺寸上看上去很接近，但是应用程序的 UI 的空间是显著不同的，用户交互的风格也是如此。因此，一个 7 寸和 5 寸的屏不应该总是使用同一个布局。为了把提供两种不同屏的布局变成可能，Android 现在允许你基于宽度与/或者高度指定布局资源，在 dp 单位中指定，这对于应用程序布局很有效。

例如，在已经设计好了要用于平板类型的设备的布局后，当屏幕少于 600dp 宽时，可能会决定让布局停止工作。这个阈值因此会成为平板布局需要的最小尺寸。照此，现在会指定这些布局资源应当能被使用，仅仅在应用程序的 UI 有至少 600dp 宽度可用时。

应该要么选择宽度，并把它设计为最小尺寸，要么测试布局一旦完成时，它支持的最小宽度是多少。

（6） 新的尺寸限定符的使用。

屏幕尺寸的新配置限定符（Android 3.2 中介绍的）见表 7-2。与传统的屏幕尺寸组（小、标准、大和超大）相比，这些新的限定符提供了更多的控制权在指定的应用程序支持的屏幕尺寸方面。

表 7-2　屏幕尺寸的新配置限定符（Android 3.2 中介绍的）

屏幕配置	后缀值	描　述
最小宽度	sw<N>dp	用这个后缀可以确保不管当前屏幕是否横竖屏。你的 App 有一个至少<N>dp 的可用宽度
	例如: sw600dp sw720dp	例如，如果你的 layout 一直需求最小屏幕的一边为 600dp，那么你能使用这个后缀创建 layout 资源（res/layout-sw600dp/）。对于用户来讲，不管 600dp 是宽还是高，仅当屏幕可用的最小尺寸至少是 600dp 时，系统会使用这些资源（就是说你的设备不用以什么角度看，长和宽的某一边的最小值大于或等于 600dp 时，系统就会使用。）。当屏幕水平方向改变时，设备的最小宽度不会改变。 设备的最小宽度要考虑屏幕的装饰和系统 UI。例如，如果设备有一些持续不变的沿着你最小宽度的轴方向的 UI 元素（动作条等），那么系统会宣布最小宽度比实际屏幕宽度要小，因为那些 UI 元素对于你的 UI 来说是不可用的 因为宽度是经常影响布局的一个重要因素，所以使用最小宽度来控制一般的屏幕大小（针对平板）还是有用的。可用宽度也是决定是否使用单屏幕布局（手机）和多屏幕布局（平板）关键因素，因此你很可能关心每一个设备上的最小方面
屏幕可用宽度	w<N>dp 例如: w720dp w1024dp	用 dp 单位指定一个最小化的在可用宽度下可以使用的资源。系统会根据宽度改变（横竖屏切换时）来匹配这个值，并反映到当前实际可用的宽度上。当你决定是否使用多屏幕布局时它很有用，因为即使在平板设备上，你也经常不想要多屏幕布局会根据横竖屏来变化。因此你可以用这个来指定最小化的宽度需求，它可以用来代替方向后缀（land,port）和大小后缀（small,normal,large,xlarge）使之整合到一起
屏幕可用高度	h<N>dp	
	例如: h720dp h1024dp	用 dp 单位指定一个最小化的屏幕高度。和"屏幕可用宽度"类似

当使用这些后缀时你可能觉得比传统的那四种后缀复杂些，实际上你用过后就发现它很简单，它能一次简化你的 UI 需求。当你设计 UI 时，主要的事情就是需要考虑我们 App 中的实际大小，并且对于手机和平板风格的切换。它取决于你某些特定切换点的设计，可能对于平板布局你需要 720dp 的宽度，可能 600dp 就足够了，或者 480，或者这两个之间。使用表格 2 的后缀，你可以在布局改变时精确的控制大小。

（7） 配置例子。

以下是一些屏幕数据：

320dp：一种手机屏幕（240×320 ldpi, 320×480 mdpi, 480×800 hdpi 等）。

480dp：一种平板（480×800 mdpi）。

600dp：7 寸平板（600×1024 mdpi）。

720dp：10 寸平板（720×1280 mdpi, 800×1280 mdpi 等）。

我们使用表格 2 中的后缀来为我们的 App 定义不同的切换风格（包括手机和平板），例如，如果我们的平板布局 600dp 是最小可用宽度，我们能提供两套布局方式：

```
    res/layout/main_activity.xml                 # 手机
    res/layout-sw600dp/main_activity.xml    # 平板这种情况下，屏幕可用的最小宽度为
600dp，这是为了支持平板布局被应用。
```

或者你可能想要区分 7 寸和 10 寸平板，你可以这么做：

```
    res/layout/main_activity.xml              # 手机（比 600dp 更小的可用宽度）
    res/layout-sw600dp/main_activity.xml    # 7 寸平板（600dp 的宽度或者更大）
```

```
res/layout-sw720dp/main_activity.xml    # 10 寸平板（720dp 的宽度或者更大）
```

注意上面的两套例子使用 sw（最小宽度）作为后缀，它指定屏幕的两边中的最小一边，不管屏幕的水平方向。它忽视横竖屏。

然而某些情况下我们需要精确布局。如果有一个两个面板合并在一起的显示效果。是否屏幕提供至少 600dp 的宽度，是否横竖屏你都要使用它。就应该这样设置：

```
res/layout/main_activity.xml          # 手机（小于 600dp 的可用宽度）
res/layout-w600dp/main_activity.xml  #多面板（任意一个面板都是 600dp 或者更高的宽度）
```

注意上面这里用的是 w<n>dp。实际设备可能需要两套布局，它依赖于屏幕的水平方向（一边至少是 600dp 的宽度，另一边小于 600dp，你会发现不管横竖屏都满足这个条件。所以你需要准备两套关于横竖屏的布局）。

（8）　实践中应该注意的问题。

在多样的屏幕中我们使用传统的四种配置还是能很好的获得支持的。上面我们提供了多种定义的方法。添加这些后缀能确保你的 App 能适应不同的屏幕设备。

下面是一些方法，告诉你如何确保你的应用程序可以正确地显示在不同的屏幕上。

① 在 XML 布局文件中请使用 wrap_content, fill_parent, 或者 dp 单位。

② 在你的程序代码中最好不要使用像素（px）这种硬编码。

③ 不要使用 AbsoluteLayout（绝对布局）。

④ 提供不同的位图 drawable 资源来适应不同的屏幕密度。

要注意以下几点。

（1）　使用在 XML 布局文件中请使用 wrap_content, fill_parent, 或者 dp 单位（装备附魔要搞好）。

当在 XML 中为你的 Views 定义 android:layout_width 和 android:layout_height 时，使用 "wrap_content", "fill_parent" 或者 dp 单位来保证 View 在当前屏幕上获得一个合适的大小。

例如，一个 view 的宽为 layout_width="100dp"在 mdpi 的屏幕下它是 100px，在 hdpi 的屏幕下它就是 150px，但显示出来的效果在物理屏幕上是一样的大小。

同样，对于定义文本的大小，我们应该用 sp（scale-independent pixel）。因为 sp 和 dp 的概念是一样的，它们不是绝对的像素值。

（2）　在你的程序代码中最好不要使用像素（px）这种硬编码。

由于执行原因并使代码更简单，Android 系统使用像素作为标准单位用来描述尺寸或坐标值。就是说在代码中 Android 还是使用的像素用来表述尺寸，但它是基于当前屏幕密度的，所以是变化的。如果代码中 View.getWidth()返回的值是 10，这么这个 10 的单位为像素，但这仅仅是在某一个密度的屏幕上而已，其他不同密度的屏幕上它的结果就会不一样了。所以 Android 是不建议我们在代码中用像素来设置布局的，因为它会加重我们的工作量，并且处理的也不一定很好。想象一下这么多屏幕设备你如果用代码来适配的话，你就得考虑的非常严谨了。不过如果你只针对某一种屏幕的话就另当别论了，但这种情况很少见。

（3）　不要使用 AbsoluteLayout（绝对布局）。

请不要使用AbsoluteLayout(绝对布局),这种布局是早期Android的版本,在Android1.5版本的时候就已经废弃了。为了兼容以前很老的设备这种布局还存在,但目前来说,我们已经完全没有必要再使用它了。

(4) 提供不同的位图 drawable 资源来适应不同的屏幕密度。

虽然在当前屏幕配置上系统会自动缩放 layout 和 drawable 资源,但为了优化某些特定密度的设备,可能我们并不想让它缩放,我们想给这种密度指定一套资源也是可以的,而且这样的效果也很不错,能更好的根据不同的屏幕来调整我们的 UI。这个我们在本文中已经反复提到了,目的就是为了加深你的印象。

一个很好的例子就是关于你用 Eclipse 生成 Android 工程的时候,三种不同的 drawable(res/drawable-ldpi/icon.png,res/drawable-mdpi/icon.png,res/drawable-hdpi/icon.png)中都会自动生成不同尺寸的 icon.png。

如果我们没有定义某个后缀,但屏幕密度又是需要那个后缀的话,那么系统会假定你的资源都是基于 mdpi(默认)的。

(5) 关于密度额外的注意事项.

这一段主要描述 Android 在不同屏幕密度上是怎么缩放位图 drawable 的,我们需要更进一步地掌握系统控制位图资源的原理。

当在运行时操作图形,我们能更好地理解它是怎样支持多屏幕的,我们应该了解下系统是如何保证适应屏幕并适当的缩放位图的:

① 载入时自动缩放(比如位图 drawables)。

基于当前屏幕的密度,系统使用任意大小或者密度的资源来显示它们的时候是没有缩放过的。如果在当前密度下没有可用的资源,那么系统会载入默认资源并等比缩放它们来匹配当前屏幕的密度。除非有针对密度的后缀出现,不然系统都是认为默认资源(没有后缀的 drawable)是为 mdpi 的密度来设计的。因此系统这个时候会调整位图的大小来适应屏幕。

如果你需求资源缩放之前的大小,那系统实际上返回的是缩放后的大小。例如:如果你没有指定hdpi后缀,一个在mdpi下50px×50px的位图在一个hdpi下会缩放为75px×75px。在 hdpi 屏幕下系统会返回这个 75px 这个大小。

如果你不希望系统根据不同的密度来缩放资源,那么请记住使用“res/drawable-nodpi/”。

② 运行时自动缩放(比如像素的大小和坐标)。

一个 App 能关闭载入时自动缩放的这个功能,只要你在 manifest 中设置 android:anyDensity ="false",或者在程序中使用 BitmapFactory.Options.inScaled 返回的值为 false。在这种情况下。系统会在绘制的时候自动等比缩放任何绝对坐标和像素大小。这么做确保用针对像素的屏幕元素能一直显示。系统会处理缩放,然后转化并报告缩放的像素大小,而不是物理像素大小。下面我们来举个例子:

例如,假设一个设备有一个 WVGA(800×480)下是 hdpi 的屏幕,并且它和在传统的 HVGA(480×320)屏幕一样的物理大小,但执行 App 的时候关闭了载入时自动缩放这个功能。这样的话,当系统查询屏幕大小时,它会报告一个 320×533 的大小,为什么会是 320×533 呢?因为系统在绘制的时候缩放了。系统报告的是缩放后的像素大小,而不是我们模拟器上的物理大小。然后 App 需要绘制操作时,本来想在(10,10)上的位置绘制,但会变成（15,15）。如果你的 App 直接操作缩放位图，那这种差异可能导致意外的行为。以前很多刚开始接触 Android 的朋友经常会遇到系统报告 320×533 的这种问题。原因就是由于我们关闭了载入时自动缩放这个功能。你关闭了它的话，它就会在运行时缩放并返回结果。所以我们要检查 manifest 中是否设置 android:anyDensity ="false"。如果有赶快去掉。也许还有朋友发现没有设置怎么也会出现这种问题，这是由于以前比较老的 SDK 版本系统默认设置关闭了载入时自动缩放这个功能导致的，不过目前这种情况很少发生了。

③ 运行时创建缩放的位图对象。

我们的 App 如果需要在内存中创建一个位图（bitmap）对象，那么系统会认为你是基于 mdpi 密度的屏幕来创建的。默认的，系统会根据屏幕密度在绘制的时候自动缩放这个位图。当位图没有指定密度属性时候，系统会自动缩放。为了控制位图在运行时创建后是否被缩放，我们可以指定位图的密度属性，使用 Bitmap.setDensity()。具体的值可以传 DisplayMetrics.DENSITY_HIGH 或其他。我们还可以从文件或者一个流中使用 BitmapFactory 来创建位图，使用 BitmapFactory.Options 来定义位图的属性，那么系统会根据你的属性来缩放它。我们还可以使用 BitmapFactory.Options.inDensity 来指定这个位图是否需要匹配当前的屏幕密度。如果我们设置 BitmapFactory.Options.inDensity=false;那么系统在载入位图时将不会自动缩放它，只会在运行时缩放它。使用运行时缩放 CPU 占用率高，内存占用低。使用载入时缩放 CPU 占用率低，内存占用高。如何取舍就看你的需求了。

④ dp 和像素的转换。

有些情况下，dp 和 px 只需要相互转换的。例如一个 App 在用手指滑动屏幕的时候会感应用户的手指移动了多少个像素。在一个 normal 和 mdpi 的屏幕下，用户必须移动 16px/160dpi，等价于十分之一英寸（大约 2.5mm 毫米）。那么在一个 hdpi（240dpi）的屏幕上用户必须移动 16px/20dpi，等价十五分之一英寸(1.7mm)。距离是很短的，因此这对用来说会很敏感。为了修复这个问题，需要用代码吧 dp 转换成 px 单位。例如：

```
// 手势的响应的范围(dp)privatestaticfinalfloat GESTURE_THRESHOLD_DP =16.0f;
// 获取屏幕的密度来缩放 finalfloat scale =getResources().getDisplayMetrics().
density;//根据密度吧 dp 转换成 pxmGestureThreshold =(int)(GESTURE_THRESHOLD_DP *
scale +0.5f);// 可以使用这个响应的范围了
```

这里 DisplayMetrics.density 的值为(0.75[ldpi],1[mdpi],1.5[hdpi],2[xhdpi])，其实我们还可以使用 ViewConfiguration 类来处理，但前提是打开了载入时缩放这个功能（目前来说，默认都是开的）并且我们可以使用 ViewConfiguration. getScaledTouchSlop()来直接获得换算距离。具体使用如下：

```
privatestaticfinalint    GESTURE_THRESHOLD_DP    =ViewConfiguration.get
(myContext).getScaledTouchSlop();
```

⑤ 在多种屏幕下怎样测试我们的 App。

在发布应用程序之前，应该在所有支持的屏幕尺寸和密度上彻底地测试应用程序。Android 的 SDK 包含了你可以使用的模拟器，它复制了应用程序可以运行的通用的屏幕配置的尺寸和密度。可以修改模拟器默认的尺寸，密度和分辨率以复制任何指定屏幕的特征。使用模拟器和额外的自定义配置让你可以测试任何可能的屏幕配置，因此不必买各种设备来测试应用程序支持的屏幕。如果你想修改某个模拟器的密度，你只需要选中它点击右边的 Edit 就可以修改了。如图 7-12 所示。

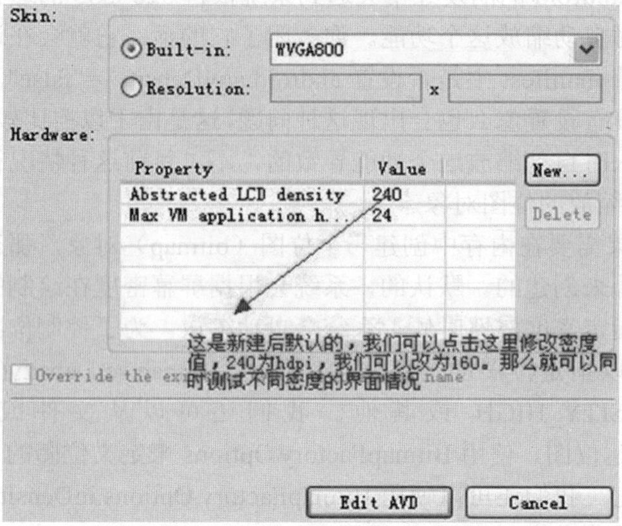

图 7-12

创建虚拟机时，HVGA、QVGA 等，分别代表多大的尺寸呢？表 7-3 列出了 Android SDK 中从模拟器获取的各种屏幕配置和其他典型的分辨率。

表 7-3　Android SDK 中从模拟器获取的各种屏幕配置和其他典型的分辨率

Low density (120), ldpi	Medium density (160), mdpi	High density (240), hdpi	Extra high density (320), xhdpi	
Small screen	QVGA (240×320)		480×640	
Normal screen	WQVGA400 (240×400)WQVGA432 (240×432)	HVGA (320×480)	WVGA800 (480×800) WVGA854 (480×854) 600×1024	640×960
Large screen	WVGA800** (480×800)WVGA854** (480×854)	WVGA800* (480×800)WVGA854* (480×854) 600×1024		
Extra Large screen	1024×600	WXGA(1280×800)† 1024×76812 80×768	1536×1152　1920×1152 1920×1200	2048×1536 2560×1536 2560×1600
Low density (121), ldpi	Medium density (161), mdpi	High density (241), hdpi	Extra high density (321), xhdpi	

为了模仿此配置，在创建一个使用 WVGA800 或者 WVGA854 外观的 AVD 时指定，自定义的密度为 160。

为了模仿此配置，在创建一个使用 WVGA800 或者 WVGA854 外观的 AVD 时指定，自定义的密度为 120。

这个外观是 Android3.0 平台可用的。

7.2.3　项目任务——让游戏支持不同手机终端

我们下面看一个问题，当用户在横屏状态下运行推箱子游戏后是什么情况。

在模拟器中运行推箱子游戏，然后按住组合键 Ctrl+F11 把模拟器的布局改为横屏，可以看到如图 7-13 所示的效果。

图 7-13

在图 7-13 中，我们看到布局上下显得拥挤，左右空间浪费，如何解决横竖屏的布局呢？根据前面所讲，我们来实现它。

（1） 在 res 文件夹下建立 layout-land 文件夹。

在 res 文件夹上右击选择“New” -> “Folder”，命名为 layout-land。

（2） 把 layout 文件夹下的 game_main.xml 复制到 layout-land 文件夹下。

（3） 改变 layout-land 文件夹下的 game_main.xml 的内容，增加表格布局使得四个按钮分行显示，具体代码如下。

```
<LinearLayout xmlns:android="http://schemas.android.com/apk/res/android"
    android:layout_width="fill_parent"
    android:layout_height="fill_parent"
    android:background="@color/bg_color"
    android:gravity="center"
    android:orientation="vertical" >

    <TextView
        android:id="@+id/textView1"
        android:layout_width="wrap_content"
        android:layout_height="@dimen/title_height"
        android:text="@string/app_name"
        android:textColor="@color/title_text_color"
        android:textSize="@dimen/title_text_size" />

    <TableLayout
        android:layout_width="match_parent"
        android:layout_height="wrap_content" >

        <TableRow
            android:id="@+id/tableRow1"
            android:layout_width="wrap_content"
            android:layout_height="wrap_content"
            android:gravity="center" >
```

```
            <Button
                android:id="@+id/btn_about"
                android:layout_width="200dp"
                android:layout_height="wrap_content"
                android:onClick="onClick"
                android:text="@string/about_text"
                android:textColor="@color/btn_text_color"
                android:textSize="@dimen/btn_text_size" />

            <Button
                android:id="@+id/btn_continue"
                android:layout_width="@dimen/btn_width"
                android:layout_height="wrap_content"
                android:onClick="onClick"
                android:text="@string/continue_text"
                android:textColor="@color/btn_text_color"
                android:textSize="@dimen/btn_text_size" />
        </TableRow>

        <TableRow
            android:id="@+id/tableRow2"
            android:layout_width="wrap_content"
            android:layout_height="wrap_content"
            android:gravity="center" >

            <Button
                android:id="@+id/btn_new_game"
                android:layout_width="@dimen/btn_width"
                android:layout_height="wrap_content"
                android:onClick="onClick"
                android:text="@string/new_game_text"
                android:textColor="@color/btn_text_color"
                android:textSize="@dimen/btn_text_size" />

            <Button
                android:id="@+id/btn_exit"
                android:layout_width="@dimen/btn_width"
                android:layout_height="wrap_content"
                android:onClick="onClick"
                android:text="@string/exit_text"
                android:textColor="@color/btn_text_color"
                android:textSize="@dimen/btn_text_size" />
        </TableRow>
    </TableLayout>

</LinearLayout>
```

（4） 保存项目并运行，然后在模拟器上按住 Ctrl+F11 切换横竖屏，可以分别得到两个结果，如图 7-14、图 7-15 所示。

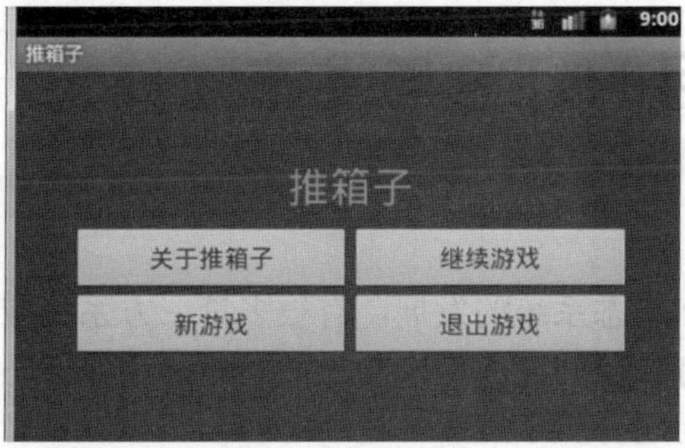

图 7-14　横屏

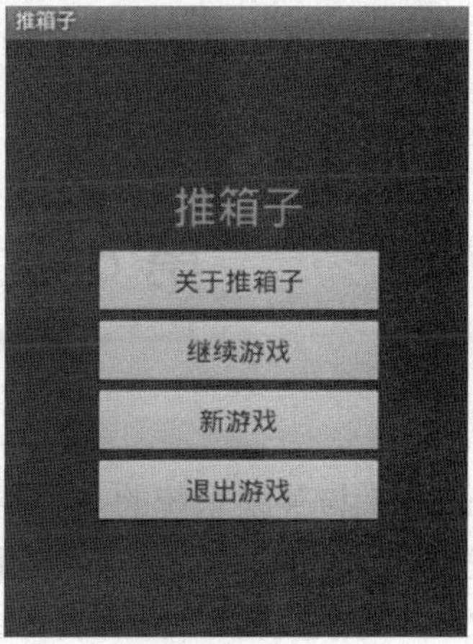

图 7-15　竖屏

可以看到我们经过简单的布局，解决了游戏首页的横竖屏问题。细心的读者可能会发现，如果在横屏下选择新游戏，将会出现问题。是的，这个读者如果 Java 学的好，可以自行解决，判断横竖屏，然后重新定义屏幕的边界即可（或者你把地图的行列转置再绘制）。本章不做要求，仅给出如何判断横竖屏的方法，具体代码如下。

```
    public  void  landorPort() {
       //获取设置的配置信息
       Configuration  cf=  this.getResources().getConfiguration();int  ori  =
cf.orientation ;
       //获取屏幕方向
       if(ori ==cf.ORIENTATION_LANDSCAPE){
          //横屏的处理
       }else if(ori == cf.ORIENTATION_PORTRAIT){
          //竖屏的处理
       }
    }
```

虽然不做要求，但是在本书光盘 code/ch7 文件夹里你可以找到答案，推箱子游戏已经解决了这个问题。读者可以尝试使用其他方法解决游戏中的横屏问题。

小结

为什么要单独设置这一个章节来介绍项目如何支持多语言及不同尺寸的屏幕呢？细节决定成败，一个友好的项目，技术或许不是多么精湛，但是在细节上一定有过人之处。因为用户见到的不是你写的代码如何规范、Java 语句如何精炼，他们看到的是界面及交互过程。而这些都需要本章的知识来解决界面友好性问题。

习题

请你根据本章所学，解决游戏中的横屏问题。

第 8 章　项目的打包与发布

Android 与苹果系统的兴盛得益于 APP 生态系统的发展，有很多第三方系统应用可供用户使用，这些应用包罗万象。我们如何将自己的应用程序打包并发布，且保证不被第三方篡改呢？学完本章，相信读者会对这个问题有所了解。

8.1　项目的签名与打包

网络上如何证明 A 就是 A？这个问题很复杂，牵涉到诸多的网络安全知识，实际使用中我们往往使用私钥进行签名加密应用程序。Android 应用程序也可以使用这个方法来保证应用程序的安全。

8.1.1　学习目标

通过本节学习以下内容。

项目的签名与打包。

8.1.2　相关知识

为什么要给 Android 应用程序签名？

为了保证每个应用程序开发商的合法 ID，防止部分开放商可能通过使用相同的 Package Name 来混淆替换已经安装的程序，我们需要对我们发布的 APK 文件进行唯一签名，保证我们每次发布的版本的一致性（如自动更新不会因为版本不一致而无法安装）。

Android 通过数字签名来标识应用程序的作者和在应用程序之间建立信任关系，它不是用来决定最终用户可以安装哪些应用程序。这个数字签名由应用程序的作者完成，并不需要权威的数字证书签名机构认证，它只是用来让应用程序包进行自我认证的。

Android 系统要求每一个 Android 应用程序必须要经过数字签名才能够安装到系统中，也就是说如果一个 Android 应用程序没有经过数字签名，是没有办法安装到系统中的。

有人可能说，我在模拟器上运行时，从来没有签名过。你没有给 Android 应用程序签名并不代表 Android 应用程序没有被签名。为了方便我们开发调试程序，ADT 会自动的使用 debug 密钥为应用程序签名。debug 密钥是一个名为 debug.keystore 的文件，查看的方法如下。

（1） 打开 Eclipse。

（2） 选择 Windows 菜单下的 Preferences，弹出如图 8-1 所示的菜单。

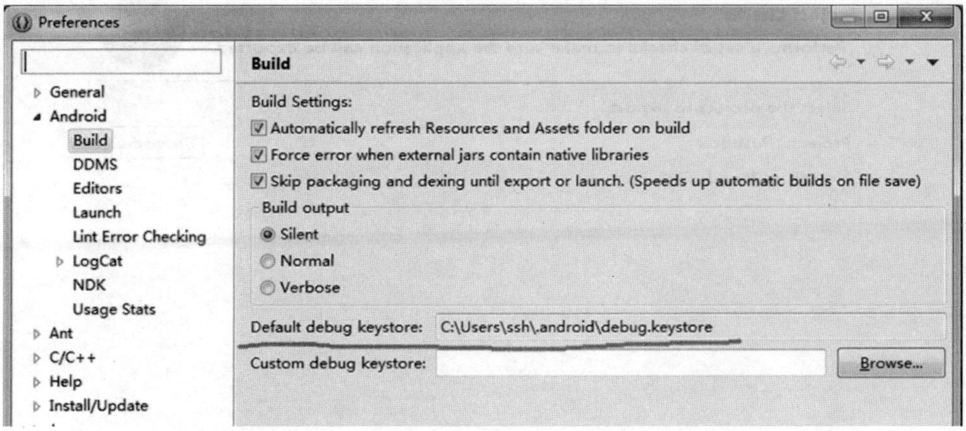

图 8-1

在图 8-1 中，我们可以看到一个 Default debug Keystore 的项，里面指定了 debug 密钥的位置。每次运行时，使用该默认密钥进行签名。

如何签名呢？具体步骤如下。

Eclipse 中选择菜单“New”->“Export”，弹出如图 8-2 所示的菜单。

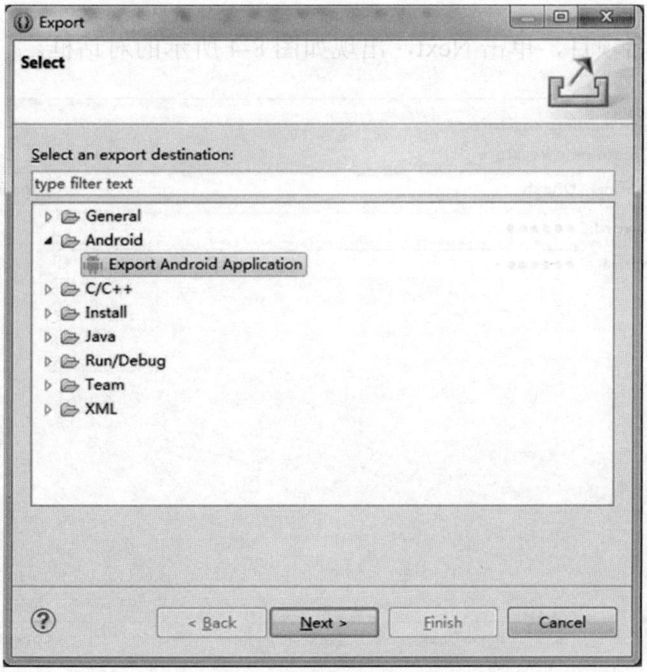

图 8-2

找到 Android 选项中的“Export Android Application”，单击 Next，弹出如图 8-3 的对话框。

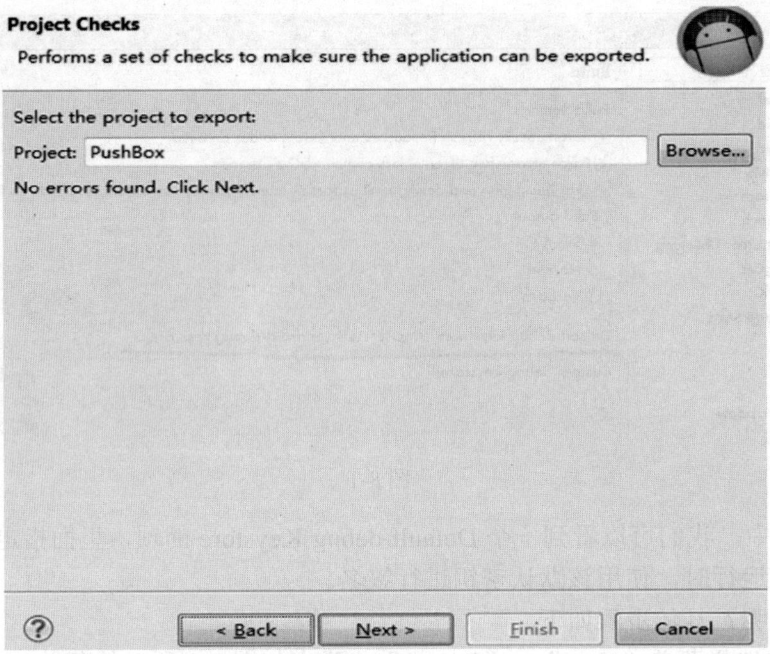

图 8-3

选择正确的签名项目，单击 Next，出现如图 8-4 所示的对话框。

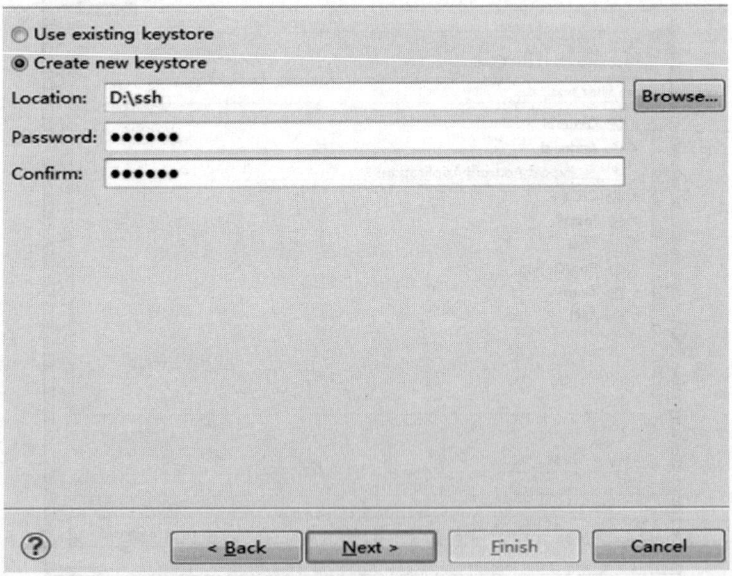

图 8-4

在图中选择“Create new keystore”，选择一个正确的位置（位置自己定义，keystore 的名字也是自定义），给出一个密码并确认一遍。以上信息完成后单击 Next，出现如图 8-5 所示的对话框。

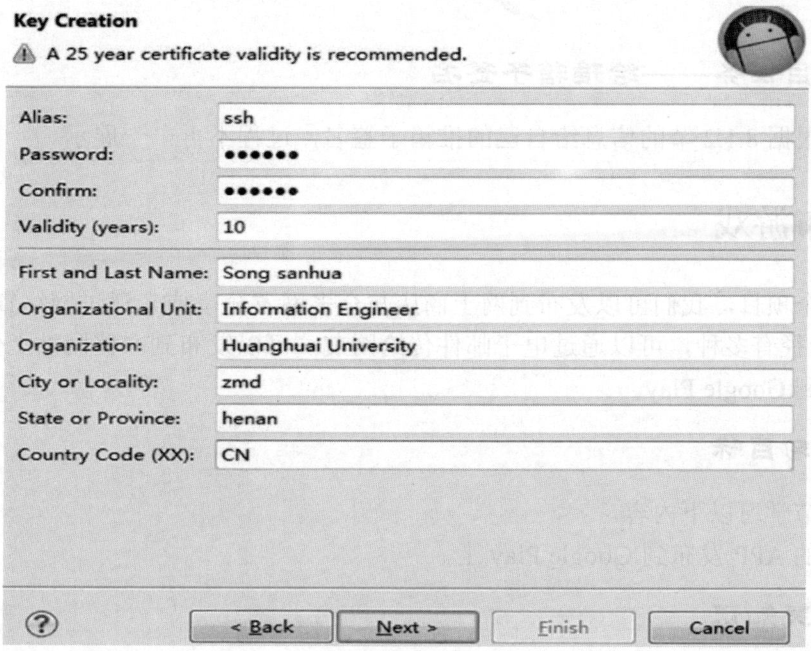

图 8-5

在图中填写密钥库信息，填写一些 APK 文件的密码，使用期限和组织单位的信息。单击 Next，弹出下图类似如图 8-6 所示的对话框。

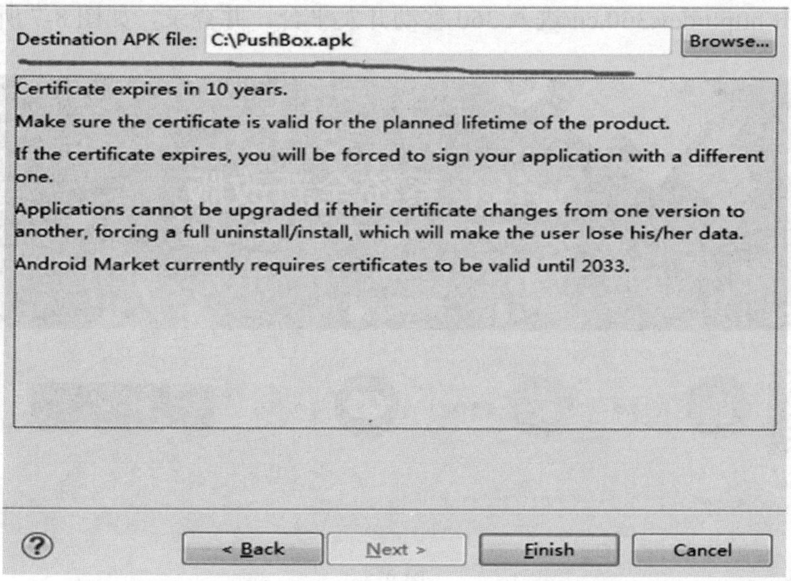

图 8-6

选择签名后 APK 的存储位置，单击 Finish 即可完成签名。稍后，我们在 C 盘的根目录就可以看到签名后的 pushbox.APK 文件了。

另外还可以使用命令行来进行 APK 签名，本书就不再介绍，有兴趣的读者可以参阅官网文献。

8.1.3 项目任务——给推箱子签名

请笔者根据 8.1.2 节的信息给自己的推箱子签名，过程不再一一展示。

8.2 发布游戏

做完一个项目，我们可以发布到网上商店与众多网友分享或者通过网络宣传自己。发布 APP 的途径有多种，可以通过电子邮件传给网友，可以发布到一些网站上供网友下载，也可以发布到 Google Play。

8.2.1 学习目标

通过本节学习以下内容。

将自己的 APP 发布到 Google Play 上。

8.2.2 相关知识

首先说明，读者仅仅对本节知识做个了解即可，毕竟将自己的 APP 发布到 Google Play 上，第一次需要付费 25 美元。

本文介绍如何在国内的一些知名网站上发布应用，以发布到 360 手机助手为例。在上传 Android APP 到 360 前，需要先注册。在 360 手机助手发布 APP 的步骤如下。

（1） 单击 http://dev.360.cn/进入 360 移动开发平台，并登录，如图 8-7 所示。

图 8-7

（2） 单击软件发布图标，如图 8-8 所示。

图 8-8

（3） 进入注册开发者类型。

登录后，单击软件发布，就会出现如图 8-9 所示的界面。

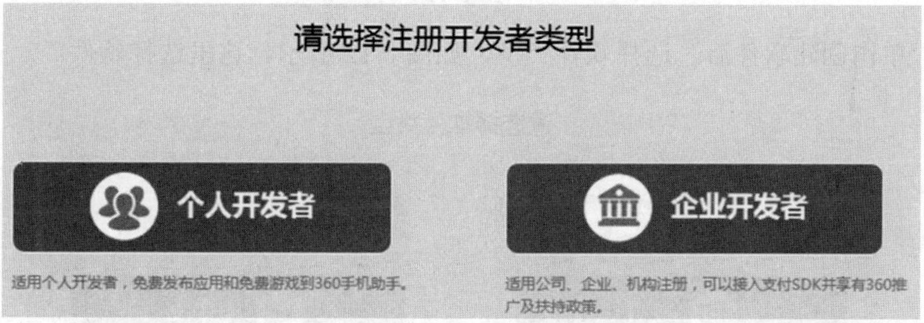

图 8-9

（4） 选择个人开发者或企业开发者，然后按照提示填写所有内容如图 8-10 所示。

图 8-10

（5） 注册成功后，进入发软件或游戏的平台，要发软件就单击创建软件，发布游戏则单击创建游戏。笔者这次是发软件，所以单击创建软件，如图 8-11 所示。

图 8-11

（6） 单击创建软件后，选择软件类型，如图 8-12 所示。这里选择软件。

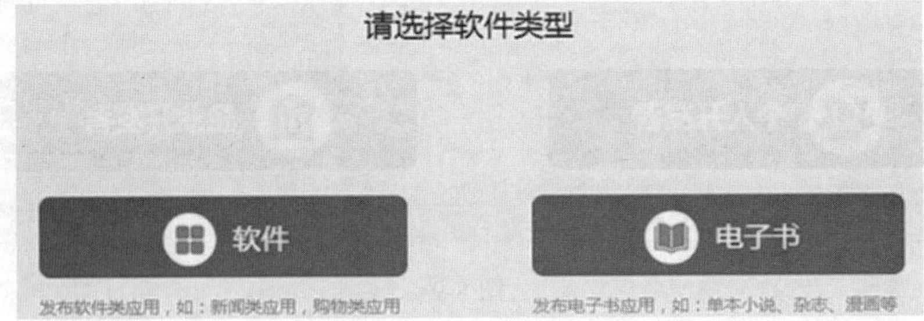

图 8-12

（7） 上传 APK 文件并完善信息，如图 8-13 所示。

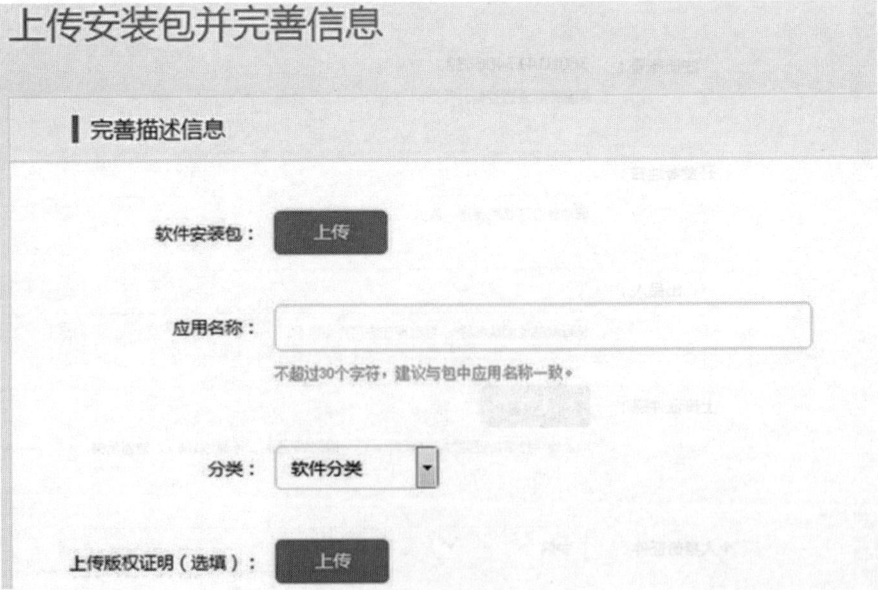

图 8-13

（8）进入上传安装包页面，按照页面提示一一填写后，提交审核，等审核通过后即可在 360 手机助手上看到此软件了。

审核通过的游戏，就可以被广大 Android 手机用户通过 360 手机助手搜索并下载了，这样可以大大提高你的成就感。

注意：

在 360 上发布你的 APP 需要你一张持有证件的照片，样式如图 8-14 所示。

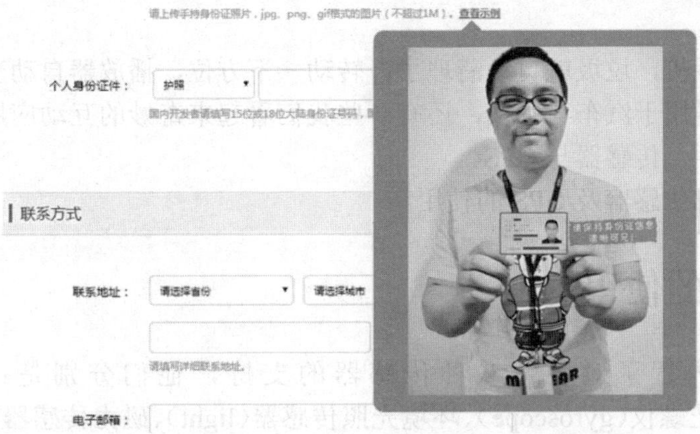

图 8-14

8.2.3　项目任务——发布推箱子游戏

请根据 8.2.2 节的内容，把 8.1.3 节的签名后的 pushbox.apk 上传到 360 手机助手。

小结

如今是信息的时代，我们埋头苦干的同时也要注意世界的变化，在做应用的同时也应该注意如何宣传自己。

本章主要介绍了 Android 项目如何签名及发布方法。希望读者学完本章后能够了解这些方法。

习题

读者可自行了解一下如何将自己的 Android APP 发布到金山网站上，使得在金山手机助手上能够搜索到。

第 9 章　项目的高级应用

我们晃一晃手机，垃圾就自动清理了；转动一下方位，播放器自动变换播放视图。如今的导航软件大量用于汽车与手机，还有一些我们看起来奇妙的互动应用，都得益于手机的一些重要部件——传感器与 GPS。

本章着重介绍传感器及 GPS 的使用。

9.1　传感器的使用

Android1.5 内置了对多达八种传感器的支持，他们分别是：加速度传感器（accelerometer）、陀螺仪（gyroscope）、环境光照传感器（light）、磁力传感器（magnetic field）、方向传感器（orientation）、压力传感器（pressure）、距离传感器（proximity）和温度传感器（temperature）。

在 Android2.3 gingerbread 系统中，google 提供了 11 种传感器供应用层使用。在 1.5 的基础上增加了接近传感（proximity）、线性加速度（Linear acceleration）及旋转矢量传感（rotation vector）。

9.1.1　学习目标

通过本节学习以下内容。

（1）认识传感器。

（2）传感器的应用开发。

9.1.2　相关知识

几种传感器的基本介绍。

1. 加速度传感器

加速度传感器又叫 G-sensor，返回 x、y、z 三轴的加速度数值。

该数值包含地心引力的影响，单位是 m/s^2。

将手机平放在桌面上，x 轴默认为 0，y 轴默认 0，z 轴默认 9.81。

将手机朝下放在桌面上，z 轴为-9.81。

将手机向左倾斜，x 轴为正值。

将手机向右倾斜，x 轴为负值。

将手机向上倾斜，y 轴为负值。

将手机向下倾斜，y 轴为正值。

加速度传感器可能是最为成熟的一种 mems 产品，市场上的加速度传感器种类很多。

手机中常用的加速度传感器有 BOSCH（博世）的 BMA 系列，AMK 的 897X 系列，ST 的 LIS3X 系列等。这些传感器一般提供±2G 至±16G 的加速度测量范围，采用 I2C 或 SPI 接口和 MCU 相连，数据精度小于 16bit。

2. 磁力传感器

磁力传感器简称为 M-sensor，返回 x、y、z 三轴的环境磁场数据。

该数值的单位是微特斯拉（micro-Tesla），用 uT 表示。

单位也可以是高斯（Gauss），1Tesla=10000Gauss。

硬件上一般没有独立的磁力传感器，磁力数据由电子罗盘传感器提供（E-compass）。

电子罗盘传感器同时提供下文的方向传感器数据。

3. 方向传感器

方向传感器简称为 O-sensor，返回三轴的角度数据，方向数据的单位是角度。

为了得到精确的角度数据，E-compass 需要获取 G-sensor 的数据，经过计算生产 O-sensor 数据，否则只能获取水平方向的角度。

方向传感器提供三个数据，分别为 azimuth、pitch 和 roll。

azimuth：方位，返回水平时磁北极和 Y 轴的夹角，范围为 0°至 360°。

0°=北，90°=东，180°=南，270°=西。

pitch：x 轴和水平面的夹角，范围为−180°至 180°。

当 z 轴向 y 轴转动时，角度为正值。

roll：y 轴和水平面的夹角，由于历史原因，范围为−90°至 90°。

当 x 轴向 z 轴移动时，角度为正值。

电子罗盘在获取正确的数据前需要进行校准，通常可用 8 字校准法。

8 字校准法要求用户使用需要校准的设备在空中做 8 字晃动，原则上尽量多的让设备法线方向指向空间的所有 8 个象限。

手机中使用的电子罗盘芯片有 AKM 公司的 897X 系列，ST 公司的 LSM 系列以及雅马哈公司等等。

由于需要读取 G-sensor 数据并计算出 M-sensor 和 O-sensor 数据，因此厂商一般会提供一个后台 daemon 来完成工作，电子罗盘算法一般是公司私有产权。

4. 陀螺仪传感器

陀螺仪传感器叫做 Gyro-sensor，返回 x、y、z 三轴的角加速度数据。

角加速度的单位是 radians/second。

根据 Nexus S 手机实测：

水平逆时针旋转，Z 轴为正。

水平逆时针旋转，z 轴为负。

向左旋转，y 轴为负。

向右旋转，y 轴为正。

向上旋转，x 轴为负。

向下旋转，x 轴为正。

ST 的 L3G 系列的陀螺仪传感器比较流行，iphone4 和 google 的 nexus s 中使用该种传感器。

5. 光线感应传感器

光线感应传感器检测实时的光线强度，光强单位是 lux，其物理意义是照射到单位面积上的光通量。

光线感应传感器主要用于 Android 系统的 LCD 自动亮度功能。

可以根据采样到的光强数值实时调整 LCD 的亮度。

Android SDK 将光线强度分为不同的等级，每一个等级的最大值由一个常量表示，这些常量都定义在 SensorManager 类中，代码如下：

```
public static final float LIGHT_SUNLIGHT_MAX =120000.0f;
public static final float LIGHT_SUNLIGHT=110000.0f;
public static final float LIGHT_SHADE=20000.0f;
public static final float LIGHT_OVERCAST= 10000.0f;
public static final float LIGHT_SUNRISE= 400.0f;
public static final float LIGHT_CLOUDY= 100.0f;
public static final float LIGHT_FULLMOON= 0.25f;
public static final float LIGHT_NO_MOON= 0.001f;
```

6. 压力传感器

压力传感器返回当前的压强，单位是百帕斯卡 hectopascal（hPa）。

7. 温度传感器

温度传感器返回当前的温度。

8. 接近传感器

接近传感器检测物体与手机的距离，单位是厘米。

一些接近传感器只能返回远和近两个状态，因此，接近传感器将最大距离返回远状态，小于最大距离返回近状态。

接近传感器可用于接听电话时自动关闭 LCD 屏幕以节省电量。

一些芯片集成了接近传感器和光线传感器两者功能。

9. 重力传感器

重力传感器简称 GV-sensor，输出重力数据。

在地球上，重力数值为 9.8，单位是 m/s^2。

坐标系统与加速度传感器相同。

当设备复位时，重力传感器的输出与加速度传感器相同。

Android SDK 定义了一些常量来表示星系中行星、卫星和太阳表面的重力加速度，在此仅给出地球上的重力加速度：

```
public static final float GRAVITY_EARTH= 9.80665f;
```

其他星球加速度，读者可自行登录 android 开发者官网（http://developer.android.com）查找。

10. 线性加速度传感器

线性加速度传感器简称 LA-sensor。

线性加速度传感器是加速度传感器减去重力影响获取的数据。

单位是 m/s^2，坐标系统与加速度传感器相同。

加速度传感器、重力传感器和线性加速度传感器的计算公式如下：

加速度=重力+线性加速度

11. 旋转矢量传感器

旋转矢量传感器简称 RV-sensor。

旋转矢量代表设备的方向，是一个将坐标轴和角度混合计算得到的数据。

RV-sensor 输出三个数据：

```
x*sin(theta/2);
y*sin(theta/2);
z*sin(theta/2)。
```

sin(theta/2)是 RV 的数量级。

RV 的方向与轴旋转的方向相同。

RV 的三个数值，与 cos(theta/2)组成一个四元组。

RV 的数据没有单位，使用的坐标系与加速度相同。

举例：

```
sensors_event_t.data[0] = x*sin(theta/2)
sensors_event_t.data[1] = y*sin(theta/2)
sensors_event_t.data[2] = z*sin(theta/2)
sensors_event_t.data[3] =  cos(theta/2)
```

GV、LA 和 RV 的数值没有物理传感器可以直接给出，需要 G-sensor、O-sensor 和 Gyro-sensor 经过算法计算后得出。

注意：

（1）一些算法可能不是公开的（私有产权）。

（2）不一定每个 Android 手机都全带有以上十一种传感器，Google 发布 Android 的软件版本支持这些传感器，但是由于硬件成本问题，低档次的手机只带有基本传感器。

在 Android 应用程序中使用传感器要依赖于 android.hardware.SensorEventListener 接口。通过该接口可以监听传感器的各种事件。SensorEventListener 接口的代码如下：

```
package android.hardware;
public interface SensorEventListener
{
   public void
onSensorChanged(SensorEvent event);
```

```
    public void
onAccuracyChanged(Sensor sensor, int accuracy);
}
```

在 SensorEventListener 接口中定义了两个方法：onSensorChanged 和 onAccuracyChanged。当传感器的值发生变化时，例如磁阻传感器的方向改变时，会调用 onSensorChanged 方法。当传感器的精度变化时会调用 onAccuracyChanged 方法。

onSensorChanged 方法只有一个 SensorEvent 类型的参数 event，其中 SensorEvent 类有一个 values 变量非常重要，该变量的类型是 float[]。但该变量最多只有 3 个元素，而且根据传感器的不同，values 变量中元素所代表的含义也不同。

在解释 values 变量中元素的含义之前，先来介绍一下 Android 的坐标系统是如何定义 X、Y、Z 轴的。

X 轴的方向是沿着屏幕的水平方向从左向右。如果手机不是正方形的话，较短的边需要水平放置，较长的边需要垂直放置。

Y 轴的方向是从屏幕的左下角开始沿着屏幕的垂直方向指向屏幕的顶端。

将手机平放在桌子上，Z 轴的方向是从手机里指向天空。

要想使用相应的传感器，仅实现 SensorEventListener 接口是不够的，还需要使用下面的代码来注册相应的传感器。

```
//  获得传感器管理器
SensorManager sm = (SensorManager) getSystemService(SENSOR_SERVICE);
//  注册方向传感器
sm.registerListener(this,sm.getDefaultSensor(Sensor.TYPE_ORIENTATION),SensorManager.SENSOR_DELAY_FASTEST);
```

如果想注册其他的传感器，可以改变 getDefaultSensor 方法的第 1 个参数值，例如，注册加速传感器可以使用 Sensor.TYPE_ACCELEROMETER。在 Sensor 类中还定义了很多传感器常量，但要根据手机中实际的硬件配置来注册传感器。如果手机中没有相应的传感器硬件，即使注册了相应的传感器也不起任何作用。getDefaultSensor 方法的第 2 个参数表示获得传感器数据的速度。SensorManager.SENSOR_DELAY_ FASTEST 表示尽可能快地获得传感器数据。除了该值以外，还可以设置 3 个获得传感器数据的速度值，这些值如下：

SensorManager.SENSOR_DELAY_NORMAL：默认的获得传感器数据的速度。

SensorManager.SENSOR_DELAY_GAME：如果利用传感器开发游戏，建议使用该值。

SensorManager.SENSOR_DELAY_UI：如果使用传感器更新 UI 中的数据，建议使用该值。

从传感器管理器中获取其中某个或者某些传感器的方法有如下三种：

第一种：获取某种传感器的默认传感器。

```
    Sensor defaultGyroscope =
sensorManager.getDefaultSensor(Sensor.TYPE_GYROSCOPE);
```

第二种：获取某种传感器的列表。

```
    List<Sensor> pressureSensors =
sensorManager.getSensorList(Sensor.TYPE_PRESSURE);
```

第三种：获取所有传感器的列表（我们这个例子就用的第三种）。

```
    List<Sensor> allSensors =
sensorManager.getSensorList(Sensor.TYPE_ALL);
```

SensorManager 关于加监听的方法有以下几个。

registerListenr(SensorListenerlistenr,int sensors,int rate):已过时。

registerListenr(SensorListenerlistenr,int sensors):已过时。

registerListenr(SensorEventListenerlistenr,Sensor sensors,int rate)。

registerListenr(SensorEventListenerlistenr,Sensor sensors,int rate,Handlerhandler) 因为 SensorListener 已经过时，那么相应的注册方法，也就过时了。

说下各个参数的意义：

Listener:相应监听器的引用。

Sensor:相应的感应器引用。

Rate:感应器的反应速度，这个必须是系统提供 4 个常量之一的。

SENSOR_DELAY_NORMAL:匹配屏幕方向的变化。

SENSOR_DELAY_UI：匹配用户接口。

SENSOR_DELAY_GAME：匹配游戏。

SENSOR_DELAY_FASTEST.：匹配所能达到的最快

要注意的是在 Android 中注册了感应器，也就启用了它，而使用感应器是相当耗电的，这是为什么感应器的应用没有那么泛滥的主要原因，所以我们必须在我们不需要它的时候，关掉它。怎么关闭呢？注册是启用，那么注销就是关闭了。Android 有以下注销方法：

```
    unregisterListener(SensorEventListenerlistener);
    unregisterListener(SensorEventListenerlistener,Sensor sensor);
```

9.1.3 项目任务——使用传感器（*）

本项目主要通过重力传感器来测试手机是否在移动。

（1） 项目信息如图 9-1 所示。

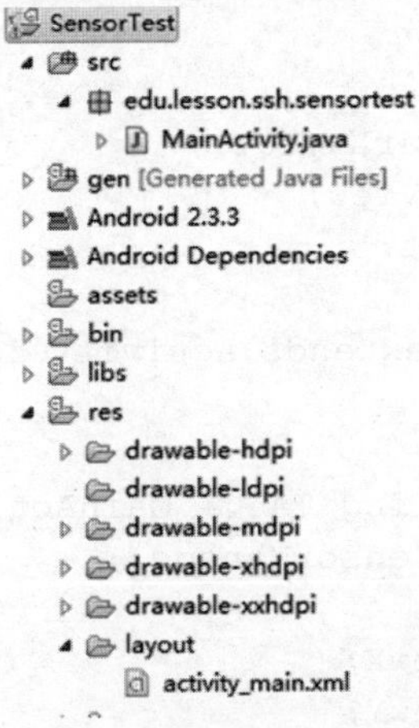

图 9-1

（2） 布局文件内容如下。

```
<LinearLayout xmlns:android="http://schemas.android.com/apk/res/android"
    android:id="@+id/ll"
    android:layout_width="fill_parent"
    android:layout_height="fill_parent"
    android:orientation="vertical" >

    <TextView
        android:id="@+id/textView1"
        android:layout_width="wrap_content"
        android:layout_height="wrap_content" />

    <TextView
        android:id="@+id/textView2"
        android:layout_width="wrap_content"
        android:layout_height="wrap_content" />

    <TextView
        android:id="@+id/textView3"
        android:layout_width="wrap_content"
        android:layout_height="wrap_content" />

</LinearLayout>
```

（3） MainActivity 的代码如下。

```
package edu.lesson.ssh.sensortest;

import java.util.Calendar;

import android.app.Activity;
import android.hardware.Sensor;
import android.hardware.SensorEvent;
import android.hardware.SensorEventListener;
import android.hardware.SensorManager;
import android.os.Bundle;
import android.util.Log;
import android.widget.LinearLayout;
import android.widget.TextView;
import android.widget.Toast;

public class MainActivity extends Activity implements SensorEventListener
{

  private static final String TAG = MainActivity.class.getSimpleName();
  private SensorManager mSensorManager;
  private Sensor mSensor;
  private TextView textviewX;
  private TextView textviewY;
  private TextView textviewZ;
```

```
    private TextView textviewF;
    private int mX, mY, mZ;
    private long lasttimestamp = 0;
    Calendar mCalendar;
    @Override
    protected void onCreate(Bundle savedInstanceState) {
      super.onCreate(savedInstanceState);
      setContentView(R.layout.activity_main);
      textviewX = (TextView) findViewById(R.id.textView1);
      textviewY = (TextView) findViewById(R.id.textView2);
      textviewZ = (TextView) findViewById(R.id.textView3);
      mSensorManager = (SensorManager) getSystemService(SENSOR_SERVICE);
      // 获取重力加速传感器
      mSensor = mSensorManager.getDefaultSensor(Sensor.TYPE_ACCELEROMETER);
      if (null == mSensorManager) {
          Toast.makeText(MainActivity.this, "手机没有重力传感器", Toast.LENGTH_
LONG).show();
      }
      //注册监听器
      mSensorManager.registerListener(this, mSensor,
              SensorManager.SENSOR_DELAY_NORMAL);
    }
    @Override
    public void onAccuracyChanged(Sensor sensor, int accuracy) {

    }

    @Override
    public void onSensorChanged(SensorEvent event) {
      if (event.sensor == null) {
          return;
      }

      if (event.sensor.getType() == Sensor.TYPE_ACCELEROMETER) {
          int x = (int) event.values[0];
          int y = (int) event.values[1];
          int z = (int) event.values[2];
          mCalendar = Calendar.getInstance();
          long stamp = mCalendar.getTimeInMillis() / 1000l;

          textviewX.setText(" x 轴的信息: "+String.valueOf(x));
          textviewY.setText(" y 轴的信息: "+String.valueOf(y));
          textviewZ.setText(" z 轴的信息: "+String.valueOf(z));

          int px = Math.abs(mX - x);
          int py = Math.abs(mY - y);
          int pz = Math.abs(mZ - z);
          //取三个轴上的移动最大值
          int maxvalue = getMaxValue(px, py, pz);
          //判断移动时间
```

```
            if (maxvalue > 2 && (stamp - lasttimestamp) > 30) {
                lasttimestamp = stamp;
                Toast.makeText(MainActivity.this, "手机移动中...", Toast.LENGTH_
LONG).show();
            }
            mX = x;
            mY = y;
            mZ = z;
        }
    }

    /**
     * 获取三者中的最大值
     */
    public int getMaxValue(int px, int py, int pz) {
        int max = 0;
        if (px > py && px > pz) {
            max = px;
        } else if (py > px && py > pz) {
            max = py;
        } else if (pz > px && pz > py) {
            max = pz;
        }
        return max;
    }
}
```

（4） 运行，效果如图 9-2 所示。

图 9-2

说明：

本例需要使用真机测试，模拟器没法直接模拟重力传感。读者也可以去下载一些传感器的模拟器来模拟传感器发送数据给 Android 模拟器。

9.2　地图应用

本节介绍一下，百度地图在 Android 应用开发中的具体实现。

9.2.1　学习目标

通过本节学习以下内容。

百度地图在 Android 中的应用。

9.2.2　相关知识

1. 简介

百度地图 Android SDK 是一套基于 Android 2.1 及以上版本设备的应用程序接口，您可以通过该接口实现丰富的 LBS 功能：

地图：提供地图（2D、3D）的展示和缩放、平移、旋转、改变视角等地图操作；

POI 检索：可根据关键字，对 POI 数据进行周边、区域和城市内三种检索；

地理编码：提供地理坐标和地址之间相互转换的能力；

线路规划：支持公交信息查询、公交换乘查询、驾车线路规划和步行路径检索；

覆盖物：提供多种地图覆盖物（自定义标注、几何图形、文字绘制、地形图图层、热力图图层等），满足开发者的各种需求；

定位：采用多种定位模式，使用定位 SDK 获取位置信息，使用地图 SDK 我的位置图层进行位置展示；

离线地图：支持使用离线地图，节省用户流量，同时为用户带来更好的地图体验；

导航：支持调启百度地图导航和 Web 导航来满足用户对导航功能的需求；

LBS 云检索：支持用户检索存储在 LBS 云内的自有 POI 数据，并展示；

特色功能：提供短串分享、Place 详情检索、热力图等特色功能，帮助开发者搭建功能更加强大的应用；

2. 申请密钥

在使用百度地图 SDK 为您提供的各种 LBS 能力之前，您需要获取百度地图移动版的开发密钥，该密钥与您的百度账户相关联。因此，您必须先有百度账户，才能获得开发密钥。并且，该密钥与您创建的过程名称有关。

Key 的申请地址为：http://lbsyun.baidu.com/apiconsole/key

注意：

（1） 为了给用户提供更安全的服务，Android SDK 自 v2.1.3 版本开始采用了全新的 Key 验证体系。因此，当您选择使用 v2.1.3 及之后版本的 SDK 时，需要到新的 Key 申请

页面进行全新 Key 的申请；（新旧 key 不可通用）

（2） 新 Key 机制，每个 Key 仅且唯一对于 1 个应用验证有效，即对该 Key 配置环节中使用的包名匹配的应用有效。因此，多个应用【包括多个包名】需申请多个 Key，或者对 1 个 Key 进行多次配置；

（3） 在新 key 机制下，若你需要在同一个工程中同时使用百度地图、定位、导航 SDK 可以共用同一个 key；

（4） 如果您在 Android SDK 开发过程中使用了 LBS 云服务则需要为该服务单独申请一个 for server 类型的密钥。

3. 申请步骤

（1） 登录百度账号。

访问 API 控制台页面，若您未登录百度账号，将会进入百度账号登录页面，如图 9-3 所示。

图 9-3

（2） 登录 API 控制台。

登录会跳转到 API 控制台服务，具体如图 9-4 所示。

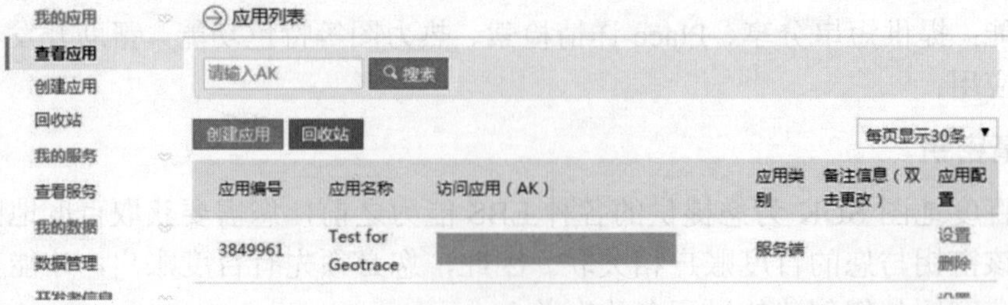

图 9-4

（3） 创建应用。

单击“创建应用”，进入创建 AK 页面，输入应用名称，将应用类型改为“Android SDK”如图 9-5、9-6 所示。

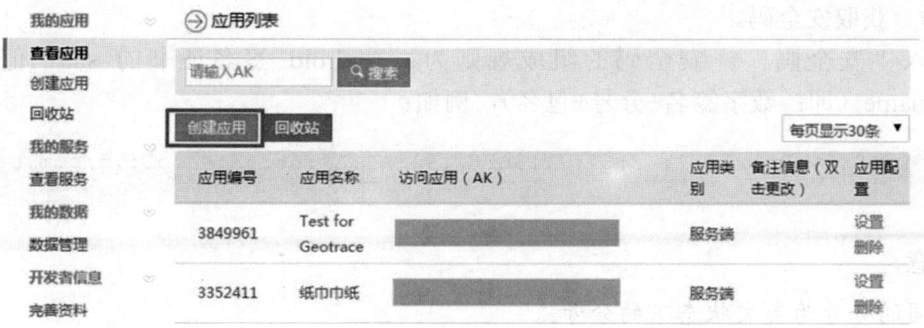

图 9-5

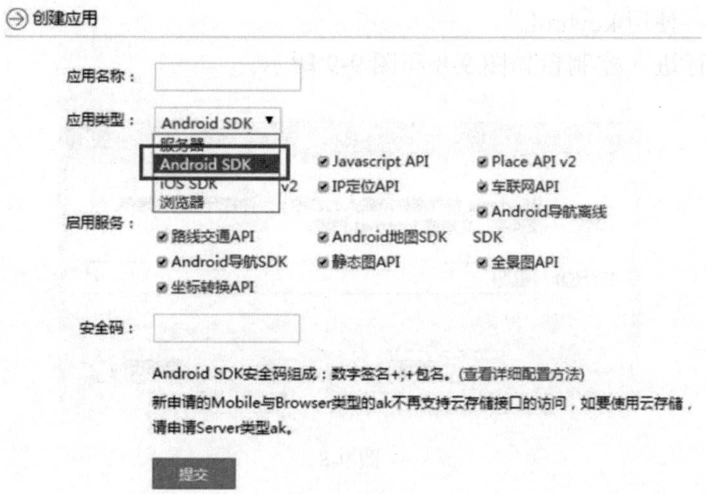

图 9-6

（4） 配置应用。

在应用类型选为“Android SDK”后，需要配置应用的安全码，如图 9-7 所示。

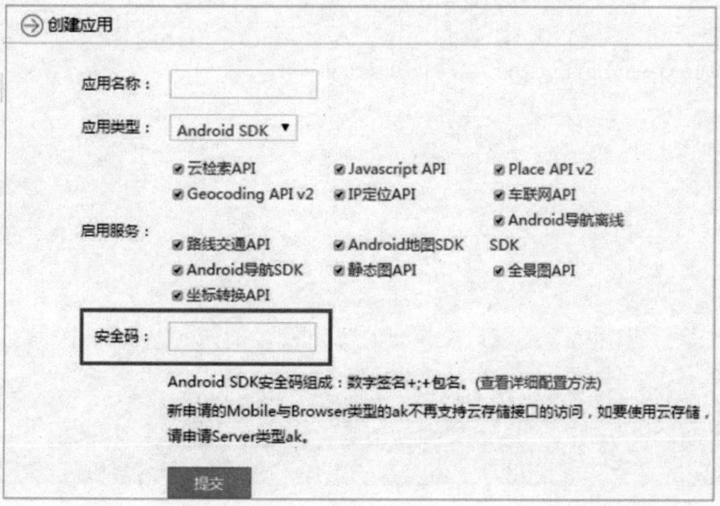

图 9-7

（5） 获取安全码。

输入“安全码”。安全码的组成规则为：Android 签名证书的 sha1 值+“;”+packagename（即：数字签名+分号+包名），例如：

```
BB:0D:AC:74:D3:21:E1:43:67:71:9B:62:91:AF:A1:66:6E:44:5D:75;com.baidumap
.demo
```

注意：

中间的分号为英文状态下的分号。

Android 签名证书的 sha1 值获取方式有两种：

第一种方法：使用 keytool。

第 1 步：运行进入控制台如图 9-8 和图 9-9 所示。

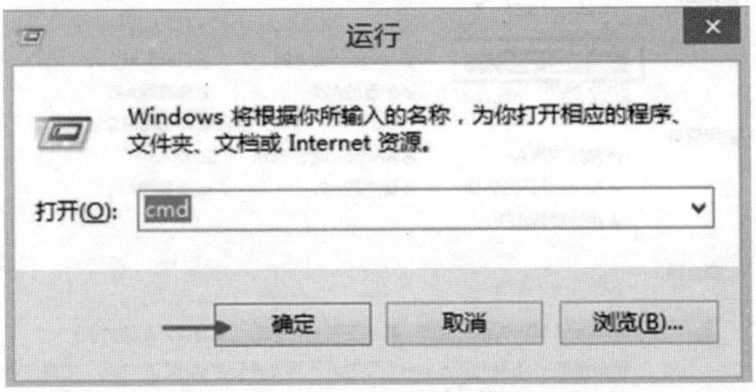

图 9-8

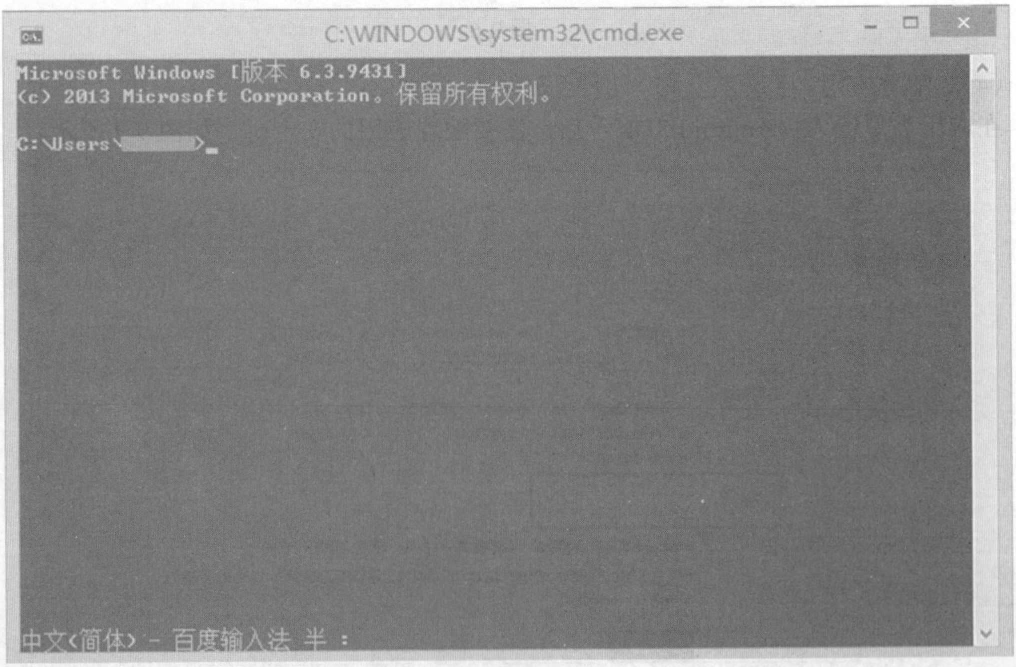

图 9-9

第 2 步：定位到.android 文件夹下，输入 cd .android，如图 9-10 所示。

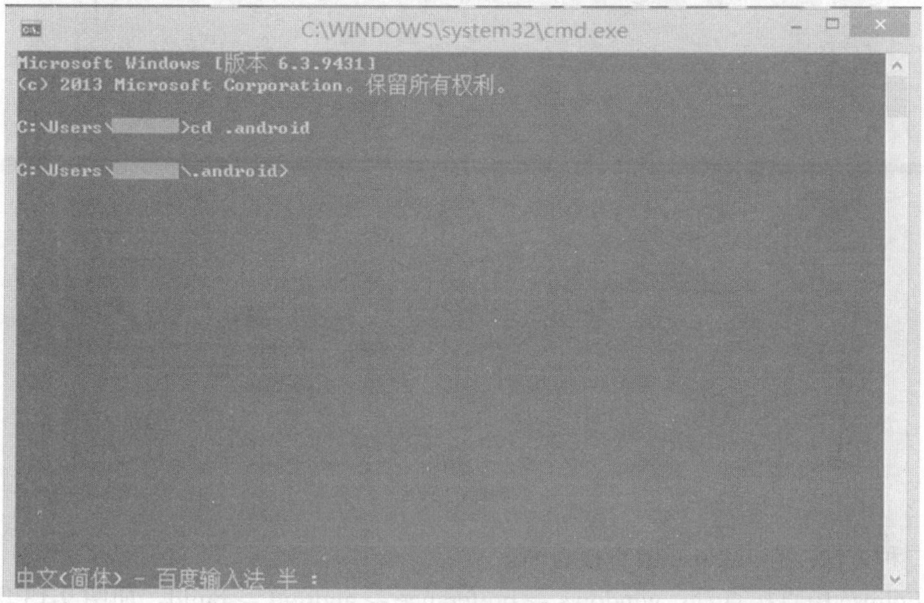

图 9-10

第 3 步：输入 keytool -list -v -keystore debug.keystore，会得到三种指纹证书，选取 SHA1 类型的证书（密钥口令是 android），例如：

其中 keytool 为 JDK 自带工具；keystorefile 为 Android 签名证书文件，如图 9-11、图 9-12 所示。

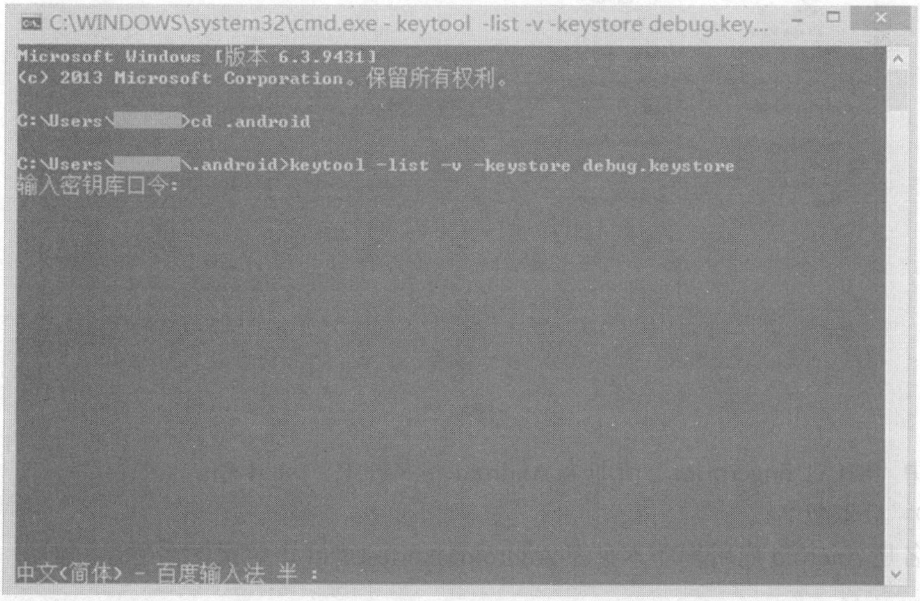

图 9-11

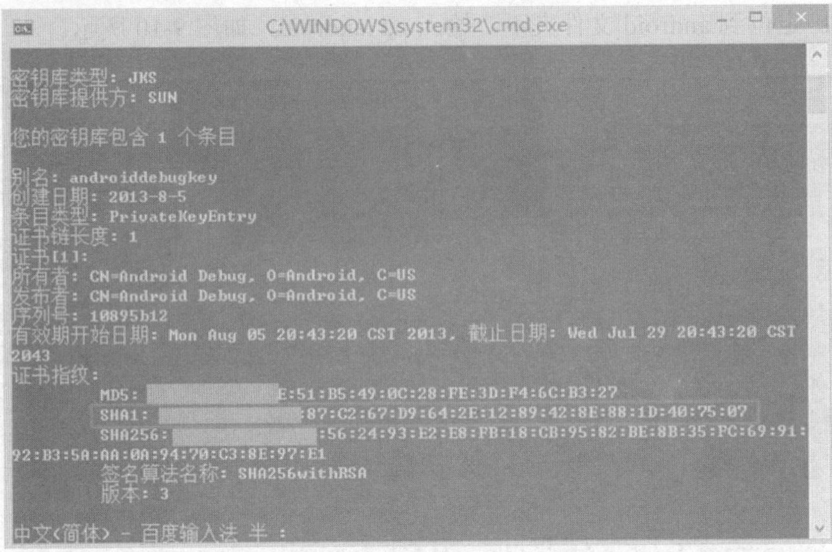

图 9-12

第二种方法：在 Eclipse 中直接查看。

在 Eclipse 中直接查看：windows -> preferance -> android -> build。如图 9-13 所示。

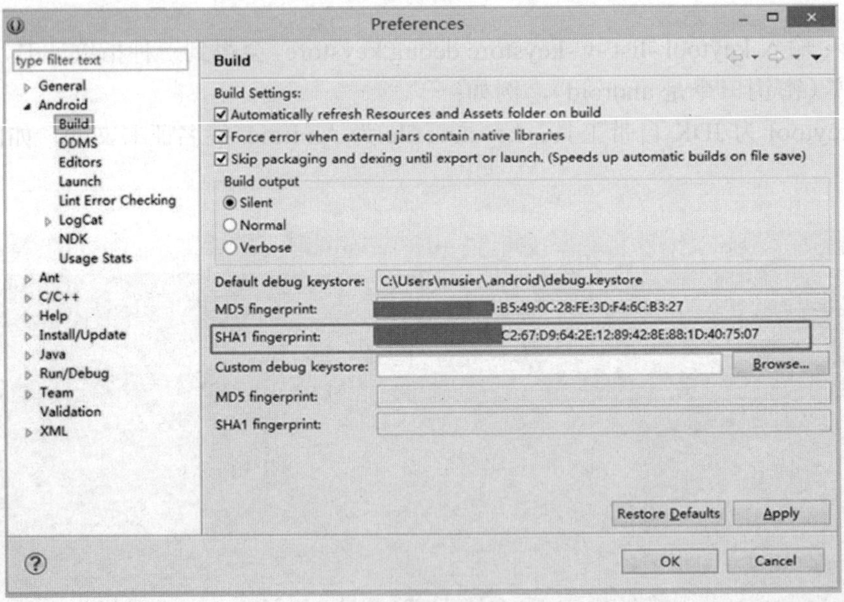

图 9-13

其中“SHA1 fingerprint”值即为 Android 签名证书的 sha1 值。

（6） 获取包名。

包名是 Android 应用程序本身在 AndroidManifest.xml 中定义的名称，例如：

```
<?xml version="1.0" encoding="utf-8"?>
<manifest xmlns:android="http://schemas.android.com/apk/res/android" package="com.baidu.mobads.demo.main"
```

（7） 成功创建 KEY。

在输入安全码后，单击“确定”完成应用的配置工作，您将会得到一个创建的 Key，请妥善保管您所申请的 Key。到这您就可以使用新 Key 来完成您的开发工作了。

在开发之前，还需要下载相关百度地图的开发包来完成地图开发，下载地址：

http://developer.baidu.com/map/index.php?title=androidsdk/sdkandev-download

开发者可利用 SDK 提供的接口，使用百度为您提供的基础地图数据。目前百度地图 SDK 所提供的地图等级为 3～19 级，所包含的信息有建筑物、道路、河流、学校、公园等内容。所有叠加或覆盖到地图的内容，我们统称为地图覆盖物。如标注、矢量图形元素（包括：折线、多边形和圆等）、定位图标等。覆盖物拥有自己的地理坐标，当您拖动或缩放地图时，它们会相应的移动。

百度地图 SDK 为广大开发者提供的基础地图和上面的各种覆盖物元素，具有一定的层级压盖关系，具体如下（从下至上的顺序）。

① 基础底图（包括底图、底图道路、卫星图等）；

② 地形图图层（GroundOverlay）；

③ 热力图图层（HeatMap）；

④ 实时路况图图层（BaiduMap.setTrafficEnabled(true);）；

⑤ 百度城市热力图（BaiduMap.setBaiduHeatMapEnabled(true);）；

⑥ 底图标注（指的是底图上面自带的那些 POI 元素）；

⑦ 几何图形图层（点、折线、弧线、圆、多边形）；

⑧ 标注图层（Marker），文字绘制图层（Text）；

⑨ 指南针图层（当地图发生旋转和视角变化时，默认出现在左上角的指南针）；

⑩ 定位图层（BaiduMap.setMyLocationEnabled(true);）；

⑪ 弹出窗图层（InfoWindow）；

⑫ 自定义 View（MapView.addView(View);）。

（8） 地图类型。

百度地图 Android SDK 为您提供了两种类型的地图资源（普通矢量地图和卫星图），开发者可以利用 BaiduMap 中的 mapType()方法来设置地图类型。核心代码如下：

```
mMapView = (MapView) findViewById(R.id.bmapView);
mBaiduMap = mMapView.getMap();
//普通地图
mBaiduMap.setMapType(BaiduMap.MAP_TYPE_NORMAL);
//卫星地图
mBaiduMap.setMapType(BaiduMap.MAP_TYPE_SATELLITE);
```

（9） 实时交通图。

当前，全国范围内已支持多个城市实时路况查询，且会陆续开通其他城市。

在地图上打开实时路况的核心代码如下：

```
mMapView = (MapView) findViewById(R.id.bmapView);
mBaiduMap = mMapView.getMap();
//开启交通图
mBaiduMap.setTrafficEnabled(true);
```

（10） 百度城市热力图。

百度地图 SDK 继为广大开发者开放热力图本地绘制能力之后，再次进一步开放百度自有数据的城市热力图层，帮助开发者构建形式更加多样的移动端应用。

百度城市热力图的性质及使用与实时交通图类似，只需要简单的接口调用，即可在地图上展现样式丰富的百度城市热力图。

在地图上开启百度城市热力图的核心代码如下：

```
mMapView = (MapView) findViewById(R.id.bmapView);
mBaiduMap = mMapView.getMap();
//开启交通图
mBaiduMap.setBaiduHeatMapEnabled(true);
```

（11）标注覆盖物。

开发者可根据自己实际的业务需求，利用标注覆盖物，在地图指定的位置上添加标注信息。具体实现方法如下：

```
//定义 Maker 坐标点
LatLng point = new LatLng(39.963175, 116.400244);
//构建 Marker 图标
BitmapDescriptor bitmap = BitmapDescriptorFactory
    .fromResource(R.drawable.icon_marka);
//构建 MarkerOption，用于在地图上添加 Marker
OverlayOptions option = new MarkerOptions()
    .position(point)
    .icon(bitmap);
//在地图上添加 Marker，并显示
mBaiduMap.addOverlay(option);
```

效果如图 9-14 所示。

图 9-14

针对已经添加在地图上的标注，可采用如下方式进行手势拖拽。

第一步，设置可拖拽。

```
OverlayOptions options = new MarkerOptions()
    .position(llA)  //设置marker的位置
    .icon(bdA)  //设置marker图标
    .zIndex(9)  //设置marker所在层级
    .draggable(true);  //设置手势拖拽
//将marker添加到地图上
marker = (Marker) (mBaiduMap.addOverlay(options));
```

第二步，设置监听方法：

```
//调用BaiduMap对象的setOnMarkerDragListener方法设置marker拖拽的监听
mBaiduMap.setOnMarkerDragListener(new OnMarkerDragListener() {
    public void onMarkerDrag(Marker marker) {
        //拖拽中
    }
    public void onMarkerDragEnd(Marker marker) {
        //拖拽结束
    }
    public void onMarkerDragStart(Marker marker) {
        //开始拖拽
    }
});
```

自 v3.3.0 版本起，SDK 提供了给 Marker 增加动画的能力，具体实现方法如下。

// 通过 marker 的 icons 设置一组图片，再通过 period 设置多少帧刷新一次图片资源

```
ArrayList<BitmapDescriptor> giflist = new ArrayList<BitmapDescriptor>();
giflist.add(bdA);
giflist.add(bdB);
giflist.add(bdC);
OverlayOptions ooD = new MarkerOptions().position(pt).icons(giflist)
            .zIndex(0).period(10);
mMarkerD = (Marker) (mBaiduMap.addOverlay(ooD));
```

针对已添加在地图上的标注覆盖物，可利用如下方法进行修改和删除操作：

```
marker.remove();   //调用Marker对象的remove方法实现指定marker的删除
```

（12） 几何图形覆盖物。

地图 SDK 提供多种结合图形覆盖物，利用这些图形，可帮助您构建更加丰富多彩的地图应用。目前提供的几何图形有：点（Dot）、折线（Polyline）、弧线（Arc）、圆（Circle）、多边形（Polygon）。

下面以多边形为例，向大家介绍如何使用几何图形覆盖物。

```
//定义多边形的五个顶点
LatLng pt1 = new LatLng(39.93923, 116.357428);
LatLng pt2 = new LatLng(39.91923, 116.327428);
```

```
LatLng pt3 = new LatLng(39.89923, 116.347428);
LatLng pt4 = new LatLng(39.89923, 116.367428);
LatLng pt5 = new LatLng(39.91923, 116.387428);
List<LatLng> pts = new ArrayList<LatLng>();
pts.add(pt1);
pts.add(pt2);
pts.add(pt3);
pts.add(pt4);
pts.add(pt5);
//构建用户绘制多边形的 Option 对象
OverlayOptions polygonOption = new PolygonOptions()
    .points(pts)
    .stroke(new Stroke(5, 0xAA00FF00))
    .fillColor(0xAAFFFF00);
//在地图上添加多边形 Option，用于显示
mBaiduMap.addOverlay(polygonOption);
```

运行结果如图 9-15 所示。

图 9-15

（13） 文字覆盖物。

文字，在地图中也是一种覆盖物，开发者可利用相关的接口，快速实现在地图上书写文字的需求。实现方式如下。

```
//定义文字所显示的坐标点
LatLng llText = new LatLng(39.86923, 116.397428);
//构建文字 Option 对象，用于在地图上添加文字
OverlayOptions textOption = new TextOptions()
    .bgColor(0xAAFFFF00)
    .fontSize(24)
```

```
    .fontColor(0xFFFF00FF)
    .text("百度地图 SDK")
    .rotate(-30)
    .position(llText);
//在地图上添加该文字对象并显示
mBaiduMap.addOverlay(textOption);
```

运行结果如图 9-16 所示。

图 9-16

（14） 弹出窗覆盖物。

弹出窗覆盖物的实现方式如下，开发者可利用此接口，构建具有更强交互性的地图页面。

```
//创建 InfoWindow 展示的 view
Button button = new Button(getApplicationContext());
button.setBackgroundResource(R.drawable.popup);
//定义用于显示该 InfoWindow 的坐标点
LatLng pt = new LatLng(39.86923, 116.397428);
//创建 InfoWindow ，传入 view，地理坐标，y 轴偏移量
InfoWindow mInfoWindow = new InfoWindow(button, pt, -47);
//显示 InfoWindow
mBaiduMap.showInfoWindow(mInfoWindow);
```

下图为单击 Marker 弹出 InfoWindow 的示例图，开发者只需将 InfoWindow 的显示方法写在 Maker 的单击事件处理中即可实现该效果。

运行结果如图 9-17 所示。

图 9-17

（15） 地形图图层。

地形图图层（GroundOverlay），又可叫做图片图层，即开发者可在地图的指定位置上添加图片。该图片可随地图的平移、缩放、旋转等操作做相应的变换。该图层是一种特殊的 Overlay，它位于底图和底图标注层之间（即该图层不会遮挡地图标注信息）。

在地图中添加使用地形图覆盖物的方式如下：

```
//定义 Ground 的显示地理范围
LatLng southwest = new LatLng(39.92235, 116.380338);
LatLng northeast = new LatLng(39.947246, 116.414977);
LatLngBounds bounds = new LatLngBounds.Builder()
    .include(northeast)
    .include(southwest)
    .build();
//定义 Ground 显示的图片
BitmapDescriptor bdGround = BitmapDescriptorFactory
    .fromResource(R.drawable.ground_overlay);
//定义 Ground 覆盖物选项
OverlayOptions ooGround = new GroundOverlayOptions()
    .positionFromBounds(bounds)
    .image(bdGround)
    .transparency(0.8f);
//在地图中添加 Ground 覆盖物
mBaiduMap.addOverlay(ooGround);
```

运行结果如图 9-18 所示。

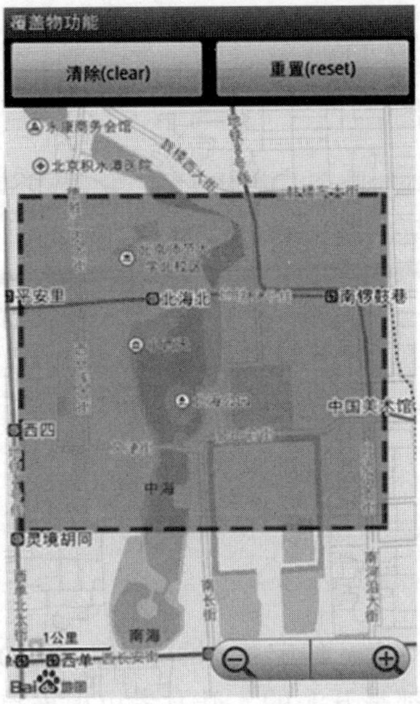

图 9-18

（16） 热力图功能。

热力图是用不同颜色的区块叠加在地图上描述人群分布、密度和变化趋势的一个产品，百度地图 SDK 将绘制热力图的能力为广大开发者开放，帮助开发者利用自有数据，构建属于自己的热力图，提供丰富的展示效果。

利用热力图功能构建自有数据热力图的方式如下：

第一步，设置颜色变化。

```
    //设置渐变颜色值
    int[] DEFAULT_GRADIENT_COLORS = {Color.rgb(102, 225,  0), Color.rgb(255, 0,
0) };
    //设置渐变颜色起始值
    float[] DEFAULT_GRADIENT_START_POINTS = { 0.2f, 1f };
    //构造颜色渐变对象
    Gradient gradient = new Gradient(DEFAULT_GRADIENT_COLORS, DEFAULT_GRADIENT_
START_POINTS);
```

第二步，准备数据。

```
    //以下数据为随机生成地理位置点，开发者根据自己的实际业务，传入自有位置数据即可
    List<LatLng> randomList = new ArrayList<LatLng>();
    Random r = new Random();
    for (int i = 0; i < 500; i++) {
        // 116.220000,39.780000 116.570000,40.150000
        int rlat = r.nextInt(370000);
        int rlng = r.nextInt(370000);
        int lat = 39780000 + rlat;
        int lng = 116220000 + rlng;
        LatLng ll = new LatLng(lat / 1E6, lng / 1E6);
```

```
    randomList.add(ll);
}
```

第三步，添加、显示热力图。

```
//在大量热力图数据情况下，build 过程相对较慢，建议放在新建线程实现
HeatMap heatmap = new HeatMap.Builder()
    .data(randomList)
    .gradient(gradient)
    .build();
//在地图上添加热力图
mBaiduMap.addHeatMap(heatmap);
```

第四步，删除热力图。

```
heatmap.removeHeatMap();
```

（17） 检索结果覆盖物。

针对检索功能模块（POI 检索、线路规划等），地图 SDK 还对外提供相应的覆盖物来快速展示结果信息。这些方法都是开源的，开发者可根据自己的实际去求来做个性化的定制。

利用检索结果覆盖物展示 POI 搜索结果的方式如下：

第一步，构造自定义 PoiOverlay 类。

```
private class MyPoiOverlay extends PoiOverlay {
    public MyPoiOverlay(BaiduMap baiduMap) {
        super(baiduMap);
    }
    @Override
    public boolean onPoiClick(int index) {
        super.onPoiClick(index);
        return true;
    }
}
```

第二步，在 POI 检索回调接口中添加自定义的 PoiOverlay。

```
public void onGetPoiResult(PoiResult result) {
    if (result == null || result.error == SearchResult.ERRORNO.RESULT_NOT
_FOUND) {
        return;
    }
    if (result.error == SearchResult.ERRORNO.NO_ERROR) {
        mBaiduMap.clear();
        //创建 PoiOverlay
        PoiOverlay overlay = new MyPoiOverlay(mBaiduMap);
        //设置 overlay 可以处理标注单击事件
        mBaiduMap.setOnMarkerClickListener(overlay);
        //设置 PoiOverlay 数据
        overlay.setData(result);
```

```
        //添加 PoiOverlay 到地图中
        overlay.addToMap();
        overlay.zoomToSpan();
        return;
    }
}
```

运行结果如图 9-19 所示。

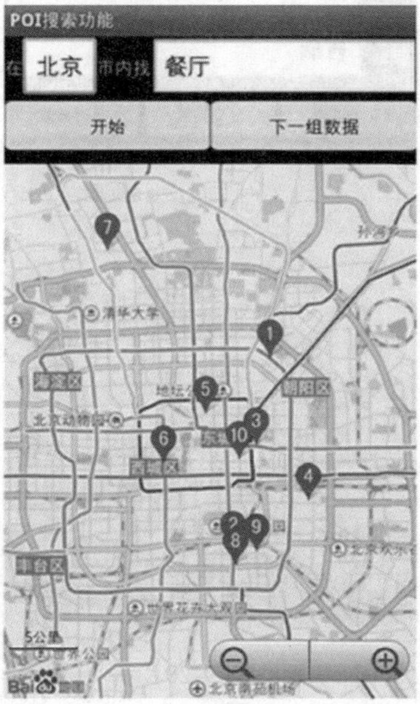

图 9-19

利用 TransitRouteOverlay 展示公交换乘结果，代码如下。

```
//在公交线路规划回调方法中添加 TransitRouteOverlay 用于展示换乘信息
public void onGetTransitRouteResult(TransitRouteResult result) {
    if (result == null || result.error != SearchResult.ERRORNO.NO_ERROR) {
        //未找到结果
        return;
    }
    if (result.error == SearchResult.ERRORNO.AMBIGUOUS_ROURE_ADDR) {
        //起终点或途经点地址有歧义，通过以下接口获取建议查询信息
        //result.getSuggestAddrInfo()
        return;
    }
    if (result.error == SearchResult.ERRORNO.NO_ERROR) {
        route = result.getRouteLines().get(0);
        //创建公交路线规划线路覆盖物
        TransitRouteOverlay overlay = new MyTransitRouteOverlay(mBaidumap);
        //设置公交路线规划数据
        overlay.setData(route);
        //将公交路线规划覆盖物添加到地图中
```

```
        overlay.addToMap();
        overlay.zoomToSpan();
    }
}
```

运行结果如图 9-20 所示。

图 9-20

（18）OpenGL 绘制功能。

百度地图 SDK 为广大开发者开放了 OpenGL 绘制接口，帮助开发者在地图上实现更灵活的样式绘制，丰富地图使用效果体验。

下面将以在地图上绘制折线为例，向大家介绍如何使用 OpenGL 绘制接口。

```
// 定义地图绘制每一帧时 OpenGL 绘制的回调接口
OnMapDrawFrameCallback callback = new OnMapDrawFrameCallback() {
    public void onMapDrawFrame(GL10 gl, MapStatus drawingMapStatus)    {
        if (mBaiduMap.getProjection() != null) {
            // 计算折线的 opengl 坐标
            calPolylinePoint(drawingMapStatus);
            // 绘制折线
            drawPolyline(gl, Color.argb(255, 255, 0, 0), vertexBuffer, 10, 3,
drawingMapStatus);
        }
    }
}

// 设置地图绘制每一帧时的回调接口
mMapView = (MapView) findViewById(R.id.bmapView);
mBaiduMap = mMapView.getMap();
mBaiduMap.setOnMapDrawFrameCallback(this);
```

```
    // 计算折线 OpenGL 坐标
    public void calPolylinePoint(MapStatus mspStatus) {
        PointF[] polyPoints = new PointF[latLngPolygon.size()];
        vertexs = new float[3 * latLngPolygon.size()];
        int i = 0;
        for (LatLng xy : latLngPolygon) {
            // 将地理坐标转换成 openGL 坐标
            polyPoints[i]  =  mBaiduMap.getProjection().toOpenGLLocation(xy,
mspStatus);
            vertexs[i * 3] = polyPoints[i].x;
            vertexs[i * 3 + 1] = polyPoints[i].y;
            vertexs[i * 3 + 2] = 0.0f;
            i++;
        }
        for (int j = 0; j < vertexs.length; j++) {
            Log.d(LTAG, "vertexs[" + j + "]: " + vertexs[j]);
        }
        vertexBuffer = makeFloatBuffer(vertexs);
    }

    //创建 OpenGL 绘制时的顶点 Buffer
    private FloatBuffer makeFloatBuffer(float[] fs) {
        ByteBuffer bb = ByteBuffer.allocateDirect(fs.length * 4);
        bb.order(ByteOrder.nativeOrder());
        FloatBuffer fb = bb.asFloatBuffer();
        fb.put(fs);
        fb.position(0);
        return fb;
    }

    // 绘制折线
    private void drawPolyline(GL10 gl, int color, FloatBuffer lineVertexBuffer,
float lineWidth, int pointSize, MapStatus drawingMapStatus) {

        gl.glEnable(GL10.GL_BLEND);
        gl.glEnableClientState(GL10.GL_VERTEX_ARRAY);

        gl.glBlendFunc(GL10.GL_SRC_ALPHA, GL10.GL_ONE_MINUS_SRC_ALPHA);

        float colorA = Color.alpha(color) / 255f;
        float colorR = Color.red(color) / 255f;
        float colorG = Color.green(color) / 255f;
        float colorB = Color.blue(color) / 255f;

        gl.glVertexPointer(3, GL10.GL_FLOAT, 0, lineVertexBuffer);
        gl.glColor4f(colorR, colorG, colorB, colorA);
        gl.glLineWidth(lineWidth);
        gl.glDrawArrays(GL10.GL_LINE_STRIP, 0, pointSize);
```

```
    gl.glDisable(GL10.GL_BLEND);
    gl.glDisableClientState(GL10.GL_VERTEX_ARRAY);
}
```

结果如图 9-21 所示。

图 9-21

（19）使用离线地图。

离线地图资源可通过手动导入和接口下载两种方式获取。

① 手动导入方法如下。

先将从官网下载的离线包解压，把 vmp 文件夹拷入 SD 卡根目录下的 BaiduMapSDK 文件夹内

注意：

Android4.4 及以上系统的设备（且存在外置 SD 卡），需要将 vmp 文件夹复制到 sdcard/Android/Data/应用程序包名/BaiduMapSDK。

```
/**
* 从 SD 卡导入离线地图安装包
*/
public void importFromSDCard(View view) {
    int num = mOffline.importOfflineData();
    String msg = "";
    if (num == 0) {
        msg = "没有导入离线包，这可能是离线包放置位置不正确，或离线包已经导入过";
    } else {
        msg = String.format("成功导入 %d 个离线包，可以在下载管理查看", num);
```

```
    }
    Toast.makeText(this, msg, Toast.LENGTH_SHORT).show();
}
```

② 接口下载方法。

```
int cityid = Integer.parseInt(cidView.getText().toString());
mOffline.start(cityid);
```

另外百度地图 SDK 所集成的检索服务包括：POI 检索、公交信息查询、线路规划、地理编码、在线建议查询、短串分享。有兴趣的读者可以在其官网上找到相应的开发指导：

http://developer.baidu.com/map/index.php?title=androidsdk/guide/retrieval

9.2.3 项目任务——百度地图的应用（*）

本项目主要介绍如何在 Android 中使用百度地图。

（1） 下载百度地图开发包。

http://developer.baidu.com/map/index.php?title=androidsdk/sdkandev-download

（2）新建一个工程，在工程里新建 libs 文件夹，将开发包里的 baidumapapi_vX_X_X.jar 复制到 libs 根目录下，将 libBaiduMapSDK_vX_X_X.so 复制到 libs\armeabi 目录下（官网 demo 里已有这两个文件，如果要集成到自己的工程里，就需要自己添加），复制完成后的工程目录如图 9-22 所示。

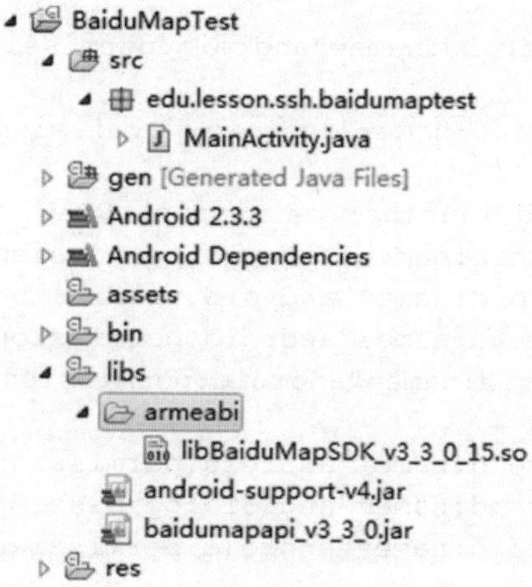

图 9-22

（3） 在工程属性->Java Build Path->Libraries 中选择“Add External JARs”，选定 baidumapapi_vX_X_X.jar，确定后返回。

通过以上两步操作后，您就可以正常使用百度地图 SDK 为您提供的全部功能了。

注意：

由于 adt 插件升级，若您使用 Eclipse adt 22 的话，需要对开发环境进行相应的设置，方法如下：

在 Eclipse 中选中工程，右击选 Properties->Java Build Path->Order and Export 使

Android Private Libraries 处于勾选状态;

Project -> clean-> clean all

（4） 获取开发的 Key。

http://developer.baidu.com/user/reg

按照 9.2.2 节的内容进行申请即可。

申请后，需要等待审核通过。

然后创建应用，获取 key。

（5） 在 AndroidManifest 中添加开发密钥、所需权限等信息。

① 在 application 中添加开发密钥。

```
<application>
    <meta-data
        android:name="com.baidu.lbsapi.API_KEY"
        android:value="开发者 key" />
</application>
```

② 添加所需权限。

```
<uses-permission android:name="android.permission.GET_ACCOUNTS" />
<uses-permission android:name="android.permission.USE_CREDENTIALS" />
<uses-permission android:name="android.permission.MANAGE_ACCOUNTS" />
<uses-permission android:name="android.permission.AUTHENTICATE_ACCOUNTS"
/>
<uses-permission android:name="android.permission.ACCESS_NETWORK_STATE"
/>
<uses-permission android:name="android.permission.INTERNET" />
<uses-permission
android:name="com.android.launcher.permission.READ_SETTINGS" />
<uses-permission android:name="android.permission.CHANGE_WIFI_STATE" />
<uses-permission android:name="android.permission.ACCESS_WIFI_STATE" />
<uses-permission android:name="android.permission.READ_PHONE_STATE" />
<uses-permission android:name="android.permission.WRITE_EXTERNAL_STORAGE"
/>
<uses-permission android:name="android.permission.BROADCAST_STICKY" />
<uses-permission android:name="android.permission.WRITE_SETTINGS" />
<uses-permission android:name="android.permission.READ_PHONE_STATE" />
```

（6） 在布局 XML 文件中添加地图控件。

```
<com.baidu.mapapi.map.MapView
    android:id="@+id/bmapView"
    android:layout_width="fill_parent"
    android:layout_height="fill_parent"
    android:clickable="true" />
```

（7） 在应用程序创建时初始化 SDK 引用的 Context 全局变量。

```
public class MainActivity extends Activity {
    @Override
```

```
    protected void onCreate(Bundle savedInstanceState) {
        super.onCreate(savedInstanceState);
        //在使用 SDK 各组件之前初始化 context 信息，传入 ApplicationContext
        //注意该方法要再 setContentView 方法之前实现
        SDKInitializer.initialize(getApplicationContext());
        setContentView(R.layout.activity_main);
    }
}
```

注意：

在 SDK 各功能组件使用之前都需要调用。

SDKInitializer.initialize(getApplicationContext());，因此我们建议该方法放在 Application 的初始化方法中。

全部代码如下。

```
public class MainActivity extends Activity {
    MapView mMapView = null;
    @Override
    protected void onCreate(Bundle savedInstanceState) {
        super.onCreate(savedInstanceState);
        //在使用 SDK 各组件之前初始化 context 信息，传入 ApplicationContext
        //注意该方法要再 setContentView 方法之前实现
        SDKInitializer.initialize(getApplicationContext());
        setContentView(R.layout.activity_main);
        //获取地图控件引用
        mMapView = (MapView) findViewById(R.id.bmapView);
    }
    @Override
    protected void onDestroy() {
        super.onDestroy();
        //在 activity 执行 onDestroy 时执行 mMapView.onDestroy()，实现地图生命周期
管理
        mMapView.onDestroy();
    }
    @Override
    protected void onResume() {
        super.onResume();
        //在 activity 执行 onResume 时执行 mMapView. onResume ()，实现地图生命周期
管理
        mMapView.onResume();
        }
    @Override
    protected void onPause() {
        super.onPause();
       //在 activity 执行 onPause 时执行 mMapView. onPause ()，实现地图生命周期管理
        mMapView.onPause();
        }
    }
```

（8） 运行效果如图 9-23 所示。

图 9-23

自 v2.3.5 版本开始。MapView 控件还增加了对 Fragment 框架的支持。用户可以使用 SupportMapFragment 控件完成相应框架内的开发工作。

小结

本章简单介绍了传感器及百度地图的应用，目前这两个方面的内容在物联网、车载导航等领域应用的较为广泛，笔者仅仅是介绍了冰山一角。

习题

（1） 请根据传感器的知识，自己开发一款简单的传感器应用，比如根据光线传感器的参数来显示不同的图片

（2） 开发一款简单的百度地图，用户能够搜索到指定的地名。